電 子 學 （下）

目 次

序 言

第十章　串級放大器

第十一章　數位電路

第十二章　頻率響應

第十三章　反饋放大器

第十四章 運算放大器

第十五章 運算放大器應用

第十六章　波形整形與產生器

第十七章　積體電路

自我評鑑解答

科學技術叢書

電子學(下)

黃世杰 著

國家圖書館出版品預行編目資料

電子學／黃世杰著 --初版.--臺北市
：三民，民86
　　　面；　　公分
ISBN 957-14-2701-2（上冊：平裝）
ISBN 957-14-2702-0（下冊：平裝）

448.

國際網路位址　http://sanmin.com.tw

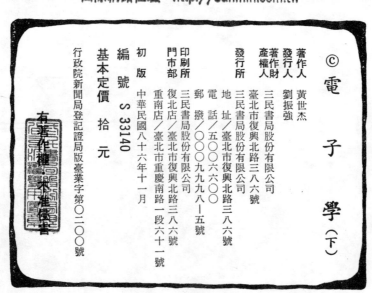

ⓒ 電 子 學（下）

著作人　黃世杰
發行人　劉振強
著作財　三民書局股份有限公司
產權人　臺北市復興北路三八六號
發行所　三民書局股份有限公司
　　　　地址／臺北市復興北路三八六號
　　　　電話／五〇〇六六〇〇
　　　　郵撥／〇〇〇九九九八一五號
印刷所　三民書局股份有限公司
門市部　復北店／臺北市復興北路三八六號
　　　　重南店／臺北市重慶南路一段六十一號
初版　中華民國八十六年十一月
編　號　S 33140
基本定價　拾　元
行政院新聞局登記證局版臺業字第〇二〇〇號

ISBN 957-14-2702-0（下冊：平裝）

序　言

　　本書下冊共分八章，內容包括串級放大器、數位電路、頻率響應、反饋放大器、運算放大器、運算放大器應用、波形整形與產生器、積體電路等，書中特別著重電子學觀念之建立及基礎理論之說明，對於各公式之推導均以簡單之物理理論觀念為主，力求簡易，以助讀者閱讀理解之連貫性。此外本書每章均有例題及習題，並增附「自我評鑑」及其詳解，以供學生隨堂及課後練習，學生可由做中學，並可進一步為研究其他相關電子學領域奠下基礎。

　　本書雖經審慎編輯與詳細校閱，但仍恐有疏失，尚祈先進指正是幸，至深感謝。

黃世杰　謹識

第十章

串級放大器

10-1　*RC* 耦合串接放大器

　　多級系統中，包括串接（Cascaded）與複接（Compound）兩種組態。串接系統（Cascaded system），係指相互連接的每一級都極類似，甚至相等，複接系統則指多端（Multiple）有源元件之組態，其中各級元件形態及每一級間連接變化不完全相同。

　　討論串級系統可利用圖 10-1 所代表的方塊圖開始，其主要的變數均已在圖上註明。每一級所標註的 A_V（電壓放大）與 A_I（電流放大），如圖 10-1 所示，全由各級決定。換句話說，每一級的 A_V 與 A_I 並不代表每一級單獨偏壓的增益。當這些變數之數值決定時，每一級對另一級的負載效應當可估計。

圖 10-1　一般串接系統

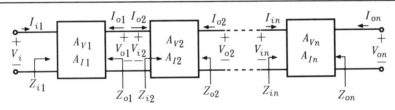

　　全系統的增益（電壓或電流）可以用很簡單的數字來表示。如果 $A_{V1} = -40$，$A_{V2} = -50$，其 $V_{i1} = 1\text{mV}$，則 $V_{o1} = A_{V1} \times V_{i1} = -40 \times (1\text{mV}) = -40(\text{mV})$，因為 $V_{o1} = V_{i2}$，

$$V_{o2} = A_{V2}V_{i2} = -50(-40\text{mV}) = 2000(\text{mV}) = 2(\text{V})$$

總增益為 $A_{VT} = 2000$ 毫伏/1 毫伏 $= 2000$。

　　顯然，二級系統的總增益只由 A_{V1} 與 A_{V2} 產生。若為 n 級，則

$$A_{VT} = A_{V1} \cdot A_{V2} \cdot A_{V3} \cdots A_{Vn} \qquad (10-1)$$

淨電流增益也相同

$$A_{IT} = A_{I1} \cdot A_{I2} \cdot A_{I3} \cdots A_{In} \qquad (10-2)$$

另圖 10－1 所示之每一級的輸入與輸出阻抗，各級都彼此有關，互為因果。就像（10－2）式一樣，由於系統的輸入或輸出阻抗均為單獨值，沒有一定的方程式可用。圖 10－1 所代表的全系統電壓增益大小，可以寫成

$$\left| A_{VT} \right| = \frac{V_{on}}{V_{i1}} = \frac{I_{on} \cdot Z_L}{I_{i1} \cdot Z_{i1}} \qquad (10-3a)$$

$$\left| A_{VT} \right| = \left| A_{IT} \right| \frac{Z_L}{Z_{i1}} \qquad (10-3b)$$

上述（10－3）式對以後的分析非常有用，如電壓與電流增益之積即可表示如下式：

$$A_{VT} \cdot A_{IT} = \left(\frac{I_{on} \cdot Z_L}{I_{i1} \cdot Z_{i1}} \right) \left(\frac{I_{on}}{I_{i1}} \right) = \frac{I_{on}^2 \cdot Z_L}{I_{i1}^2 \cdot Z_{i1}} = \frac{P_o}{P_i}$$

且此 $A_{PT} = A_{VT} \cdot A_{IT}$ 亦即整個系統的功率增益 $\qquad (10-4)$

在圖 10－1 所示的系統中，串級間耦合共有二種方式將被考量，㊀RC 耦合串接放大器（RC－coupled）㊁直接耦合（Direct-coupled）放大器。

一串聯 RC 耦合電晶體放大器，其典型值與偏壓方法，如圖 10－2 所示。「RC 耦合」這個名稱，係因兩級之間採用偏壓電阻與耦合電容器得來。分析此放大器，我們必須逐步將等效電路代入，然後寫出必須的方程式，以便求出所應計算的未知數。

如將圖 10－2 的每一個電晶體以近似小信號交流拼合等效電路代替，即成為圖 10－3 的電路。每一個耦合與旁路電容器均已視為短路（對有關頻率而言，容抗極低），而直流位準皆忽略不計。

我們可再將圖 10－3 重繪成圖 10－4。如再將並聯元件組合，則另成為圖 10－5 所示。

在上述各電路圖之整理上，尚需注意某些組件要維持所有的未知數與控制變數（I_{B1}, I_{B2}），所以並未合併。由前面三種圖變成圖

圖 10-2 兩級 *RC* 耦合放大器

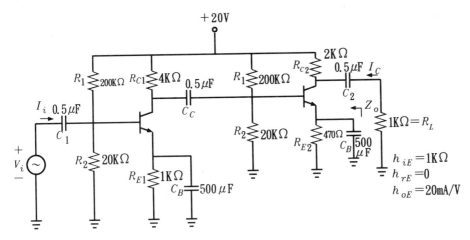

圖 10-3 用近似等效電路 ($h_{iE} \doteqdot 0$) 代入之後的圖 10-2 的電路

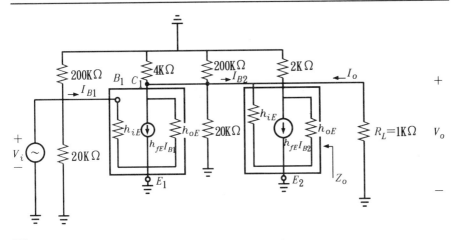

圖 10-4

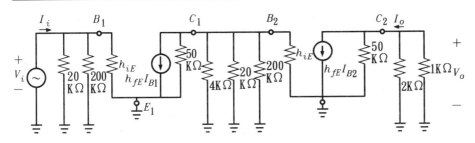

10－5的電路，在時間上當增加一些麻煩和困擾，但讀者必須要確信簡化電路正確無誤，因為每增加一級，就會增加一段在圖 10－5 中垂直虛線 a 與 a' 之間那麼一段類似的網路，因此必須小心計算。

圖 10－5　將並聯組件合併之後的圖 10－4 的網路

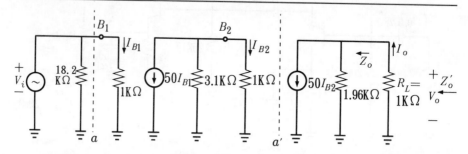

對此系統而言，其電壓與電流的增益，須將下面簡單的定律與定則併合運用，所有的定律與定則如下：克希荷夫電壓定律（KVL），克希荷夫電流定律（KCL），分壓定律（VDR），以及分流定律（CDR）。讀者只要充份運用這四個基本定律，對以後的分析就不會有太大的困難了。

第一個要求出的值就是 Z_i，注意在圖 10－5 中 Z_i 的值為 18.2KΩ 與 1KΩ 電阻的並聯值，因此

$$Z_i = 18.2(KΩ) \mathbin{/\mkern-5mu/} 1(KΩ) = \frac{(18.2K)(1K)}{18.2K + 1K}$$

$$= \frac{18.2K^2}{19.2K} \doteqdot 0.95(KΩ)$$

至於輸出阻抗 Z_o 是將輸入或是信號定於零來決定，由於 $V_i = 0$，所以 I_{B1}，I_{B2}，以及 $h_{fE}I_{B1}$ 皆可視為零。只要 $h_{fE}I_{B2} = 0$，源極即可視為開路，Z_o 即為

$$Z_o \Big|_{V_i = 0} = 2(KΩ)$$

在圖 10－5 中輸出阻抗由 Z_o' 決定。

$$Z_o' \Big|_{V_i = 0} = 2(KΩ) \mathbin{/\mkern-5mu/} 1(KΩ) = \frac{2}{3}(KΩ)$$

利用分流定律

$$I_{B1} = \frac{18.2\text{K}}{18.2\text{K} + 1\text{K}}I_i = \frac{18.2}{19.2}I_i = 0.95I_i$$

以及

$$I_{B2} = -\frac{3.1(\text{K}\Omega)(50I_{B1})}{3.1(\text{K}\Omega) + 1(\text{K}\Omega)} \doteq -\frac{155}{4.1}I_{B1} = -37.9I_{B1}$$

與

$$I_o = \frac{1.96(\text{K}\Omega)(50I_{B2})}{1.96(\text{K}\Omega) + 1(\text{K}\Omega)} = \frac{98}{2.96}I_{B2} = 33.1I_{B2}$$

上述方程式中的負號是因爲實際上的控制電流源，與所需要的電流的方向相反之故。

利用上面的方程式，我們可得

$$I_o = 33.1I_{B2} = 33.1(-37.9I_{B1}) = 33.1(-37.9)(0.95I_i)$$

以及

$$A_I = \frac{I_o}{I_i} = -1195$$

圖 10－5 中的 I_o 與 I_i 相位差 180°，所以可用負號表示。在圖 10－5 中因 I_o 爲相反的方向，結果用正號，表示爲同相（In phase）關係。

電壓增益可以直接由電流增益求出，由於

$$V_o = -I_o R_L = -I_o \cdot 1(\text{K}\Omega)$$

以及

$$V_i = I_i Z_i = I_i \cdot 0.95(\text{K}\Omega)$$

因此

$$A_V = \frac{V_o}{V_i} = A_I \times \frac{Z_L}{Z_i} = -\frac{I_o \cdot 1(\text{K}\Omega)}{I_i 0.95(\text{K}\Omega)} = -A_I \frac{1(\text{K}\Omega)}{0.95(\text{K}\Omega)}$$

$$= 1195\frac{1}{0.95} \doteq 1260 \quad （爲同相位）$$

用這種分析方式來探討此類理論上的網路似欠精確，但實際上所得的結果卻仍與真確的答案非常接近。在我們進行下面的討論之前，有幾項重要事項要特別提出。

1. $I_C \doteqdot I_E$

2. $I_C \doteqdot h_{fE} I_B$，$h_{fE} = \beta$

3. 一定要 h_{rE}，$h_{oE} \doteqdot 0$，才能利用近似基極、射極，以及集極等效電路。

4. 並聯電阻值至少要為 10:1，除非特別要用來求某特殊的未知數之外，其中較大的電阻將省略不計。

5. 對射極接地電晶體組態而言

$$A_V \doteqdot - \frac{h_{fE} \cdot R_L}{h_{iE}}$$

這種近似法最主要的作用是能獲得省時省力的近似解答。

接著我們再分析圖 10-2 的電路，並用原來的網路進行近似解法。

㈠Z_i

由過去使用單級放大器的經驗，如果將網路重畫 20KΩ 與 200KΩ 兩個電阻即為並聯，對交流的響應會十分明顯，由於這兩個電阻為並聯，其比率又為 10:1，其中 200KΩ 的電阻即可略而不計。另外，因為 1KΩ 的電阻(R_{E1})被 500 微法的電容器 C_B 所短路，剩下的 20KΩ 的電阻就跟第一個電晶體的輸入電阻並聯。

由於 20KΩ 與 1KΩ 電阻關係為 20:1，所以 20KΩ 電阻值效應可減低，

$$Z_i \doteqdot 1(\text{K}\Omega)$$

這與以前所得 0.95KΩ 比較，可以說非常接近。當然，如果兩個並聯電阻的值不是 10:1，我們就得利用適當的方程式將端點電阻一併計算在內。

㈡Z_o

記住電晶體的近似集極至射極等效電路（因為 h_{rE}，$h_{oE} \doteqdot 0$）只

有單一的電流源 $h_{fE}I_B$，當 $V_i = 0$，$h_{fE}I_{B2} = 0$，Z_o 只是 2K 的電阻與代表控制電流源的開路成並聯。亦即

$$Z_o \Big|_{V_i = 0} = 2(\mathrm{K}\Omega)$$

此恰等於前面所得出的值。

(三)A_I

由於 200KΩ 與 20KΩ 兩電阻，與第一級的輸入電阻（$\doteqdot h_{iE}$）並聯，對交流的響應而言即可忽略不計。因此 $I_{B1} \doteqdot I_i$。

第一級的集極電流 $I_{C1} \doteqdot h_{fE}I_{B1}$，而 I_{C1} 又被 4KΩ 電阻與第二級（圖 10−6）的負載所分開。很快就可看出，跟其他並聯組件相比，以近似偏壓的觀點及為後級簡便計算考量，200KΩ 的電阻可以減低。4KΩ 與 20KΩ 電阻並聯其等效阻抗為 $\doteqdot 3.33\mathrm{K}\Omega$。

圖 10−6　決定 I_i 與 I_{B2} 之間的關係

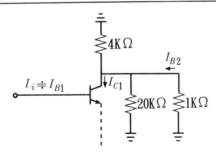

根據分流定則

$$I_{B2} = \frac{-3.33(\mathrm{K}\Omega) \cdot I_{C1}}{3.33(\mathrm{K}\Omega) + 1(\mathrm{K}\Omega)} = -\frac{3.33}{4.33}(h_{fE}I_{B1}) = -0.77(50)I_i$$

以及

$$I_{B2} = -38.5I_i$$

然而

$$I_{C2} = 50I_{B2} = 50(-38.5)I_i = -1925I_i$$

再運用分流定則

$$I_o = \frac{2(\mathrm{K\Omega}) \cdot I_{C2}}{2(\mathrm{K\Omega}) + 1(\mathrm{K\Omega})} = \frac{2}{3}(-1925)I_i = -1283I_i$$

$$A_I = \frac{I_o}{I_i} \doteqdot -1283$$

此與之前所得之 $A_I = -1195$ 相比，相差不多。

㈣A_V

在交流直接連接的情況下，如圖 10－2 所示，其 V_i 直接呈現於第一級電晶體的基極。由於電晶體的射極端接地，利用下面的方程式（用近似偏壓法），即可求得交流電壓增益：

$$A_V = -\frac{h_{fE} \cdot R_L}{h_{iE}}$$

另第一級上的負荷，R_L 是 4KΩ，20KΩ，以及 1KΩ(h_{iE})，各阻抗的並聯總阻抗近似於 $4(\mathrm{K\Omega}) /\!/ 1(\mathrm{K\Omega}) = 0.8(\mathrm{K\Omega})$，因此，$A_{V1} = -50 \times \frac{0.8}{1} = -40$。

而第二級

$$A_{V2} = \frac{-50(2\mathrm{K} /\!/ 1\mathrm{K})}{1\mathrm{K}} = \frac{-50\left(\frac{2}{3}\mathrm{K}\right)}{1\mathrm{K}} = \frac{-100}{3} = -33.3$$

因此淨增益爲

$$A_{VT} = A_{V1} \cdot A_{V2} = (-40) \times (-33.3)$$

亦即

$$A_{VT} = 1332$$

此與前面所得的 $A_{VT} = 1260$ 相比，亦十分接近。

10－2　直接耦合串接放大器

本章所要介紹的耦合的方法是直接耦合（Direct coupling）。圖

10－7的電路就是兩級直接耦合電晶體系統的例子。此一類型的耦合，所用的頻率必定要很低。這種類型之組態，其一級的直流位準，與該系統其他級的直流位準有關。因為這種原因，在偏壓配置時必定要顧及整個網路，而不單以每一級為準。至於圖中之三個獨立的 12 伏特電源，如果三個高電位（正）端彼此並聯，可只用一種電源即可。

　　直接耦合網路中較成問題的是穩定性。任何一級的直流位準有了變化，均將放大的偏壓傳送到其他各級，而其中每一級所加的射極電阻可用作提高穩定性之用。

圖 10－7　直接耦合電晶體電路

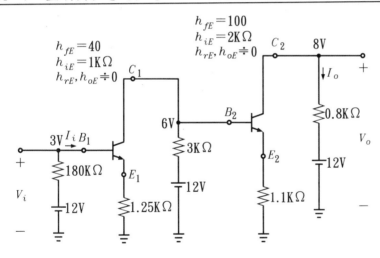

　　現在我們對於圖 10－7 之電路加以討論。如圖 10－7 所示，一輸出電壓 $V_{C2}=8(V)$

$$I_{0.8K} = \frac{4}{0.8(K\Omega)} = 5(mA)$$

因此

$$I_{C2} \doteqdot I_{E2} \doteqdot 5(mA)$$

且

$$V_{E2} = (5mA)(1.1K\Omega) = 5.5(V)$$

因爲

$$V_{BE2} = 0.5(\text{V})$$

$$V_{B2} = V_{C1} = 5.5 + 0.5 = 6(\text{V})$$

如圖所示，加上

$$I_C \doteqdot h_{fE} \cdot I_B$$

$$I_{B2} \doteqdot \frac{I_{C2}}{h_{fE}} = \frac{5(\text{mA})}{100} = 50(\text{微安})$$

以及

$$I_{3K} = \frac{6}{3\text{K}\Omega} = 2(\text{mA})$$

假定 $I_{3K} \gg I_{B2}$

以及

$$I_{C1} = I_{3K} = 2(\text{mA})$$

所以

$$I_{E1} = 2(\text{mA})$$

$$V_{E1} = (2\text{mA})(1.25\text{K}\Omega) = 2.5(\text{V})$$

於是

$$V_{B1} = V_{E1} + V_{BE1} = 2.5 + 0.5 = 3(\text{V})$$

另外，如果

$$I_{C1} \doteqdot h_{fE} \cdot I_{B1}$$

$$I_{B1} \doteqdot \frac{I_{C1}}{h_{fE}} = \frac{2(\text{mA})}{40} = 50(\text{微安})$$

則 V_{B1} 亦可得知如下

$$V_{B1} = 12 - (50 \times 10^{-6})(180\text{K}\Omega) = 3(\text{V})$$

再看交流響應，我們可採本章前面所介紹的近似法。每一個射極隨耦器組態的輸入阻抗爲 $h_{fE} \cdot R_E$。

因此

$$Z_1 \doteqdot h_{fE} \cdot R_E = 40(1.25\text{K}) = 50(\text{K}\Omega)$$

以及

$$Z_2 \doteqdot h_{fE} \cdot R_E = 100(1.1\text{K}) = 110(\text{K}\Omega)$$

因而

$$I_{B1} = \frac{V_i}{Z} = \frac{V_i}{50(\text{K}\Omega)}$$

以及

$$I_{C1} \doteqdot h_{fE} \cdot I_{B1} = \frac{40}{50\text{K}}(V_i)$$

根據分流定則

$$I_{B2} \doteqdot \frac{3\text{K}\Omega(I_{C1})}{3\text{K}\Omega + Z_2} = \frac{3(\text{K}\Omega)\left[\left(\frac{40}{50\text{K}}\right)V_i\right]}{3\text{K}\Omega + 110\text{K}\Omega}$$

$$= \frac{120\,V_i}{50(113\text{K}\Omega)} = \frac{12}{565\text{K}}V_i$$

所以

$$I_{C2} \doteqdot h_{fE}I_{B2} = 100\left[\frac{12}{565\text{K}\Omega}(V_i)\right] = \frac{1200}{565\text{K}\Omega}V_i$$

以及

$$V_o = I_{C2} \cdot R_L = \frac{1200\,V_i}{565\text{K}}(0.8\text{K})$$

與

$$A_V = \frac{V_o}{V_i} = \frac{0.8 \times 1200}{565} \doteqdot 1.7$$

電流增益爲

$$A_I = \frac{I_o}{I_i} = \frac{\dfrac{V_o}{Z_L}}{\dfrac{V_i}{Z_1}} = \frac{V_o Z_1}{V_i Z_L} = A_V \frac{Z_1}{Z_L} = 1.7\frac{50}{0.8} = 106$$

功率增益爲

$$A_P = A_V \cdot A_I = 1.7 \times 106 = 180$$

對於上述之 *RC* 耦合與直接耦合串接放大器，我們另可歸納其優缺點。

(一)RC 耦合串接放大器優點: 1.結構簡單, 2.成本低, 3.頻率響應良好,缺點: 1.電阻性負載功率損失大, 2.級間阻抗匹配不易、效率低, 3.高低頻之增益容易衰減。

(二)直接耦合串接放大器優點: 1.減少交連電路之損失, 2.減少交連電路之移相, 3.適用於低頻放大。缺點: 1.穩定性極差, 2.零件數值需精確,否則易生干擾。

【自我評鑑】

1.試求二級放大器的輸入與輸出阻抗、電壓增益與電流增益。注意第二級為射極耦合組態。

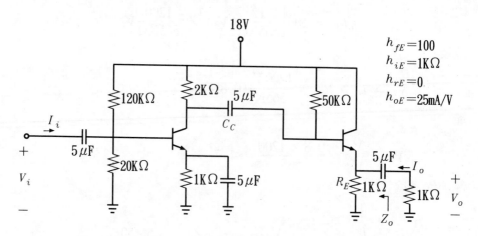

$h_{fE}=100$
$h_{iE}=1K\Omega$
$h_{rE}=0$
$h_{oE}=25mA/V$

2.場效電晶體電阻電容耦合放大器,如圖所示,RC 耦合並不限於電晶體級,求電壓增益。

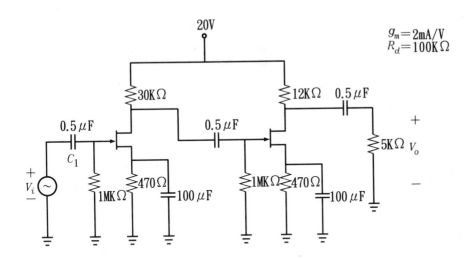

習 題

1.某兩級 *RC* 耦合放大器如圖所示(1)試求該放大器 Z_i 與 Z_o，(2)放大

器電流增益 $A_I = \dfrac{I_o}{I_i}$，(3)放大器電壓增益 $A_V = \dfrac{V_o}{V_i}$。

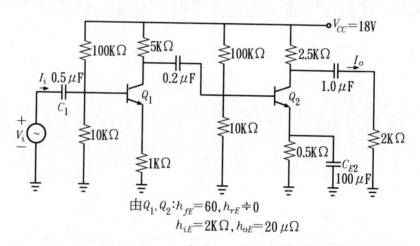

由 $Q_1, Q_2 : h_{fE} = 60, h_{rE} \doteqdot 0$

$h_{iE} = 2\mathrm{K}\Omega, h_{oE} = 20\,\mu\Omega$

2.(1)試求電路全部的電流增益 $\left(\dfrac{I_o}{I_i}\right)$。(2)試求兩級放大器的 Z_i 與 Z_o。

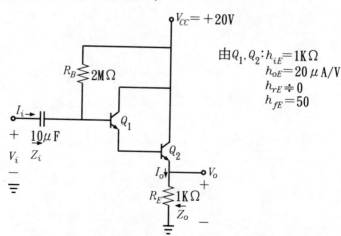

由 $Q_1, Q_2 : h_{iE} = 1\mathrm{K}\Omega$

$h_{oE} = 20\,\mu\mathrm{A/V}$

$h_{rE} \doteqdot 0$

$h_{fE} = 50$

3.試求直接耦合的二級放大器如圖所示，(1)放大器的 Z_{i1} 與 Z_{i2}，(2)放大器的電壓增益 A_V，(3)放大器的電流增益 A_I，(4)放大器的功率增益 A_P。

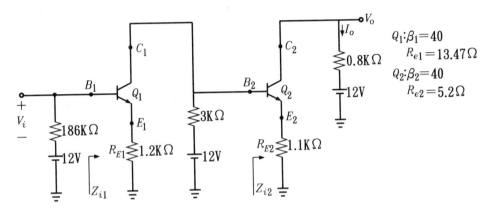

$Q_1:\beta_1 = 40$
$\qquad R_{e1} = 13.47\Omega$

$Q_2:\beta_2 = 40$
$\qquad R_{e2} = 5.2\Omega$

第十一章 數位電路

11-1 布林代數運算

一、布林代數的基本認識

布林代數的變數與一般代數的變數一樣，可使用文字來表示，例如：A、B、C、X、Y、Z。其與一般代數的不同僅在於其變數只有二個值：0 或1。

布林代數中的運算只有三種：「或」運算"$+$"、「及」運算"$\cdot$"與「反」運算"$-$"。此三種運算與一般代數中的運算並不相同（雖然其符號相同），但與部份邏輯閘的作用相同，其關係如下：

㈠OR 與 "$+$" 相同，A OR B $\Rightarrow A+B$

以邏輯閘表示

OR 閘

以眞值表表示

A	B	$A+B$
0	0	0
0	1	1
1	0	1
1	1	1

㈡AND 與 "$\cdot$" 相同，A AND B $\Rightarrow A\cdot B$

以邏輯閘表示

AND 閘

以眞值表表示

A B	A·B
0 0	0
0 1	0
1 0	0
1 1	1

㈢NOT 與 "−" 相同

以邏輯閘表示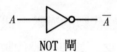

NOT 閘

以眞值表示

A	$\overline{A}$
0	1
1	0

㈣NOR 相當於 NOT OR, A NOR B $\Rightarrow \overline{A+B}$

以邏輯閘表示

NOR 閘

以眞值表示

A B	$\overline{A+B}$
0 0	1
0 1	0
1 0	0
1 1	0

㈤NAND 相當於 NOT AND, A NAND B $\Rightarrow \overline{A \cdot B}$

以邏輯閘表示

NAND 閘

以眞值表示

$A\ B$	$\overline{A \cdot B}$
0 0	1
0 1	0
1 0	0
1 1	0

【例 11－1】

試計算 $1 \cdot \overline{0} + \overline{0} \cdot \overline{1} = ?$

【解】

$$1 \cdot \overline{0} + \overline{0} \cdot \overline{1} = 1 \cdot 1 + 1 \cdot 0 = 1 + 0 = 1$$

二、布林代數的基本定律及定理

布林代數中之基本定律與一般代數不盡相同，茲將其分述如下：

㈠基本定律及定理

1.交換律（Commutative laws）：

(1)$A + B = B + A$

(2)$A \cdot B = B \cdot A$

證明：以上運算之眞値表如下：

$A\ B$	$A+B$	$B+A$	$A \cdot B$	$B \cdot A$
0 0	0	0	0	0
0 1	1	1	0	0
1 0	1	1	0	0
1 1	1	1	1	1

由眞値表中可看出 $A \cdot B = B \cdot A$ 及 $A + B = B + A$，故得證。

2.結合律（Associative laws）：

(1)$(A + B) + C = A + (B + C)$

(2)$(A \cdot B) \cdot C = A \cdot (B \cdot C)$

證明：以上運算之眞値表如下：

A	B	C	$A+(B+C)$	$(A+B)+C$	$A(BC)$	$(AB)C$
0	0	0	0	0	0	0
0	0	1	1	1	0	0
0	1	0	1	1	0	0
0	1	1	1	1	0	0
1	0	0	1	1	0	0
1	0	1	1	1	0	0
1	1	0	1	1	0	0
1	1	1	1	1	1	1

由此眞值表中可看出 $A+(B+C)=(A+B)+C$ 及 $A(BC)$
$=(AB)C$，故得證。

3.分配律 (Distribution laws)：

(1)$A \cdot (B+C) = A \cdot B + A \cdot C$

(2)$A+(B \cdot C) = (A+B) \cdot (A+C)$

證明：以上運算之眞値表如下：

A	B	C	$A \cdot (B+C)$	$AB+AC$	$A+BC$	$(A+B) \cdot (A+C)$
0	0	0	0	0	0	0
0	0	1	0	0	0	0
0	1	0	0	0	0	0
0	1	1	0	0	1	1
1	0	0	0	0	1	1
1	0	1	1	1	1	1
1	1	0	1	1	1	1
1	1	1	1	1	1	1

由此眞值表中可看出 $A \cdot (B+C) = AB+AC$ 及 $A+(B \cdot C)$
$=(A+B) \cdot (A+C)$，故得證。

4.第摩根定理 (De Morgan theory)：在布林代數中，有兩個極爲
重要的定理是由數學家第摩根所提出，其數學式如下：

(1)$\overline{A+B} = \overline{A} \cdot \overline{B}$

(2)$\overline{A \cdot B} = \overline{A} + \overline{B}$

證明：以上運算之眞值表如下：

A	B	$\overline{A+B}$	$\overline{A}\cdot\overline{B}$	$\overline{A\cdot B}$	$\overline{A}+\overline{B}$
0	0	1	1	1	1
0	1	0	0	1	1
1	0	0	0	1	1
1	1	0	0	0	0

由此眞值表可看出 $\overline{A+B}=\overline{A}\cdot\overline{B}$ 及 $\overline{A\cdot B}=\overline{A}+\overline{B}$，故得證。

第摩根定理亦可推廣至多變數，即

(1)$\overline{A+B+C+\cdots}=\overline{A}\cdot\overline{B}\cdot\overline{C}\cdots$

(2)$\overline{A\cdot B\cdot C\cdots}=\overline{A}+\overline{B}+\overline{C}+\cdots$

由以上四個基本定律及定理可看出在布林代數中有對偶性（Duality），其規則可列述如下：

1.將"＋"運算改成"·"運算，將"·"運算改成"＋"運算。

2.將數元 0 改成 1，將 1 改成 0。

3.變數本身不作任何改變。

例如：分配律中的 $A\cdot(B+C)=A\cdot B+A\cdot C$ 其對偶式就是 $A+(B\cdot C)=(A+B)\cdot(A+C)$。而 $A\cdot 1=A$ 其對偶式就是 $A+0=A$。

㈡常用定律

1.等冪律

(1)$A+A=A$

(2)$A\cdot A=A$

用邏輯閘表示如下：

(1)　　　　　　　　(2)

眞值表爲：

A	$A+A$	$A\cdot A$
0	0	0
1	1	1

2.零壹律

(1)$A + 0 = A$

(2)$A \cdot 1 = A$

(3)$A + 1 = 1$

(4)$A \cdot 0 = 0$

其中(1)與(2)互為對偶式, (3)與(4)互為對偶式。以邏輯閘表示如下：

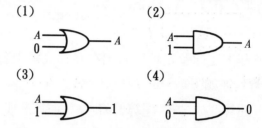

其真值表為：

A	$A + 0$	$A \cdot 1$	$A + 1$	$A \cdot 0$
0	0	0	1	0
1	1	1	1	0

3.補餘律

(1)$A + \overline{A} = 1$

(2)$A \cdot \overline{A} = 0$

用邏輯閘表示如下：

        (1)   (2)

其真值表如下：

A	$A + \overline{A}$	$A \cdot \overline{A}$
0	1	0
1	1	0

㈢導出公式

1.$A + A \cdot B = A$

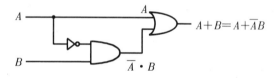

　證明：$A + A \cdot B = A(1 + B) = A \cdot 1 = A$

2.$A \cdot (A + B) = A$

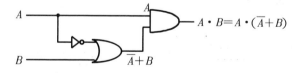

　證明：$A \cdot (A + B) = A \cdot A + A \cdot B = A + A \cdot B$

$$= A \cdot (1 + B) = A \cdot 1 = A$$

3.$A + \overline{A}B = A + B$

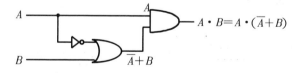

　證明：$A + \overline{A}B = (A + AB) + \overline{A}B$

$$= A + B(A + \overline{A}) = A + B \cdot 1 = A + B$$

4.$A \cdot (\overline{A} + B) = A \cdot B$

　證明：$A \cdot (\overline{A} + B) = A \cdot \overline{A} + A \cdot B = 0 + AB = AB$

【例 11－2】

試證$(A + B) \cdot (\overline{A} + B) = B$

【證】

$$(A + B) \cdot (\overline{A} + B) = A \cdot \overline{A} + A \cdot B + \overline{A} \cdot B + B \cdot B$$
$$= 0 + A \cdot B + \overline{A} \cdot B + B$$
$$= B \cdot (A + \overline{A} + 1)$$
$$= B \cdot (1 + 1) = B \cdot 1 = B$$

【例 11-3】

試繪出 $Y = A + \overline{B} + \overline{C}$ 之邏輯電路

【解】

(1)　　　$Y = A + \overline{B} + \overline{C}$

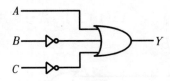

(2)　　　$Y = A + \overline{B} + \overline{C} = A + \overline{BC}$

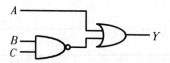

(3)　　　$Y = A + \overline{B} + \overline{C} = A + \overline{BC} = \overline{\overline{A}BC}$

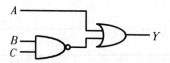

三、布林代數的標準型式

　　由例 11-3 中可以看出同一數學式可以有數種不同之表示法，而布林代數的標準型式可分為下列兩種：

㈠積之和 (Sum of products，簡作 S.O.P.)

將邏輯變數先取積 "·"，再取其和 "＋" 而成，故亦稱爲 AND/OR 型式。積之和的標準型式可表示如下：

1.$f(A，B，C，D) = A \cdot B + C \cdot D$

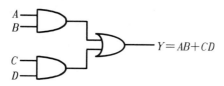

2.$f(A，B，C) = A \cdot B + A \cdot \overline{B} + A \cdot B \cdot \overline{C}$

3.$f(A，B) = \overline{A} \cdot B + A \cdot \overline{B}$

㈡和之積 (Product of sums，簡作 P.O.S.)

將邏輯變數先取和 "＋"，再取其積 "·" 而成，故亦稱爲 OR/AND 型式。和之積的標準型式可表示如下：

1.$f(A，B，C，D) = (A + B)(C + D)$

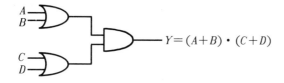

2.$f(A，B，C) = (A + B)(A + \overline{B} + \overline{C})(\overline{B} + C)$

3.$f(A，B) = (\overline{A} + B)(A + \overline{B})$

【例11－4】

試將 $f(A，B) = (\overline{A} + \overline{B})(A + B)$ 化成積之和之型式。

【解】

$$
\begin{aligned}
f(A，B) &= (\overline{A} + \overline{B})(A + B) \\
&= \overline{A} \cdot A + \overline{A} \cdot B + A \cdot \overline{B} + \overline{B} \cdot B \\
&= 0 + \overline{A} \cdot B + A \cdot \overline{B} + 0 = \overline{A} \cdot B + A \cdot \overline{B}
\end{aligned}
$$

四、布林代數式的簡化法

布林代數式是以數學式來表達數位電路，當依所需功能設計出布林代數式後，就需要將其化簡，這樣才能用最少的邏輯閘來達到相同的功能。

布林代數式的化簡方法有三種：㈠定理化簡法；㈡卡諾圖化簡法；㈢眞值表化簡法。茲分述如下：

㈠定理化簡法

邏輯函數可以應用布林代數之基本定律及定理加以化簡，此方法之優點是較爲簡便，但缺點是沒有一明確之法則，除此之外，亦無法確定化簡之結果是否爲最簡狀態。

【例 11-5】

簡化函數式 $Y = A(\overline{A} + B)$

【解】

$$Y = A(\overline{A} + B) = A \cdot \overline{A} + A \cdot B = 0 + AB = AB$$

【例 11-6】

簡化函數式 $Y = A(\overline{A} + \overline{B})(A + B)$

【解】

$$Y = A(\overline{A} + \overline{B})(A + B) = A(\overline{A}A + \overline{A}B + A\overline{B} + \overline{B}B)$$
$$= A(0 + \overline{A}B + A\overline{B} + 0) = A\overline{A}B + AA\overline{B}$$
$$= 0 \cdot B + A\overline{B} = A\overline{B}$$

【例 11-7】

簡化函數式 $Y = (A + B)(B + C)(C + \overline{A})$

【解】

$$
\begin{aligned}
Y &= (A+B)(B+C)(C+\overline{A}) \\
&= (AB+AC+BB+BC)(C+\overline{A}) \\
&= (AB+AC+B+BC)(C+\overline{A}) \\
&= ABC+AC+BC+BC+AB\overline{A}+AC\overline{A}+\overline{A}B+\overline{A}BC \\
&= ABC+AC+BC+\overline{A}B+\overline{A}BC \\
&= AC(B+1)+\overline{A}B+BC(\overline{A}+1) \\
&= AC+\overline{A}B+BC = AC+\overline{A}B+BC+A\overline{A} \\
&= A(C+\overline{A})+B(\overline{A}+C) = (A+B)(C+\overline{A})
\end{aligned}
$$

(二)卡諾圖化簡法

定理化簡法的缺點在前面已描述過了，因此我們使用一種更實用的卡諾圖（Karnaugh maps）化簡法，此法不但有明確的法則，還可以確定已化簡爲最簡型式。它是利用眞值表透過方陣圖形操作來達到化簡布林代數式的方法。

1.由眞值表至卡諾圖：

若有 n 個變數的布林函數，輸入變數可能出現的情況就有 2^n 種，所以卡諾圖就有 2^n 個方格，每一個方格表示一個標準項(最小項或最大項)，其位置的排列有一定的法則。以四變數 A、B、C、D 爲例，其座標二進位的排法 AB 或 CD 依格雷碼（Gray code）的順序排列，即 00、01、11、10，而與一般二進位排列 00、01、10、11 不同。

如圖 11－1 所示爲 2 個變數 A、B 的卡諾圖，此卡諾圖有 4 個方格，變數 A 佔二行，$A=0$ 的一行表示 $\overline{A}$，$A=1$ 的一行表示 A；變數 B 佔二列，$B=0$ 的一列表示 $\overline{B}$，$B=1$ 的一列表示 B，所以圖中的 4 個方格分別表示 $\overline{A}\,\overline{B}$、$\overline{A}B$、$A\overline{B}$、$AB$。

圖 11－2 及 11－3 分別爲三個變數及四個變數的卡諾圖。

圖 11－1 至 11－3 分別繪出二至四個變數的眞值表與卡諾圖的

圖 11-1　二個變數的卡諾圖

(a)真值表

$A\ B$	最小項
0　0	$\overline{A}\,\overline{B}$
0　1	$\overline{A}\,B$
1　0	$A\,\overline{B}$
1　1	$A\,B$

(b)卡諾圖

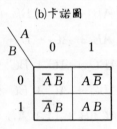

圖 11-2　三個變數的卡諾圖

(a)真值表

A	B	C	最小項
0	0	0	$\overline{A}\,\overline{B}\,\overline{C}$
0	0	1	$\overline{A}\,\overline{B}\,C$
0	1	0	$\overline{A}\,B\,\overline{C}$
0	1	1	$\overline{A}\,B\,C$
1	0	0	$A\,\overline{B}\,\overline{C}$
1	0	1	$A\,\overline{B}\,C$
1	1	0	$A\,B\,\overline{C}$
1	1	1	$A\,B\,C$

(b)卡諾圖

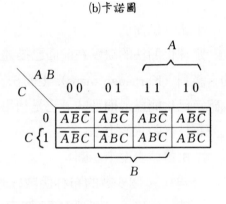

相關位置，在實際化簡時，我們需先列出該函數之完整的眞值表，再依正確的相關位置填入卡諾圖內。

2. 卡諾圖的簡化法：

(1)先把眞值表的輸出填入對應的卡諾圖方格中。

(2)圈選卡諾圖中的 1，依八位元、四位元、二位元的次序圈選，最後才圈選獨立的 1，卡諾圖中所有的 1 都必須被圈選到，同一個 1 可以重複圈選，但不可以圈選到任何一個 0。每一個圈都代表布林代數式的一項，若圈愈大，則此項愈簡單，以四個變數爲例，若此圈爲八位元，則此項僅含一個變

圖 11-3　四個變數的卡諾圖

(a)真值表

$A\,B\,C\,D$	最小項
0 0 0 0	$\bar{A}\bar{B}\bar{C}\bar{D}$
0 0 0 1	$\bar{A}\bar{B}\bar{C}D$
0 0 1 0	$\bar{A}\bar{B}C\bar{D}$
0 0 1 1	$\bar{A}\bar{B}CD$
0 1 0 0	$\bar{A}B\bar{C}\bar{D}$
0 1 0 1	$\bar{A}B\bar{C}D$
0 1 1 0	$\bar{A}BC\bar{D}$
0 1 1 1	$\bar{A}BCD$
1 0 0 0	$A\bar{B}\bar{C}\bar{D}$
1 0 0 1	$A\bar{B}\bar{C}D$
1 0 1 0	$A\bar{B}C\bar{D}$
1 0 1 1	$A\bar{B}CD$
1 1 0 0	$AB\bar{C}\bar{D}$
1 1 0 1	$AB\bar{C}D$
1 1 1 0	$ABC\bar{D}$
1 1 1 1	$ABCD$

(b)卡諾圖

	00	01	11	10
00	$\bar{A}\bar{B}\bar{C}\bar{D}$	$\bar{A}B\bar{C}\bar{D}$	$AB\bar{C}\bar{D}$	$A\bar{B}\bar{C}\bar{D}$
01	$\bar{A}\bar{B}\bar{C}D$	$\bar{A}B\bar{C}D$	$AB\bar{C}D$	$A\bar{B}\bar{C}D$
11	$\bar{A}\bar{B}CD$	$\bar{A}BCD$	$ABCD$	$A\bar{B}CD$
10	$\bar{A}\bar{B}C\bar{D}$	$\bar{A}BC\bar{D}$	$ABC\bar{D}$	$A\bar{B}C\bar{D}$

數，若此圈為單一位元，則所對應之項含有四個變數，所以圈選的原則為愈大圈愈好。

　　a.八位元：

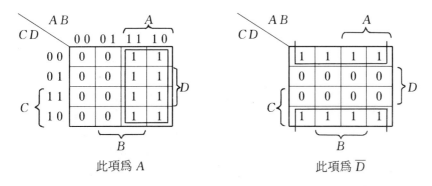

此項為 A

此項為 $\bar{D}$

　　由以上的例子，另可以看出圈選時是可以穿越邊界的。

b. 四位元：

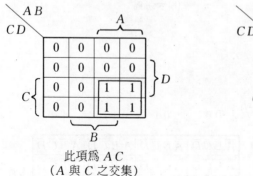

此項為 AC
(A 與 C 之交集)

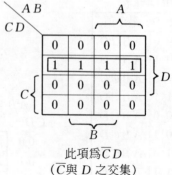

此項為 $\overline{C}D$
($\overline{C}$ 與 D 之交集)

由以上的例子可知，四位元的圈選分為兩種，一種是方形的，一種是長條形的，不過此兩種並無太大分別。

c. 二位元：

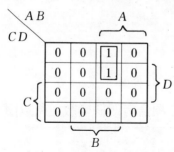

此項為 $AB\overline{C}$
(A 與 B 與 $\overline{C}$ 之交集)

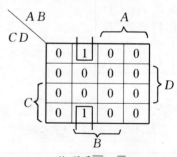

此項為 $\overline{A}B\overline{D}$
($\overline{A}$ 與 B 與 $\overline{D}$ 之交集)

d. 單一位元：

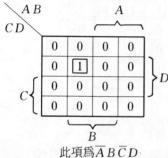

此項為 $\overline{A}B\overline{C}D$
($\overline{A}$ 與 B 與 $\overline{C}$ 與 D 之交集)

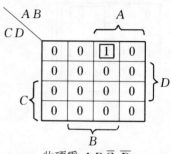

此項為 $AB\overline{C}\,\overline{D}$
(A 與 B 與 $\overline{C}$ 與 $\overline{D}$ 之交集)

⑶將卡諾圖中所有的圈所對應的項相加（OR）起來，即得到最後的布林代數式。

【例 11−8】

試利用卡諾圖化簡 $f = \overline{A}B\overline{C} + \overline{A}\overline{C}D + \overline{A}B\overline{D} + AC + BC\overline{D} + \overline{A}\,\overline{C}\,\overline{D}$

【解】

先列出眞值表

A	B	C	D	OUTPUT
0	0	0	0	1
0	0	0	1	1
0	0	1	0	1
0	0	1	1	0
0	1	0	0	1
0	1	0	1	1
0	1	1	0	1
0	1	1	1	0
1	0	0	0	0
1	0	0	1	0
1	0	1	0	1
1	0	1	1	1
1	1	0	0	0
1	1	0	1	0
1	1	1	0	1
1	1	1	1	1

再塡入卡諾圖並圈選所有的 1

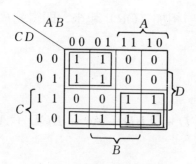

再將以上三個圈對應的項相加即可

$$f = \overline{A}\,\overline{C} + AC + C\overline{D}$$

(三)眞值表化簡法

前述之卡諾圖化簡法雖是最常用的化簡法，但它仍有一個缺點，就是當布林函數的變數超過 5 個以上時，就不易使用卡諾圖化簡法，因此介紹一種眞值表化簡法，雖然較爲繁雜，但卻可對多變數的布林函數化簡，其化簡原則如下：

1. 依布林函數列出眞值表。

2. 由眞值表中找出輸入和輸出間相關的變數項，並依序列表出來。

3. 依所列表，找出兩個變數項只有一個不同狀態的變數，加以合併，並去掉不同狀態的變數。

4. 再列表重覆第 3.步驟，直到布林函數化至最簡型式爲止。

【例 11−9】

利用眞值表化簡法化簡 $f = \overline{A}B\overline{C}D + \overline{A}BCD + AB\overline{C}D + ABCD$

【解】

(1)依布林函數列出眞值表

A	B	C	D	f
0	0	0	0	0
0	0	0	1	0
0	0	1	0	0
0	0	1	1	0
0	1	0	0	0
0	1	0	1	1 ←
0	1	1	0	0
0	1	1	1	1 ←
1	0	0	0	0
1	0	0	1	0
1	0	1	0	0
1	0	1	1	0
1	1	0	0	0
1	1	0	1	1 ←
1	1	1	0	0
1	1	1	1	1 ←

(2)列出輸出為 1 的部份

編號	A	B	C	D
①	0	1	0	1
②	0	1	1	1
③	1	1	0	1
④	1	1	1	1

(3)找出只有一個狀態不同的兩變數項

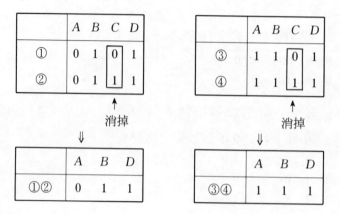

消掉

	A	B	D
①②	0	1	1

	A	B	D
③④	1	1	1

(4)重覆第 3 步驟

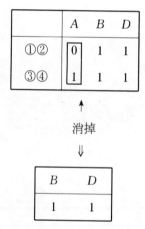

消掉

⇓

B	D
1	1

$$\therefore f = BD$$

11－2　二極體及閘與或閘

一、及閘（AND gate）

㈠定義

及閘又稱邏輯積（AND），它有二個或二個以上的輸入，但只有一個輸出，其工作特性爲當所有的輸入皆爲 1 時，輸出才爲 1，只要有一個輸入爲 0，則輸出爲 0。

(二)及閘的眞值表及邏輯電路符號

在布林代數中，AND 運算用 "·" 來表示，而 $Y = A \cdot B$ 的眞值表如下所示，圖 11-4 爲雙變數及閘之電路符號。

輸入		輸出
A	B	Y
0	0	0
0	1	0
1	0	0
1	1	1

圖 11-4　及閘之邏輯電路符號

$$A \quad B \qquad Y = A \cdot B$$

【例 11-10】

試利用雙輸入及閘設計一個三輸入的及閘，並列出其眞值表。

【解】

三輸入及閘之布林代數爲

$$Y = A \cdot B \cdot C = (A \cdot B) \cdot C$$

所以其邏輯電路圖如下

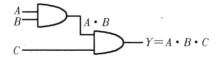

眞值表如下

A	B	C	$A \cdot B$	$A \cdot B \cdot C$
0	0	0	0	0
0	0	1	0	0
0	1	0	0	0
0	1	1	0	0
1	0	0	0	0
1	0	1	0	0
1	1	0	1	0
1	1	1	1	1

㈢及閘之電路分析

1.開關電路型

我們可以用二個串聯的開關來模擬及閘的工作行爲，如圖 11 －5(a)所示，開關 A 及開關 B 視爲兩個輸入，而燈泡則視爲輸出，因爲此兩個開關是串聯的，所以只有當開關 A 及開關 B 同時爲關時，燈泡才是亮的，否則爲暗的，因此當開關爲關時，即相當布林代數的 1，開（OFF）則相當於 0，而燈泡亮的時候相當布林代數的 1，暗的時候則相當於 0。此兩開關與燈泡之關係如圖 11－5(b)所示。

圖 11－5 及閘開關電路

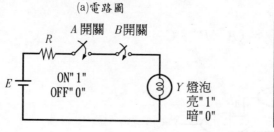

(a)電路圖

A 開關　　B 開關

R

E　　ON"1"
　　OFF"0"

Y 燈泡
亮"1"
暗"0"

(b)狀態表

A	B	Y
開	開	暗
開	關	暗
關	開	暗
關	關	亮

2.二極體電路型

圖 11-6(a)所示為使用二極體來完成及閘之工作電路，其中 A 和 B 為輸入，Y 為輸出，+5伏代表布林代數中的 1，0伏代表 0。當 A 或 B 有一端輸入為 0伏時，就有一個二極體為順向偏壓而短接到地，輸出就為 0伏，只有當 A、B 都輸入為 +5伏時，D_1 及 D_2 皆為逆向偏壓，所以此時輸出為 +5伏。圖 11-6(b)為此電路輸入與輸出的關係。

圖 11-6　及閘二極體電路

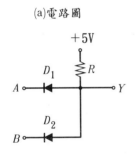

(a)電路圖

(b)狀態表

A	B	Y
0V	0V	0V
0V	+5V	0V
+5V	0V	0V
+5V	+5V	+5V

二、或閘 （OR gate）

㈠定義

或閘又稱邏輯和 （OR），它有二個或二個以上的輸入，但只有一個輸出，其工作特性為只有所有的輸入皆為 0時，輸出才為 0，只要有一個輸入為 1，則輸出為 1。

㈡或閘的真值表及邏輯電路符號

在布林代數中，OR 運算用 " + " 來表示，而 $Y = A + B$ 的真值表如下所示，圖 11-7 為雙變數或閘之電路符號。

輸入	輸出
A B	Y
0 0	0
0 1	1
1 0	1
1 1	1

圖 11-7   或閘之邏輯電路符號

【例 11-11】

試利用雙輸入或閘設計一個三輸入的或閘，並列出其眞值表。

【解】

三輸入或閘之布林代數爲

$$Y = A + B + C = (A + B) + C$$

所以其邏輯電路圖如下

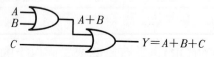

其眞值表如下

A B C	A + B	A + B + C
0 0 0	0	0
0 0 1	0	1
0 1 0	1	1
0 1 1	1	1
1 0 0	1	1
1 0 1	1	1
1 1 0	1	1
1 1 1	1	1

㈢或閘之電路分析

1.開關電路型

我們可以用二個並聯的開關來模擬或閘的工作行為,如圖 11
-8(a)所示,開關 A 及開關 B 視為兩個輸入,而燈泡則視為輸
出,因為此兩個開關是並聯的,所以只有當開關 A 及開關 B
同時為開時,燈泡才是暗的,若有任何一個開關為關,則燈泡
是亮的。此兩開關與燈泡之關係如圖 11-8(b)所示。

圖 11-8 或閘開關電路

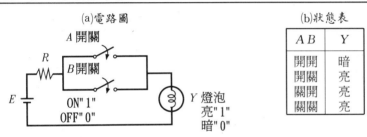

2.二極體電路型

圖 11-9(a)所示為使用二極體來完成或閘之工作電路,其中 A
和 B 為輸入, Y 為輸出, +5 伏代表 1, 0 伏代表 0。當 A 或
B 有一端輸入為 +5 伏時,則二極體順向導通,則輸出為 +
5V,若 A 及 B 皆輸入 0 伏,則輸出為 0 伏。圖 11-9(b)為此
電路輸入與輸出的關係。

圖 11-9 或閘二極體電路

(a)電路圖

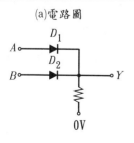

(b)狀態表

A	B	Y
0V	0V	0V
0V	+5V	+5V
+5V	0V	+5V
+5V	+5V	+5V

11-3 反閘 (NOT gate)

㈠定義

反閘又稱爲反相器 (Inverter)，它只有一個輸入及輸出，它的工作特性爲當輸入爲 1 時，輸出爲 0，當輸入爲 0 時，則輸出爲 1，換句話說，反閘的輸出爲輸入的補數。

㈡反閘的眞值表及邏輯電路符號

在布林代數中，NOT 運算用 "－" 來表示，而 $Y = \overline{A}$ 的眞值表如下所示，圖 11-10 爲反閘之電路符號。

A	$Y = \overline{A}$
0	1
1	0

圖 11-10　反閘之邏輯電路符號

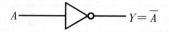

$$A \longrightarrow\!\!\!\rhd\!\!\circ \longrightarrow Y = \overline{A}$$

㈢反閘之電路分析

1.開關電路型

我們可以用一個開關與一個燈泡並聯來模擬反閘的工作行爲，如圖 11-11(a)所示，開關 A 視爲輸入，燈泡則視爲輸出，當開關爲開時，電路被短路，所以燈泡爲暗，反之當開關爲關時，燈泡通電發亮。如同前一節，開關之關 (ON) 時代表 1，開 (OFF) 時代表 0，而燈泡亮時代表 1，暗的時候代表 0。此開關與燈泡之關係如圖 11-11(b)所示。

圖 11－11　反閘開關電路

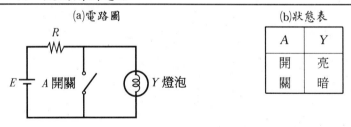

(a)電路圖

(b)狀態表

A	Y
開	亮
關	暗

2.電晶體電路型

圖 11－12(a)所示為使用一個電晶體來達成反閘之工作的電路，其中 A 為輸入，Y 為輸出，在此電路中，電晶體是共射極（CE）組態，所以當輸入為 0 伏時，電晶體截止，故集極電流接近 0，則輸出接近 ＋5 伏。反之，當輸入為 ＋5 伏時，電晶體呈飽和狀態，故 $I_{C(\text{sat})} \fallingdotseq \dfrac{V_{CC}}{R_C}$，輸出則接近 0.2 伏。圖 11－12(b)為此電路輸入與輸出之關係。

圖 11－12　反閘電晶體電路

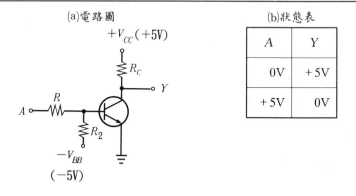

(a)電路圖

(b)狀態表

A	Y
0V	＋5V
＋5V	0V

【例 11－12】

如圖所示電路，矽晶體的 $h_{fE} = 30$，當 $V_{\text{in}} = 0V$ 時，$V_{\text{out}} = ?$ 又當 $V_{\text{in}} = 12V$ 時，$V_{\text{out}} = ?$

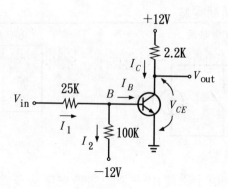

【解】

(1)當 $V_{in}=0V$ 時，

$$V_B = -12 \times \frac{25}{100+25} = -2.4V$$

此時反向偏壓為 2.4V，故電晶體呈截止狀態，且 $I_C \doteqdot 0$，所以 $V_{out} \doteqdot$ 12V。

(2)當 $V_{in}=12V$ 時，首先假設電晶體是在飽和狀態，則 $V_{BE(sat)}=$ 0.8V，$V_{CE(sat)}=0.2V$，則

$$I_C = \frac{12-0.2}{2.2} = 5.364mA$$

$$I_1 = \frac{12-0.8}{25} = 0.448mA$$

$$I_2 = \frac{0.8-(-12)}{100} = 0.128mA$$

$$I_B = I_1 - I_2 = 0.32mA$$

而使電晶體飽和所需最小基極電流為

$$I_{B(min)} = \frac{I_C}{h_{fE}} = \frac{5.364}{30} = 0.179mA$$

所以 $I_B > I_{B(min)}$，故此電晶體確在飽和狀態，所以 $V_{out} = V_{CE(sat)} =$ 0.2V

11-4　二極體—電晶體邏輯閘（DTL）

一、基本觀念

數位電路在電子系統中扮演著重要角色，根據積體電路晶片上電路複雜的程度，可分成下列四種：

　　1.SSI：小型積體電路。

　　2.MSI：中型積體電路。

　　3.LSI：大型積體電路。

　　4.VLSI：超大型積體電路。

數位邏輯電路分成許多族類，以下將探討 DTL、TTL、ECL、MOS 與 CMOS。

評估邏輯閘性能的良否，可依據下面幾點方式： 1.輸入與輸出邏輯電壓準位； 2.雜訊邊際； 3.操作速率； 4.靜態與動態消耗功率； 5.扇出與扇入。

㈠反相器的轉換特性曲線

下圖為典型的反相器轉換特性曲線

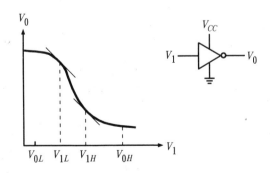

V_{OH}：當輸出確定為邏輯 1 時，輸出上許可的最小電壓。

V_{1H}：當輸入確定為邏輯 1 時，輸入上許可的最小電壓。

V_{0L}：當輸出確定為邏輯 0 時，輸出上許可的最大電壓。

V_{1L}：當輸入確定為邏輯 0 時，輸入上許可的最大電壓。

習慣上將 V_{1L} 和 V_{1H} 定義成當電壓轉換曲線的斜率為 -1 的點。

㈡雜訊邊限（Noise Margin；NM）

雜訊邊限是用來衡量邏輯電路對於雜訊的免疫程度。凡是大小不超過 NM 的雜訊都不會使邏輯狀態改變，但若雜訊大於 NM 時，則可能產生錯誤。NM_H 與 NM_L 分別為邏輯 1 與邏輯 0 的雜訊邊限。NM_H 與 NM_L 的定義如下：

$$NM_H = V_{0H} - V_{1H}$$

$$NM_L = V_{1L} - V_{0L}$$

㈢操作速率

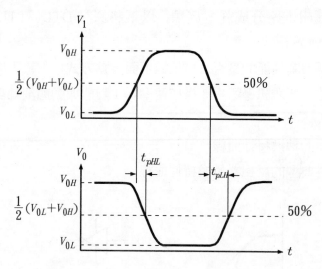

上圖為一反相器輸入與輸出的典型反應，輸入與輸出之間會有一段時間延遲，輸入與輸出電壓均達 50% 值所需時間稱為傳播延遲（Propagation delay）t_p，它被定義成 t_{pLH} 與 t_{pHL} 的平均，亦即 $t_p = \dfrac{1}{2}(t_{pLH} + t_{pHL})$。

㈣功率消耗

　　靜態功率（Static power）指電路狀態不變時的功率消耗。動態功率（Dynamic power）則指狀態改變時的功率消耗。此兩者可決定數位系統的電源必須供應多少電流。

㈤扇出（Fan-out）與扇入（Fan-in）

　　邏輯閘須具有將信號送到好幾個相似電路的能力，「扇出」則表示一個邏輯閘能夠驅動閘的最多個數，某一邏輯閘的輸出接至幾個類似的輸入後，會產生負載效應，故扇出數有其一定限制。而「扇入」則表示邏輯閘能夠接受的輸入個數，此值太大可能造成不正確的輸出。

二、二極體—電晶體邏輯閘

　　DTL 是由二極體及電晶體所構成的邏輯 IC 電路，它是使用了很久的邏輯族類之一，目前已被 TTL 取代。DTL 的電路如圖 11–13 所示，這是一個 NAND 閘，其中 A 及 B 為輸入，Y 為輸出，其關係為 $Y = \overline{A \cdot B}$。真值表與邏輯電路符號，如圖 11–14 所示，由真值表可看出，只有當各輸入皆為 1 時，輸出才為 0，否則輸出為 1。

圖 11–13　NAND 閘 DTL 基本電路

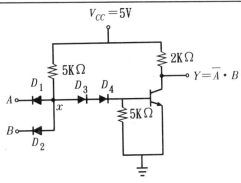

圖 11-14　NAND 閘之真值表及邏輯符號

(a)真值表　　　　　　　　(b)邏輯電路符號

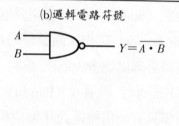

$Y = \overline{A \cdot B}$

A B	Y
0 0	1
0 1	1
1 0	1
1 1	0

　　由圖 11-13 中可看出，當 A 或 B 有一輸入為 0 伏時，x 點電壓約為 0.6 伏，而要導通串聯的 D_3 與 D_4 則需 1.2 伏以上，所以此時電晶體呈截止狀態，故集極電流接近 0，所以輸出 Y 接近 +5 伏。當 A 及 B 皆輸入 +5 伏時，D_1 及 D_2 皆為逆向偏壓而截止，此時 D_3 及 D_4 為順向偏壓而導通，電流流進電晶體的基極而使電晶體飽和，此時 V_{CE} 約為 0.2 伏，而使輸出 Y 為低電位。雖然此基本電路為 NAND 閘，但適當整合此閘卻可合成基本的反閘、或閘與及閘，故只需利用 NAND 閘，就可以完成我們所需的電路。

【例 11-13】

試利用 NAND 閘組成反閘、及閘與或閘。

【解】

⑴由布林代數可知

$$Y = \overline{A \cdot A} = \overline{A}$$

故當 NAND 閘之兩輸入相同時，輸出為輸入之補數。

A ─▷○─ $Y = \overline{A}$

⑵ $Y = A \cdot B = \overline{\overline{A \cdot B}}$

故要得到及閘，只需在 NAND 閘之後再加上一個反閘即可。

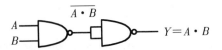

$$A \cdot B$$
$$Y = A \cdot B$$

(3)由第摩根定律知

$$Y = A + B = \overline{\overline{A + B}} = \overline{\overline{A} \cdot \overline{B}}$$

故要得到或閘，只需將輸入先經反閘再輸入至 NAND 閘即可。

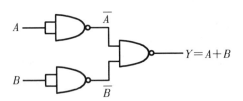

11-5　積體電路式 DTL 閘

圖 11-15 所示為積體電路式 DTL 閘，它是將原來的 DTL 閘改良而成，原來電路中的 D_3 改成一個電晶體，並採用分離式集極電阻 R_1 及 R_2，不但可提高電晶體 Q_2 的基極推動能力，也提高扇出能力，如適當地選擇 R_1 及 R_2，也可使電晶體不致過份飽和，並可提高閘的交換速度。

圖 11-15　積體電路式 DTL 閘電路

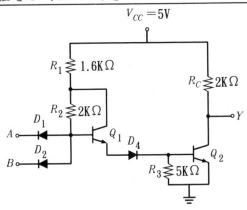

11-6 電晶體—電晶體邏輯閘 (TTL)

TTL IC 是目前使用最爲廣泛的數位積體電路，它是將 DTL 中的輸入二極體改爲多重射極電晶體（Multiple-emitter transistor）來完成其功能。而它被廣泛採用的主因是因爲價格低廉、使用方便，且效率高，因此 TTL 極受大衆喜愛。

TTL IC 是由德州儀器公司（Texas Instrument Company）於 1964 年發展出來的半導體，其常用之 SN 系列依用途分爲軍用及商用兩種，軍用規格爲 SN54 ××系列，而商用爲 SN74 ××系列。SN54 ×× 系列因爲用於軍事上，所以體積、功率耗損、速度及可靠性均優於 SN74 ××系列，並且可以在 -50℃ ~ +125℃ 內正常工作，且可以接受電源供給電壓達 0.5 伏特的變動，亦即 4.5V~5.5V，但 SN74 ×× 系列只能保證在 0℃ ~70℃ 內正常工作，且僅能接受電源電壓 V_{CC} ± 0.25V 的變動，亦即 4.75V~5.25V。而 TTL 又分四種副支族。以下分別討論它們的特性：

㈠標準型 TTL（SN74 ××）

圖 11-16 爲標準型 TTL 的電路，每一個閘消耗功率約爲 10mW 左右，其傳輸延遲時間爲 9ns，工作頻率最高可達 35MHz。若將電路中的電阻值均改小，則 RC 時間常數就變小，因此縮短傳輸延遲時間，但相對的流經線路的功率消耗卻因而增加，所以我們可知傳輸延遲時間和功率的消耗是互爲反比關係。

㈡低功率型 TTL（SN74L ××）

圖 11-17 爲低功率型 TTL 的電路。即將標準型 TTL 基本電路中的電阻均改成較大的值，如此可以減低電流，而功率消耗也降低，但卻也相對地增加了傳輸延遲時間（約爲 33ns 左右），其每一個閘的

功率約爲 1mW，所以可知，低功率 TTL 雖降低了功率，但也降低了
速度。

圖 11－16　標準型 TTL 電路

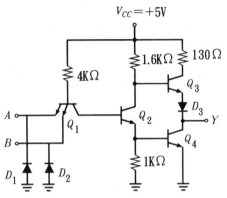

圖 11－17　低功率型 TTL 電路

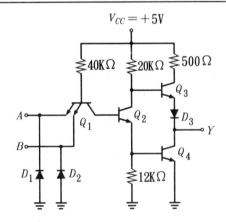

㈢高速度型 TTL（SN74H ××）

　　圖 11－18 爲高速度型 TTL 的電路。即將標準型 TTL 基本電路
中的電阻均改爲較小的值，並以達靈頓電晶體代替原來的 Q_3 電晶體，
如此可以縮短傳輸延遲時間（約爲 6ns），但每一個閘消耗的功率卻升
高爲 22mW，所以高速度型 TTL 的優點是速度快，缺點是消耗功率
較高。

圖 11-18 高速度型 TTL 電路

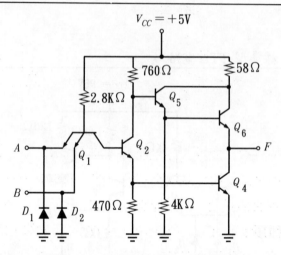

㈣蕭特基型 (Schottky) TTL (SN74S ××, SN74LS ××)

此型 TTL 為較新型之 TTL，其電路圖如圖 11-19 及圖 11-20 所示，與一般 TTL 最大的不同在於電晶體的基集極間並聯一個導通電壓約 0.3V 的蕭特基二極體。當電晶體的 V_{CE} 降至 0.4V 以下時，

圖 11-19 蕭特基 TTL 基本電路

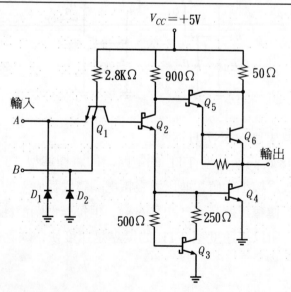

圖 11－20　蕭特基障壁二極體定位及符號

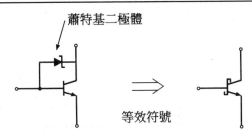

此二極體開始導通，使得 V_{CE} 電壓被限制在 0.4V 以上，因此電晶體不會飽和，可使得交換速度提高，同時亦不會消耗太多功率。

目前使用最廣的 TTL 為標準型 TTL 及低功率蕭特基型 TTL。但不論是何種類型的 TTL，其所執行的數位函數皆相同，其差別只在於使用不同型式的電晶體及電阻值的不同。此外，他們都有三種不同型式的輸出組態，茲討論如下：

一、圖騰柱輸出的 TTL（Totem-pole output TTL）

圖騰柱輸出的 TTL 是指標準型 TTL 的 NAND 閘，其電路圖如圖 11－21 所示。此型 TTL 因為電晶體 Q_3 疊坐在電晶體 Q_4 上，故被稱為圖騰柱輸出。在 TTL 族中大部份皆為此種結構。此電路為三級電晶體串接而成，圖 11－21 中最左邊的電晶體 Q_1 為第一級，又稱為輸入級。中間的電晶體 Q_2 是相位分離器為第二級，最右邊的 Q_3 及 Q_4 為第三級，也稱為輸出級。此種結構之優點為可以加快交換速度，如在輸出高電位時，Q_3 的作用如同射極隨耦器，具有極低的輸出阻抗。此一低輸出阻抗使輸出在推動下一級負載與伴隨之雜散電容時，能有較小的時間常數，加快電容充電，並使輸出電壓迅速提升。但其缺點則為當輸出由高態（High）轉為低態（Low）時，由於 Q_4 導通後才截止，故在若干奈秒內 Q_3 和 Q_4 會同時導通，而造成流過大量電流，導致電源供應上的困擾。

圖 11-21 圖騰柱 TTL 反及閘電路

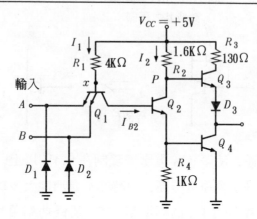

依圖 11-21 所示電路, 當輸入 *A*、*B* 皆為高電位時, 其動作情形如下:

㈠因為 *A* 及 *B* 皆為高電位, 故 Q_1 之射基極為逆向而截止, 故電流 I_1 流經 R_1 及 Q_1 之基集極接面及 Q_3、Q_4 的基射極接面, 故 *x* 點之電位為 $0.7 \times 3 = 2.1V$。

㈡由於 I_1 流入 Q_2 之基極, 故 Q_2 導通而趨於飽和, 同時 I_2 亦增大, 而造成 R_4 上極大壓降, 故 Q_4 亦導通而飽和, 但 Q_2 之集極為低電位, 故 Q_3 為截止。

㈢因此當輸入皆為高電位時, Q_3 截止, Q_4 導通, 輸出為低電位, 二極體 D_3 的功能為當 Q_4 飽和時, 在 Q_3 及 Q_4 間有一二極體壓降, 以確保 Q_3 截止, 避免 Q_3 及 Q_4 同時導通導致大電流燒燬 Q_3 及 Q_4。

當輸入 *A*、*B* 皆為低電位或其中一個為低電位時, 其動作如下:

㈠當 *A*、*B* 有一為低電位時, Q_1 的基射極接面順偏而導通, 此時 *x* 點之電位約為 $0.9V$。

㈡因為 Q_2 沒有順向電流 I_{B2}, 故 Q_2 截止, 導致 Q_4 亦無法獲得順向電流而截止。

㈢因為 Q_2 截止且 $I_2 = 0$，故 P 點電位為 $+5V$，造成 Q_3 導通飽和，而使輸出為高電位。

㈣因此當輸入有一個為低電位時，輸出就為高電位。二極體 D_1 及 D_2 稱為輸入箝位二極體，其功能是將輸入太高的負電壓限制在 $-0.6V$ 以上，以免打穿多射極電晶體，但對正輸入信號沒有影響。

二、集極開路輸出的 TTL（Open-collector output TTL）

如圖 11－22 所示為集極開路式 TTL 的電路圖，它與圖騰柱 TTL 的不同在於少了 Q_3 及 D_3。其輸出從 Q_4 集極開路取出，使用此閘時必須於輸出端接一電阻 R_L 至電源 V_{CC} 上，於是流經 R_L 的單電流源取代圖騰式的 Q_3。若沒有接此電阻，則電晶體 Q_4 無法供給輸出任何電流，如此亦正好可以讓集極開路式的輸出接在一起，而不會被燒燬。而輸出連接在一起的集極開路式邏輯閘成為結線及閘（Wired-AND）的效果，如圖 11－23 所示。在此須強調的一點是只有集極開路式才能將輸出接在一起，至於若將二個圖騰式閘的輸出接在一起，當一閘輸出為高階，而另一閘輸出為低階，則會有大量電流流過電晶體而燒燬。

圖 11－22　集極開路輸出的 TTL 電路圖

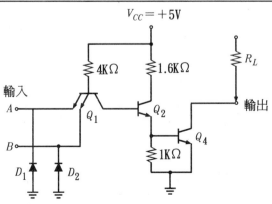

圖 11－23　三個集極開路的結線及閘

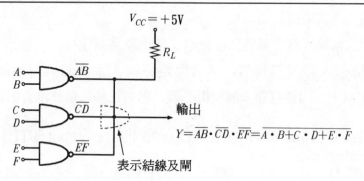

$$Y=\overline{AB}\cdot\overline{CD}\cdot\overline{EF}=\overline{A\cdot B+C\cdot D+E\cdot F}$$

表示結線及閘

三、三態輸出 TTL（Tri-state output TTL）

　　一般的邏輯電路中，輸出只有 1 及 0 兩種狀態，而三態輸出是指其輸出除了 0 與 1 之外，尚有第三種輸出，但必須有控制端控制，此控制端稱爲致能（Enable）。當控制端被激發時，相當於開關被打開，但當控制端未被激發時，相當於開關被關閉，輸出爲高阻抗狀態，因此三態輸出 TTL 閘可當成開關使用，普遍用在記憶器、暫存器、中央處理單元中公共匯流排的閂鎖上，其基本電路圖與眞值表如圖 11－24 所示。

圖 11－24　三態輸出 TTL 的基本電路及眞值表

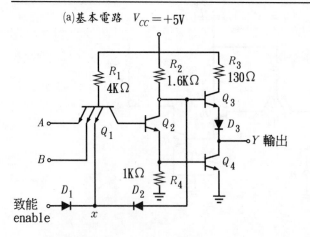

(a)基本電路　　$V_{CC}=+5V$

(b)眞值表

輸	入		輸　出
致能	A	B	Y
0	0	0	1
0	0	1	1
0	1	0	1
0	1	0	0
1	0	0	高阻抗
1	0	1	高阻抗
1	1	0	高阻抗
1	1	1	高阻抗

由圖 11-24 所示，除了致能電路外，其餘皆與圖騰柱閘的電路相同。若致能輸入為高電位，則 x 點為低電位，所以 Q_1 及 D_2 均得到順向偏壓而導通，使得 Q_2、Q_3 及 Q_4 均同時截止，因此輸出變成懸空狀態，即輸出端與 V_{CC} 接地間均形成高阻抗狀態，且與輸入無關。反之，若致能輸入為低電位，則 x 點為高電位，此時 Q_1 及 D_2 均為反向偏壓，故此時致能不影響電路的動作，輸出如同圖騰柱電路一般由輸入決定。

11-7　射極耦合邏輯閘（ECL）

射極耦合邏輯閘（ECL）如圖 11-25 所示，它使用了差動放大器，因此輸出端可以得到兩個互補的輸出 OR 及 NOR，且在差動放大器中的兩個電晶體皆不會進入飽和區，省掉了電荷儲存時間，更使得傳輸延遲時間少到 2 奈秒，成為各邏輯族類中最快的一種，所以常用於需要高速運算的系統中，如大型電腦、衛星及太空梭等，但其缺點則在於雜訊免除力低且消耗功率大。ELC 在工作時需加 -5.2V 的電源到 V_{EE}，其邏輯 1 為 0～-0.75V，而邏輯 0 為 -1.55V～-2V，二位階之間相差不大，故較容易受雜訊干擾。

如圖 11-25(a)所示為 ECL 的基本電路，其中輸入電晶體 Q_2 及 Q_3 組成差動放大器，由 R_1、R_2、D_1 及 D_2 的配合，使 Q_4 之射極，亦即 Q_3 的基極，得一參考電壓 -1.3V。而 Q_3 之射極約比基極低 0.8V，所以 Q_1、Q_2、Q_3 之射極電壓為 -1.3-0.8 = -2.1V。茲分析其動作如下：

㈠當輸入 A 及 B 皆為低電位（約為 -1.8V）時

1. 因電晶體 Q_1 及 Q_2 之射極電壓為 -2.1V，而輸入為 -1.8V，雖為順向偏壓，但 0.3V 的電壓不足以使 Q_1 及 Q_2 導通。

圖 11-25 ECL 之基本電路及符號

(a)基本電路

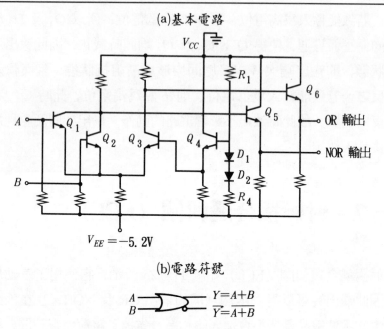

$V_{EE} = -5.2V$

(b)電路符號

$$A \quad B \quad Y = A + B \quad \overline{Y} = \overline{A+B}$$

2. Q_1 與 Q_2 不導通，故其集極為高電位，促使 Q_5 導通，但因 Q_5 及 Q_6 是共集極組態，因此輸出沒有反相，其作用只在提高電流增益及改善扇出數，所以使 NOR 的輸出電壓為高電位 （約 $-0.8V$）。

3. 因 Q_3 仍然導通，其集極電位低而促使 Q_6 不導通，所以使 OR 的輸出電壓為低電位 （約 $-1.8V$）。

㈡當輸入有一個以上為高電位時

1. 因輸入為高電位，使得其所接之輸入電晶體導通，而 Q_1 與 Q_2 之集極電壓下降，使得 Q_5 截止，故 NOR 輸出為低電位。

2. 因輸入電壓為 $-0.8V$，而基射極壓降為 $0.8V$，故 Q_1、Q_2 及 Q_3 之射極電壓約為 $-0.8-0.8 = -1.6V$。

3. 因 Q_3 之基極電壓為 $-1.3V$，而射極電壓為 $-1.6V$，雖是順向偏壓，但 $0.3V$ 仍不足使 Q_3 導通，故集極電壓接近 V_{CC}，所以 OR 的輸出爲高電位（約 - 0.8V）。

由圖 11 - 25(b)所示的 ECL 閘有兩個輸出，一爲 OR，另一爲 NOR，若將兩個以上的 ECL 閘，輸出接在一起可形成線接邏輯，如圖 11 - 26 所示，即兩個 OR 閘輸出接在一起可形成結線 - 及閘（Wired-AND）；而兩個 NOR 閘或兩個不同的閘輸出接在一起可以產生結線 - 或閘（Wired-OR）。

圖 11 - 26　ECL 閘的線接應用

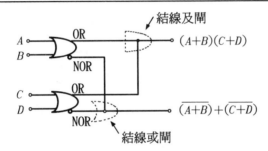

以 ECL 邏輯電路而言，在特性方面具有下列幾點：

㈠以每閘傳遞延遲時間而言，ECL 邏輯具有快速傳遞及低延遲時間的特性，並且是在整體邏輯電路當中是最快速者。

㈡以各閘之相對成本而言，ECL 相對的是較高的，因爲速度快，就需付出較高額之成本。

㈢以晶體之扇出而言，其僅次於 CMOS，約位居於次要之席位。

㈣以晶體之扇入而言，其特性較差。

㈤在每閘之功率損耗而言，其消耗功率也是很大。

11-8　金氧半場效電晶體邏輯閘（MOS）

在數位積體電路之中最常使用的就是應用 MOSFET 來製造，因為在製造上 MOSFET 較簡單，且最重要的是佔用較小的面積，可代替負載電阻，所以非常具有經濟效益，而由 MOS 之技術用於積體電路之製造，不僅可提高其裝填密度，同時因為消耗功率很小，在晶體製造上也解決了熱效率問題，所以在大型及超大型之積體電路常使用 MOS 之邏輯閘就是這個原因。但可惜 MOS 之缺點還是有的，因 MOS 邏輯閘的每閘延遲時間很長，大約是 100ns，且是整體邏輯閘中最慢的，因為 MOS 電晶體之寄生電容較大，所以使得其轉換速度與頻率響應較雙極性電晶體（BJT）差。

　　MOS 電晶體又區分為二種，一為空乏型，二為增強型（Enhancement mode），一般皆用增強型之 MOS 來組成數位邏輯閘，MOSFET 之優點在於不但可作為電晶體，亦能作成電阻，因此在積體電路中之被動元件均可用 MOS 來替代，且可減少其面積。以下就 MOS 之應用加以說明。

　㈠MOS 反相器

　　如圖 11－27 所示為簡單之 MOS 反相器（NOT gate）電路，由圖(a)可知，其閘極直接接於 V_{DD}，就會使晶體永遠導通，其作用如同負載電阻。所以數位電路若以 MOS 電晶體來取代則可減少一些空間。

　　而圖(b)之反相器電路，需 P 通道所加的電壓低於源極超過臨界電壓 V_T（－2V）以上才導通，所以 V_{GG} 電源之作用是在於使 Q_1 電晶體導通。

　㈡N－MOS 反及閘（NAND gate）

　　由圖 11－28 所示，當 Q_A 和 Q_B 均導通時，介於輸出端和接地點之間的有效通道長度要比單純反相器中的通道長度長一倍。因此若希望保持 $V_Y = V_{oL}$，則每個輸入電晶體的通道寬度也需要加一倍，如此一來，兩個串接電晶體將與反相器中的單一電晶體具有相同之有效 $\dfrac{w}{l}$ 比值。若反及閘有 N 個輸入，則每個輸入電晶體的通道寬度需增

為 N 倍，其結果將造成一個反及閘所需佔的矽面積遠較反或閘為大，
這點限制了 N－MOS NAND 的應用範圍。

圖 11－27　MOS 及相器

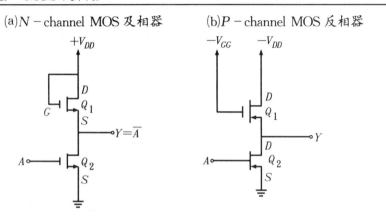

(a)N－channel MOS 及相器　　(b)P－channel MOS 反相器

圖 11－28　N－MOS 反及閘電路

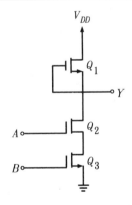

圖 11－28 中，Q_1 被當作負載電阻，而 Q_2、Q_3 分別是受輸入
A、B 控制的開關，當任一輸入端為低電位時，其所對應之晶體便無
法導通，則輸出就為高電位，反之若 A、B 輸入均為高電位時，則
Q_2、Q_3 皆導通，輸出就為低電位。

㈢N－MOS 反或閘（NOR gate）

圖 11－29 所示爲反或閘（NOR gate）電路，Q_1 爲負載電阻，Q_2、Q_3 並聯控制輸出，而這二個電晶體是完全一致的，而且與反相器電晶體的尺寸相同，若輸入端中有一個爲高電位，則所對應的電晶體導通，即輸出就爲低電位；若輸入端皆爲低電位，則所有的電晶體皆無法導通，輸出就爲高電位，即 $Y = \overline{A + B}$。

圖 11－29　N－MOS 反或閘電路

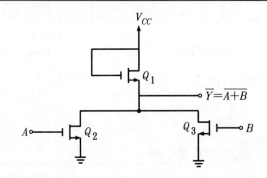

N－MOS 之邏輯電路優點：

1.製作簡單。

2.只需較小的晶片面積，故其包裝密度較高。

3.常應用於 VLSI 電路設計上。

4.低消耗功率。

【例 11－14】

試分別以 N 通道及 P 通道 MOS 設計 (1)NAND gate，(2)NOR gate 電路。

【解】

(1)N 通道 MOSFET NAND gate

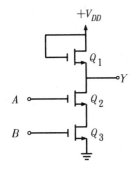

A	B	Q_2	Q_1	Y
0	0	OFF	OFF	1
0	1	OFF	ON	1
1	0	ON	OFF	1
1	1	ON	ON	0

P 通道 MOSFET NAND gate

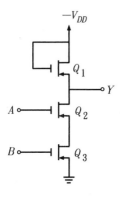

A	B	Q_2	Q_3	Y
0	0	OFF	OFF	1
0	1	OFF	ON	1
1	0	ON	OFF	1
1	1	ON	ON	0

(2)N 通道 MOSFET NOR gate

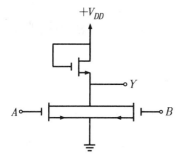

A	B	Q_2	Q_3	Y
0	0	OFF	OFF	1
0	1	OFF	ON	0
1	0	ON	OFF	0
1	1	ON	ON	0

P 通道 MOSFET NOR gate

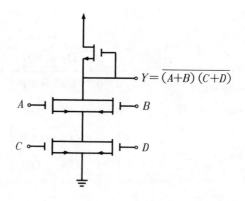

A	B	Q_2	Q_3	Y
0	0	OFF	OFF	1
0	1	OFF	ON	0
1	0	ON	OFF	0
1	1	ON	ON	0

【例 11 – 15】

試繪出 $Y = \overline{(A + B)(C + D)}$ 電路。

【解】

$$Y = \overline{(A+B)(C+D)}$$

11－9　互補型金氧半場效電晶體邏輯閘 （CMOS）

　　互補式金氧半場效電晶體邏輯閘，係將 P－MOS 與 N－MOS 之增強型場效電晶體同時製作在同一塊晶片的基底上組成，因此就可以大量降低消耗功率，且其扇出數增加，雜訊免除力高，為數位電路上相當實用的邏輯閘。至於其缺點是交換速度甚慢。

NAND gate 及 NOR gate 其實是成互相對比狀態，若正邏輯之 NAND gate，就相當於負邏輯的 NOR gate，如圖 11－30 所示。

圖 11－30 (a)NAND gate 之電路，(b)NOR gate 之電路

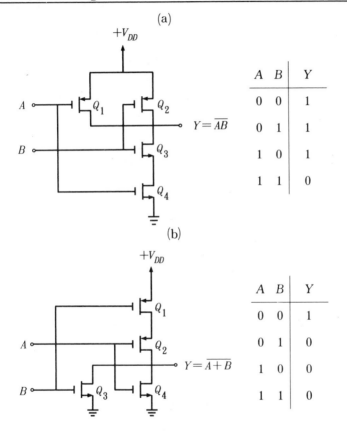

(a)

A	B	Y
0	0	1
0	1	1
1	0	1
1	1	0

$Y = \overline{AB}$

(b)

A	B	Y
0	0	1
0	1	0
1	0	0
1	1	0

$Y = \overline{A+B}$

【自我評鑑】

1. (1)正邏輯與負邏輯之區別何在？

   (2)1Byte 等於多少 bits？64KByte 又等於多少 bits？

2. 試完成下表之邏輯

輸出/入 均為正邏輯	輸入改為 負邏輯	輸出改為 負邏輯	輸出/入 改為負邏輯
AND			
OR	NAND		
NAND			NOR
NOR			

3.寫出下面各邏輯電路之輸出：

(1)

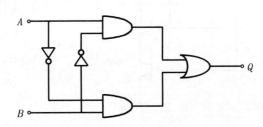

(2)

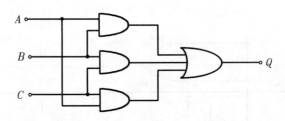

4.試以 NOR gate 說明如何來執行 AND、OR 或 NOT gate 之功能。

5.有一邏輯電路其輸入（X_1, X_2）與輸出（Y_1, Y_2, Y_3）之關係如下列之真值表所示：

X_1	X_2	Y_1	Y_2	Y_3
0	0	0	0	0
0	1	0	1	0
1	0	0	1	1
1	1	1	1	1

⑴寫出每個 Y 的邏輯運算式子。

⑵設只有 AND 閘及 NOT 閘可供使用，試以此兩種閘設計出真值表所對應之邏輯電路。

6.設一邏輯電路之布林式為：$Y = (A + B)(\overline{AB})$，試繪此電路之邏輯圖，並列出其真值表。

7.試解釋下述名詞：

扇出，並解釋何以扇出為有限。

8.下列之敍述何者為真?

(A)ECL 有最快之速度。

(B)$N - MOS$ 有最大之晶體密度。

(C)CMOS 有最小之功率散逸。

9.下圖為 CMOS 之數位組件，請寫出輸出 Y 與輸入 A、B 之關係，並寫出 Q_1 至 Q_6 對應之狀態。

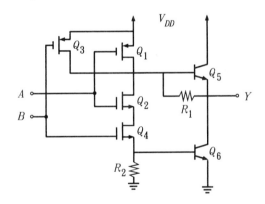

10.如下圖所示電路為 $N - type$ 之 MOSFET，試求出其輸出 Z 之對應邏輯函數。

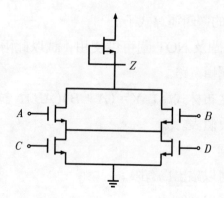

11. 試說明 CMOS 之優缺點。

習　題

1. 試利用解析法證明下列各式：

$$y = AB = A\overline{B} + \overline{A}B = AB + \overline{A}\,\overline{B} = (A + B)(\overline{AB})$$
$$= (A + B)(\overline{A} + \overline{B})$$

2. (1)將下圖之卡諾圖表成為積之和邏輯函數 $f(A, B, C, D)$。

   (2)將之表成為和之積的邏輯函數。

CD ＼ AB	0 0	0 1	1 1	1 0
0 0	1	1	1	0
0 1	0	1	0	0
1 1	0	1	0	0
1 0	1	1	0	0

3. 試以 NAND gate 說明如何來執行 AND, OR 或 NOT gate 之功能。

4. 試分別以 NAND gate 及 NOR gate 來執行 XOR gate 之功能。

5. 試畫出 Inverter, NOR, NAND 及 XOR gate 之電路符號，並寫出其眞値表。

6. 試設計一邏輯電路，使其能滿足下列條件：(1) $Y = A$，當 $X = 1$ 時，(2) $Y = B$，當 $X = 0$ 時。Y 爲輸出，A、B 爲輸入，X 爲控制信號，設全部邏輯爲正邏輯。

7. 針對邏輯閘回答下列問題：

   (1)扇出數最大的爲何種 gate？

   (2)扇出數最小的爲何種 gate？

   (3)每閘功率散逸（消耗功率）最小的爲何種 gate？

   (4)每閘消耗功率最大的爲何種 gate？

(5)速度最快（指交換速率）的為何種 gate?

(6)速率最慢（即延遲最大）的為何種 gate?

(7)時序速率最高的為何種 gate?

(8)時序速率最低的為何種 gate?

(9)雜訊免除力最佳的為何種 gate?

(10)積體密度最高的為何種 gate?

8.試定義下列邏輯電路之函數為何?

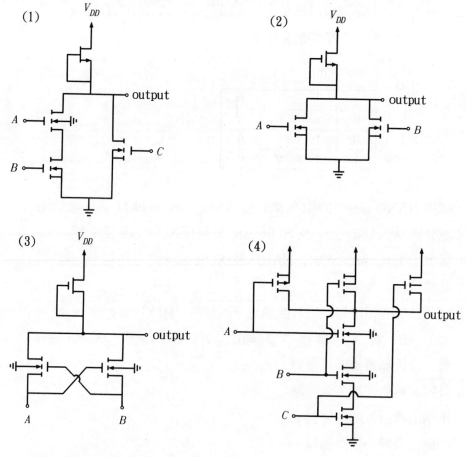

(1)

(2)

(3)

(4)

9.試定義下列邏輯電路之函數為何?

(1)

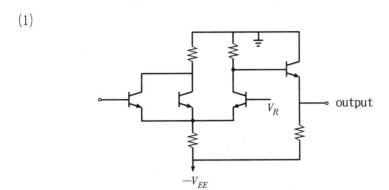

(2)

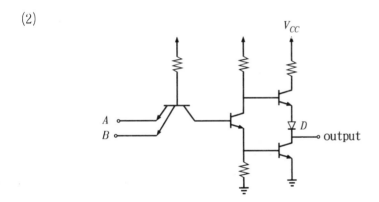

10.如下圖之 MOS 邏輯電路試解出其函數關係，及用數位邏輯符號來
　　表示。

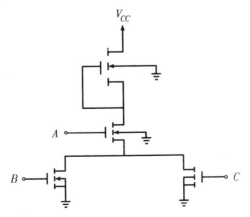

第十二章　頻率響應

12-1 波德圖（Bode）及 RC 時間常數頻率響應

一、RC 網路之充放電與時間常數

　　RC 串聯電路如圖 12-1 所示，其充放電的快慢與時間常數的關係，茲分述如下：當開關 SW 按下之瞬間，電路中的電流從無變有，其瞬間變動率甚大，所以此時電容抗甚低（即 $X_C = \dfrac{1}{2\pi fC}$，當變動率 f 甚高時，電容抗 X_C 將變爲甚低）。因此，瞬間電流最大，流經電阻產生最大壓降，而電容兩端壓降最小幾乎等於零。此後時間增加，電流變動率減小，電容抗增大，而電流漸小，並向電容器充電，因此電容兩端電壓 V_C 漸增，而電阻兩端壓降 V_R 漸小，其兩者之和等於外加電壓 V，即 $V = V_C + V_R$，瞬時電流最大（即 $I = \dfrac{V}{R}$），同時，V_R 亦最大而 $V_C \doteqdot 0$，即 $V = V_R$，此後經一段時間，電路趨穩定，則電路電流幾乎等於零，此時電容兩端電壓 V_C 變爲最大，而 V_R 將降爲零，即 $I \doteqdot 0$，$V_R = 0$，$V = V_C$。

圖 12-1　RC 串聯電路

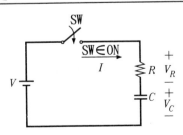

在 *RC* 電路中當電源加於電路時，電路中之電流與電壓由最初的變動到達最後的穩定，此暫態現象的時間長短取決於電阻和電容器數值的大小。一般以電阻 *R* 與電容 *C* 的乘積稱作時間常數（Time constant），常以 *τ* 做為符號，而電阻以歐姆（Ω），電容以法拉（F），時間以秒（sec）為單位，即

$$\tau(秒) = R(歐姆) \times C(法拉)$$

或　　$$\tau(秒) = R(百萬歐姆) \times C(微法拉)$$

在 *RC* 電路加上電源後，其電壓與電流變動的暫態現象可表為：

$$V_R + V_C = V \quad 或 \quad I \cdot R + V_C = V$$

$$\because I = C \frac{\Delta V_C}{\Delta t}$$

$$\therefore C \frac{\Delta V_C}{\Delta t} \times R + V_C = V$$

應用微積分求解上式，可得電容器上的電壓依圖 12-2 之指數曲線上升，其充電之電壓方程式為：

$$V_C(t) = V\left(1 - e^{-\frac{t}{RC}}\right)$$

同理，可求得充電電流方程式為：

$$I_C(t) = \frac{V}{R} e^{-\frac{t}{RC}}$$

故電阻上的電壓方程式為：

$$V_R(t) = I_C(t) \times R = V e^{-\frac{t}{RC}}$$

其中 *e* 為自然對數，其值約等於 2.71828…，*t* 表示開關 SW 閉合以後所經的時間。

另外，*RC* 時間常數的物理意義是當電容器充電之電壓達到外加電壓的 63.2% 所需之時間，或者電容器放電到原來 36.8% 所需之時間，此可視為第一個時間常數，而第二個時間常數則為電容充電到其餘電壓之 63.2%，即 2*τ* 充電之電壓為 63.2% + (36.8% × 63.2%) =

86.5%；3τ 電容器充電之電壓約爲86.5% + （13.5% × 63.2%）= 95.5%，依此類推，大約在 5 倍時間常數時（即 5τ 時），電容器上的電壓約爲外加電壓的 99.3%，即約等於外加電壓。而電阻上的電壓則爲外加電壓的 0.7%，幾乎等於零。

　　通常時間常數可分爲三種：一爲短時間常數，係指電路時間常數（$\tau = RC$）小於工作頻率半週期 T 的十分之一倍，即 $RC \leq \dfrac{1}{10}T$。二爲長時間常數，係指電路時間常數大於工作頻率半週期 T 的十倍，即 $RC \geq 10T$。三爲中時間常數，係指電路時間常數大於短時間常數，而小於長時間常數之間，即 $\dfrac{1}{10}T \leq RC \leq 10T$。

　　綜合上述得知：一個 RC 串聯電路，若 RC 之時間常數愈短，則表示電容器充至滿額電壓的時間也愈短。同時，電阻器兩端的電壓也就愈快速趨近於零。反之，RC 之時間常數愈長，則電容器充至滿額電壓所需的時間也愈長。而電阻兩端電壓也愈緩慢地降到零。其輸入與輸出波形如圖 12-2 所示。

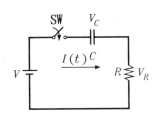

設 $x = \dfrac{t}{\tau} = \dfrac{T}{RC}$

x	e^{-x}	$1 - e^{-x}$
0.5	0.607	0.393
1.0	0.368	0.632
2.0	0.135	0.865
3.0	0.050	0.950
4.0	0.018	0.982
5.0	0.007	0.993

圖 12-2 *RC 充放時間常數與其波形*

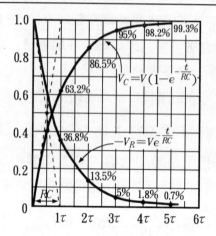

二、波德圖 (Bode plot or diagram)

所謂波德圖 (Bode plot)，就是利用轉移函數的極點和零點，表示出振幅響應和相位響應的圖形，其畫法如下：

(一)振幅響應

若轉移函數為

$$T(s) = \frac{10s}{\left(1 + \frac{s}{10^2}\right)\left(1 + \frac{s}{10^5}\right)}$$

則表示零點在 $s = 0$，$s = \infty$；而極點在 $s = -10^2$ 和 $s = -10^5$。今將轉移函數 $T(s)$ 的大小取 dB 值，則為

$$20\log\left|T(j\omega)\right| = 20\log 10 + 20\log\left|j\omega\right| - 20\log\left|1 + \frac{j\omega}{10^2}\right| -$$
$$20\log\left|1 + \frac{j\omega}{10^5}\right| \qquad (12-1)$$

將(12-1)式表示成圖，即為圖 12-3，其中 $20\log 10$ 項為曲線(4)，

$20\log\left|j\omega\right|$ 項為曲線(1)，$20\log\left|1 + \frac{j\omega}{10^2}\right|$ 項為曲線(2)，$20\log\left|1 + \frac{j\omega}{10^5}\right|$ 項

為曲線 (3)，而 4 條曲線的總和，即為曲線 (5)，可表示轉移函數的
振幅響應。

圖12-3 （12-1）式轉移函數的振幅波德圖

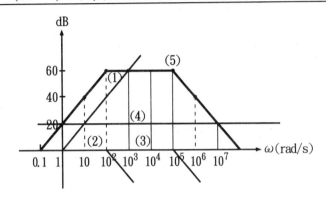

(二)相位響應

考慮（12-1）式的轉移函數，其相位為

$$\angle T(j\omega) = \frac{\pi}{2} - \tan^{-1}\frac{\omega}{10^2} - \tan^{-1}\frac{\omega}{10^5} \tag{12-2}$$

圖12-4 （12-2）式轉移函數的相位波德圖

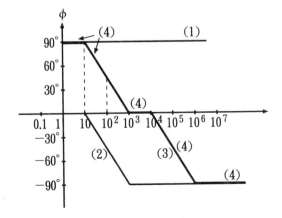

將 (12-2) 式表示成圖，即為圖 12-4，其中 $\frac{\pi}{2}$ 項為曲線 (1)，

$\tan^{-1}\frac{\omega}{10^2}$ 項為曲線 (2)，$\tan^{-1}\frac{\omega}{10^5}$ 項為曲線 (3)，而 3 條曲線的總和，

即為曲線 (4)，可表示轉移函數的相位響應。

通常一個放大器或任一線性網路的頻率響應（Frequency response）是由繪製其轉移增益函數 $G(s)$ 的波德圖來表示。它包含有兩個圖形：1.以分貝（dB）表示轉移增益 $G(s)$ 大小對頻率的圖 2.以度數表示 $G(s)$ 相角對頻率的圖。波德圖有時也稱為轉角圖（Corner plot）或轉移增益 $G(s)$ 的對數圖（Logarithmic plot）。

一般均以半對數（Semilog）紙或直線座標紙繪出頻率響應曲線比較容易方便。若用半對數紙，則以分貝增益 $|G|$dB 作為線性刻度的垂直座標，而以旋轉頻率 ω 作為對數刻度的水平座標。若用直線座標紙，則以分貝增益 $|G|$dB 為垂直座標，而以 $\log\omega$ 為水平座標。

若以轉移函數表示 $G(\omega)$，而原點處的極點表示為 $(j\omega)^{\pm n}$，如果以分貝（dB）表示 $(j\omega)^{\pm n}$ 的大小是

$$20\log_{10}|(j\omega)^{\pm n}| = \pm 20n\log_{10}\omega \, \text{dB} \qquad (12-3)$$

上式在半對數座標或直角座標中均代表一直線方程式。n 表示階次的整數（即 $n=1$, 2, 3, …）。這些線的斜率可就 (12-3) 式取對數 $\log_{10}\omega$ 的導數而得：

$$\frac{d\,20\log_{10}|(j\omega)^{\pm n}|}{d\log_{10}\omega} = \pm 20n \, \text{dB} \qquad (12-4)$$

所以，在直角座標中每單位改變 $\log_{10}\omega$ 就相當於改變 $\pm 20n$ 分貝；此外，每單位改變 $\log_{10}\omega$ 等於在對數座標中 ω 從 1 到 10，10 到 100 等的改變。因此這些直線的斜率可被描述成：

每十倍頻率 $\pm 20n$ 分貝，或 $\pm 20n$ dB/decade。另一表示法為利用八音程（octave）來表示二個頻率的間隔，如果 $\frac{\omega_2}{\omega_1}=2$ 則頻率 ω_1 和

ω_2 相隔一個八音程。

在任二頻率之間的八音程數定義爲：

$$八音程(倍頻) 數 \; N_{\text{oct}} \equiv \frac{\log_{10} \dfrac{\omega_2}{\omega_1}}{\log_{10} 2} \qquad (12-5)$$

而在任二頻率之間的十倍（進）頻數定義爲：

$$十倍頻數 \; N_{\text{dec}} \equiv \frac{\log_{10} \dfrac{\omega_2}{\omega_1}}{\log_{10} 10} \qquad (12-6)$$

由（12-5）和（12-6）式間的關係爲：

$$N_{\text{oct}} = \frac{\log_{10} 10}{\log_{10} 2} N_{\text{dec}} = \frac{1}{0.301} N_{\text{dec}}$$

所以

$$\pm 20n\, \text{dB/decade} = \pm 20n \times 0.301 = \pm 6n\, \text{dB/octave}$$

就原點處的單一極點而言，$n = 1$ 則 $\dfrac{1}{j\omega}$ 的大小曲線斜率爲每十倍頻率下降 20dB，即 -20dB/decade，或每 2 倍頻率下降 6dB，即 6dB/octave。至於 $(j\omega)^{\pm n}$ 的相移是：

$$Arg \cdot (j\omega)^{\pm n} = \pm n \times 90(度)$$

對各 n 值而言，$(j\omega)^{\pm n}$ 項的分貝大小和相角曲線，繪製於圖 12-5 所示。

圖 12-6(a)所示爲一般 *RC* 網路，其波德圖如圖 12-6(b)所示。其中，實線部份爲理想的響應曲線，在臨界頻率 f_c 之後爲一條水平線（0dB），此即爲中段頻率部份。由臨界頻率起增益以 -20dB/decade 下降。而虛線部份是表示眞正的頻率響應，在中段頻率時即開始逐漸降低增益，並在臨界頻率時已下降到 -3dB。在臨界頻率時開始進入 -20dB/decade 的衰減曲線，通常稱此點爲轉角（Corner）或折點（Break）頻率。

圖 12-5 $(j\omega)^{\pm n}$ 因數的大小和相位的波德圖

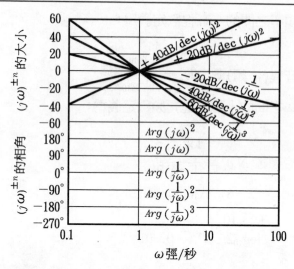

圖 12-6 RC 網路與低頻段響應

(a)RC 領前網路 (b)波德圖

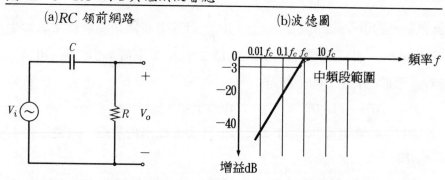

一般單級或複級放大網路的增益，往往受到外加信號頻率顯著的影響。即對不同頻率的輸入信號產生不同的增益變化。一理想的聲頻放大器應可對聲頻範圍（約 20Hz～20KHz）內各頻率信號都作同一倍數的放大。但事實上由於放大器內在電容及外在的耦合、旁路電容的不同，與輸出入阻抗的不同將無法達到理想的地步。到目前為止我們對於中頻段的電路分析往往是將級間耦合電容和射極旁路電容視做短路來處理。然而在低頻情況下，由於耦合電容與旁路電容所具之電

抗增加，它會使放大器的整體增益降低，因而不能再以短路作爲近似
等效電路了。反之，在高頻情況下，由於電晶體的極際電容和小信號
等效電路中與頻率有關參數，以及主動裝置及網路有關的雜散電容
(Stray capacitance)，都會對系統的高頻響應有所限制。基於以上的討
論，可以預料串接系統的級數增加時，它的高頻與低頻響應都會受到
限制。

若將各種頻率對應之增益（或其分貝數）作爲垂直座標，而以頻
率之對數值作爲水平座標，其關係描繪成特性曲線，此即爲放大器的
頻率響應曲線，如圖 12－7 所示。一般放大器在分析時均以中頻段爲
準，且視爲理想情況。因中頻段範圍的增益較爲平坦，放大器對此一
範圍的各種頻率信號都具有相同增益。但是較低頻率或較高頻率處的
增益就開始衰減了。

圖 12－7　放大器頻率響應特性曲線

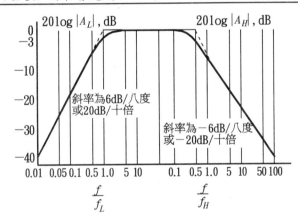

在低頻段中，當增益降低至中頻帶增益值 A_o 的 0.707 倍時之頻
率稱爲低 3 分貝頻率（Low－3dB frequency），通常以 f_L 表示，其名
稱的由來是當 $f = f_H$ 時，其增益較 A_o 減少 $20\log\dfrac{1}{\sqrt{2}} = -3$ 分貝之故。

圖 12－8 所示爲三種耦合放大器的頻率響應曲線。注意其水平標

度是對數標度，如此曲線可以延伸到低頻和高頻的範圍。在每一個圖上都標明了低頻、中頻及高頻段區域，同時註明了高、低頻率下增益降低的主要原因。茲摘述如下：

圖 12-8　各種放大器的增益對頻率的曲線

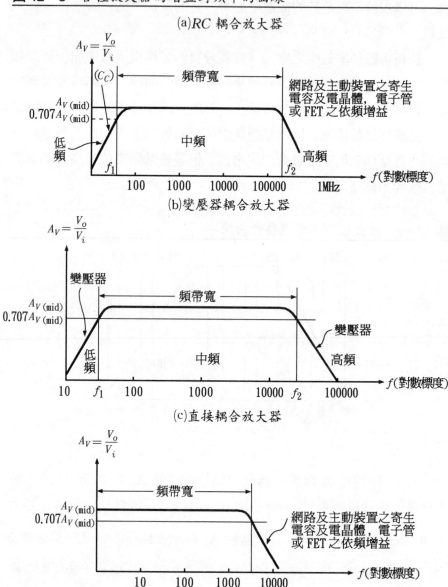

(a)RC 耦合放大器

(b)變壓器耦合放大器

(c)直接耦合放大器

(一)電阻電容（*RC*）耦合放大器

　1.低頻段：由於耦合電容之電抗增加所引起。

　2.高頻段：由主動元件增益的頻率特性與網路及主動元件之寄生
　　電容所決定。

(二)變壓器耦合放大器

　1.低頻段：由於線圈磁化感抗的短路作用。當頻率降為零時感抗
　　（$X_L = 2\pi f \cdot L$）亦變為零，增益隨之降為零。因此時不再有磁
　　通變化以感應次級圈，故輸出電壓為零。

　2.高頻段：主要由初級線圈與次級線圈之雜散電容所決定。

(三)直接耦合放大器

　1.低頻段：因無耦合元件（耦合電容或變壓器），故不會造成低
　　頻帶之增益下降。

　2.高頻段：呈平坦響應，而高截止頻率由電路或主動元件之寄生
　　電容或主動元件之頻率特性所決定。

　　對於每一放大器而言，分隔中頻帶與高頻帶和低頻帶的界線，通
常先以中頻帶之增益為 1 或零分貝（0dB），再規定頻率響應之增益降
至其最大值 $A_{V(\text{mid})}$ 的 0.707（或 -3dB）時的頻率，以 $0.707 A_{V(\text{mid})}$ 為
增益截止位準。此界限頻率 f_1 與 f_2（如圖 12−8 所示），稱 3 分貝頻
率、截止頻率、斷點（Break-point）頻率或半功率（Halfpower）頻率。

　　至於在半功率頻率時，由於

$$P_{oHPF} = \frac{(0.707 A_{V(\text{mid})} \cdot V_i)^2}{R_o} = 0.5 \frac{(A_{V(\text{mid})} \cdot V_i)^2}{R_o}$$

所以

$$P_{oHPF} = 0.5 P_{o(\text{mid})}$$

　　由上式可知：在半功率頻率處輸出功率恰為中頻功率輸出的一半。

　　每一系統的頻寬（頻帶寬度，Bandwidth，簡作 BW）或稱為通
頻帶（Passband）是由 f_1（低頻截止頻率）與 f_2（高頻截止頻率）來

決定的,即

頻帶寬度(BW) = $f_2 - f_1$

在通信之實際應用中(聲頻或視頻),電壓增益隨頻率的變化,以分貝來表示,較圖 12-8 方便而有用。然而在獲得對數圖形之前,通常先將圖 12-8 所示之曲線加以正規化,即將所有頻率之增益均以中頻增益值除之,如圖 12-9 所示。顯然,這時的中段頻率增益值爲 1,而在半功率頻率時所得位準爲 $0.707 = \dfrac{1}{\sqrt{2}}$,因此,以分貝爲單位之頻率響應圖可由下式求得:

$$\left|\frac{A_V}{A_{V(\text{mid})}}\right|_{\text{dB}} = 20\log_{10}\left|\frac{A_V}{A_{V(\text{mid})}}\right| = 10\log_{10}\left|\frac{A_P}{A_{P(\text{mid})}}\right|$$

圖 12-9 *經過正常化的增益對頻率的響應曲線*

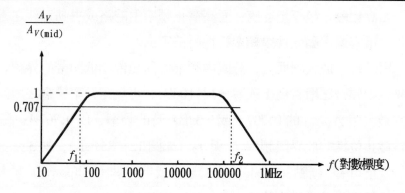

在中段頻率下,$\dfrac{A_V}{A_{V(\text{mid})}} = 1$,所以 $\left|\dfrac{A_V}{A_{V(\text{mid})}}\right|_{\text{dB}} = 20\log_{10}1 = 0$(dB),而在截止頻率($f_1$ 或 f_2)處 $\dfrac{A_V}{A_{V(\text{mid})}} = \dfrac{1}{\sqrt{2}} = 0.707$,所以 $\left|\dfrac{A_V}{A_{V(\text{mid})}}\right|_{\text{dB}} = 20\log_{10}\dfrac{1}{\sqrt{2}} = -3\text{dB}$,在圖 12-10 所示之分貝圖中,已清楚地顯示此兩數值。分數的比值$\left(\dfrac{A_V}{A_{V(\text{mid})}}\right)$愈小,則其分貝位準之值就愈負。

圖 12−10　分貝曲線圖

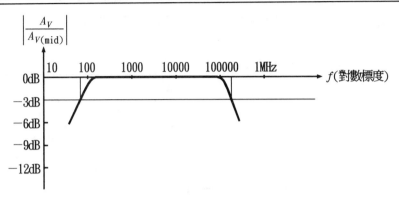

　　吾人亦應瞭解，一個放大器通常會在輸入與輸出信號間造成相位差為 $180°$。此事實目前僅引伸至中頻帶區域中。在低頻段時，由於相位差會更大，以致 V_o 落後 V_i 之相角增加。而在高頻段時，相位差將小於 $180°$。圖 12−11 所示為 RC 耦合放大器的標準相位曲線圖。

圖 12−11　*RC* 耦合放大器系統的相位曲線圖

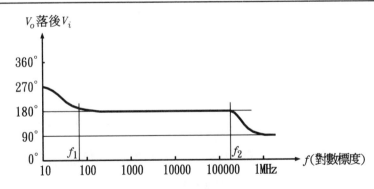

12−2　電晶體放大器的低頻響應

　　圖 12−12 所示為典型電容耦合（交連）共射極放大器電路，假

設在信號頻率時，耦合與旁路電容為理想的短路狀態，據此計算出來的電壓增益則為放大器中頻段的增益。其計算方法如下：

圖 12－12　共射極電容耦合放大器

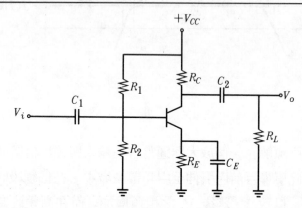

$$V_B = V_{CC} \times \frac{R_2}{R_1 + R_2}$$

$$V_E = V_B - V_{BE}$$

$$I_E = \frac{V_E}{R_E}$$

$$R_E = \frac{25\text{mV}}{I_E \text{mA}}$$

$$\therefore A_{V(\text{mid})} = \frac{R_L{'}}{R_E} \Rightarrow 其中\ R_L{'} = R_C \mathbin{/\!/} R_L$$

在中頻段時，容抗（$X_C \doteqdot 0$）甚低可以忽略；但在低頻段時，容抗$\left(X_C = \dfrac{1}{2\pi f C} \right)$增加而不能忽略，同時電路增益也因而衰減。其電路可以轉換成圖 12－13 所示的低頻等效電路，圖中仍舊有耦合和旁路電容存在而不可省略。

在圖 12－13 所示電路中有三個 RC 網路，第一個 RC 網路由輸入耦合電容 C_1 與放大器的輸入阻抗所構成的。第二個 RC 網路是由輸出耦合電容 C_2 與集極的視在(往內看)電阻及負載電阻共同組成的。第三個 RC 網路是由射極旁路電容 C_E 與射極視在電阻所構成的。

圖 12－13　放大器的低頻等效電路

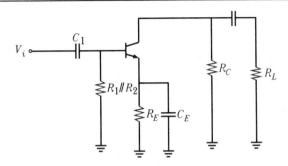

在圖 12－13 所示放大器的低頻等效電路中，輸入 RC 網路是由 C_1 與輸入阻抗 R_i 所組成，如圖 12－14 所示。

圖 12－14　由輸入電容 C_1 與放大器輸入阻抗 R_i 組成的 RC 網路

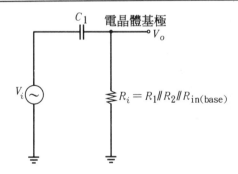

圖 12－14 所示輸入 RC 網路為一種 RC 高通（High pass）網路，或為 RC 領前（Lead）網路。此一電路是分析低頻對放大器增益變化的重要電路。依據電容抗的公式：$X_C = \dfrac{1}{2\pi f C}$，當信號頻率降低時，$X_{C1}$ 增加，使得在輸入阻抗上的電壓變少，因為 X_{C1} 的電壓降變大，所以輸出電壓相對地減少了。此意謂電壓增益 $A_V = \dfrac{V_o}{V_i}$ 是頻率的函數。

圖 12－14 所示之 RC 領前網路可視為一交流分壓器（Divider），其輸入、輸出電壓的關係（忽略信號源的內在電阻）可表示如下：

$$V_o = \frac{R_i}{\sqrt{R_i{}^2 + X_{C1}{}^2}} \cdot V_i \qquad\qquad (12-7)$$

或 $\quad \dfrac{V_o}{V_i} = \dfrac{R_i}{\sqrt{R_i{}^2 + X_{C1}{}^2}}$

若將上式對頻率作圖，即可得到如圖 12-15 所示之頻率響應曲線。圖中當頻率等於零時，X_{C1}趨近於無限大，因而輸出電壓等於零，電壓增益也為零。當頻率逐漸增加時，X_{C1}逐漸降低。當頻率相當高時，則 $X_{C1} < R_i$，而 $V_o \doteqdot V_i$，因此在高頻時，領前網路的電壓增益趨近於 1，如圖 12-15 中平坦部份所示。

圖 12-15　領前網路的電壓增益頻率響應曲線

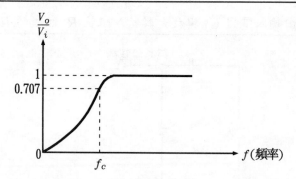

由於電容抗隨著頻率的減少而增加，因此在輸入 *RC* 網路中輸入電阻兩端的輸出電壓亦隨之減少，當輸出電壓為輸入電壓的 0.707 倍時，則為頻率響應中的臨界點（Critical point），此時的頻率稱為臨界頻率（Critical frequency）或截止頻率（Cutoff frequency）。這個情形發生於 $R_i = X_{Ci}$時，利用（12-7）式可表示如下：

$$V_o = \frac{R_i}{\sqrt{R_i{}^2 + X_{C1}{}^2}} V_i = \frac{R_i}{\sqrt{R_i{}^2 + R_i{}^2}} V_i$$

$$= \frac{R_i}{\sqrt{2}R_i} \cdot V_i = \frac{1}{\sqrt{2}} V_i = 0.707 V_i$$

若以 dB 值來表示時，放大器的電壓增益為

$$A_V(\text{dB}) = 20\log \frac{V_o}{V_i} = 20\log(0.707) = -3\text{dB}$$

因此特稱此 -3dB 點的頻率爲截止頻率，或臨界頻率、轉折頻率 (Break frequency)、轉角頻率 (Corner frequency) 或半功率頻率 (Half-power frequency)。由於 $X_{C1} = R_i$，所以 $\frac{1}{2\pi C_i} = R_i$，爲便於辨認，截止頻率通常加上註腳 c (Cutoff)，亦即截止頻率爲

$$f_c = \frac{1}{2\pi R_i C_1} = \frac{0.159}{R_i C_1}$$

當放大器的輸入頻率降低時，輸入 RC 網路除了會降低電壓增益外，同時也會產生領前的相位移。在中頻段範圍內，因 $X_{C1} \doteqdot 0$，所以經由 RC 網路的相位移幾乎爲 0。但在較低頻率時，X_{C1} 值增加，導致相位移增大，而且 RC 網路的輸出電壓 $V_o (V_R)$ 領前輸入電壓 V_i 一個 θ 角度，即如圖 $12-16$ 所示之 RC 領前網路。即

圖 $12-16$ 輸入 RC 領前網路之向量圖

(a)電路

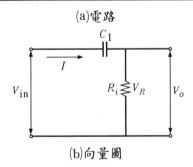

(b)向量圖

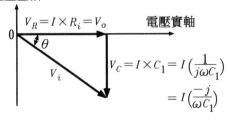
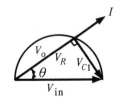

$$\theta = \tan^{-1}\frac{V_{C1}}{R_i} = \tan^{-1}\frac{I \cdot X_{C1}}{I \cdot R_i} = \tan^{-1}\frac{X_{C1}}{R_i} = \tan^{-1}\frac{1}{\omega R_i C_1}$$

或 $\qquad \theta = \tan^{-1}\frac{1}{\omega R_i C_1} = \tan^{-1}\frac{1}{2\pi f R_i C_1} = \tan^{-1}\frac{f_c}{f}$ $\qquad$ (12-8)

同時得知

$$\frac{f}{f_c} = \frac{X_{C1}}{R_i}$$

式中: f_c 為低頻段截止頻率, 即 $f_{cL} = \frac{1}{2\pi R_i C_1}$

　　由 (12-8) 式可知: 當 $\omega R_i C_1$ 之值愈大, 亦即輸入信號頻率 f 愈高, 則領前角度 θ 愈小; 反之, $\omega R_i C_1$ 值愈小, 亦即 f 愈低, 則領前角度 θ 愈大。其中 $\tan\theta$ 由 0 變至 ∞, 亦即 θ 角於 $0°\sim90°$ 間變化, 如圖 12-17 所示。

圖 12-17　低頻響應之增益、相位角與頻率關係圖

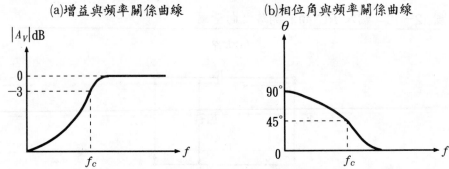

(a)增益與頻率關係曲線　　　　(b)相位角與頻率關係曲線

若以極座標表示法將電壓增益的關係式重新整理, 可寫成下式:

$$A_V = \frac{V_o}{V_i} = \frac{R_i}{R_i - jX_{C1}} = \frac{1}{1 - j\dfrac{X_{C1}}{R_i}} = \frac{1}{1 - j\dfrac{1}{\omega C_1 R_i}}$$

$$= \frac{1}{1 - j\dfrac{1}{2\pi f C_1 R_i}}$$

將 $f_c = \dfrac{1}{2\pi R_i C_1} = \dfrac{0.159}{R_i C_1}$ 式代入上式, 得當頻率降為 f 時的電壓增益為:

$$A_V = \frac{1}{1 - j\left(\dfrac{f_c}{f}\right)}$$

再以大小與相角的形式表示, 則為

$$A_V = \frac{V_o}{V_i} = \underbrace{\frac{1}{\sqrt{1 + \left(\dfrac{f_c}{f}\right)^2}}}_{A_V \text{ 的大小}} \underbrace{\bigg/\tan^{-1}\frac{f_c}{f}}_{V_o \text{ 領前 } V_i \text{ 的相位角}}$$

其中 $\theta = \tan^{-1}\dfrac{f_c}{f}$ 表示如圖 $12-16$(b)中輸出電壓 V_o 領前輸入電壓 V_i 的角度。當 $f_c = f$ 時, 增益的大小是

$$\left|A_V\right| = \frac{1}{\sqrt{1 + (1)^2}} = \frac{1}{\sqrt{2}} = 0.707 \Rightarrow -3\text{dB}$$

若以對數形式表示電壓增益則為:

$$\left|A_V\right|_{\text{dB}} = 20\log_{10}\frac{1}{\sqrt{1 + \left(\dfrac{f_c}{f}\right)^2}} = -20\log_{10}\left[1 + \left(\frac{f_c}{f}\right)^2\right]^{\frac{1}{2}}$$

$$= -\left(\frac{1}{2}\right)(20)\log_{10}\left[1 + \left(\frac{f_c}{f}\right)^2\right] = -10\log_{10}\left[1 + \left(\frac{f_c}{f}\right)^2\right]$$

上式在 $f_c \gg f$ 時, 可得近似值為:

$$\left|A_V\right|_{\text{dB}} = -10\log_{10}\left(\frac{f_c}{f}\right)^2 = -20\log_{10}\frac{f_c}{f}\bigg|_{f_c \gg f} \qquad (12-9)$$

　　若暫時忽略 $f_c \gg f$ 的條件, 將 $(12-9)$ 式在頻率的對數標度上繪出曲線, 則可得如圖 $12-18$ 所示輸入 RC 網路低頻段的波德曲線。

當 $f = f_c$, 或 $\dfrac{f_c}{f} = 1$, $\dfrac{f}{f_c} = 1$ 時, $A_V = -20\log_{10}1 = 0\text{dB}$

當 $f = 0.5f_c$, 或 $\dfrac{f_c}{f} = 2$, $\dfrac{f}{f_c} = 0.5$ 時, $A_V = -20\log_{10}2 = -6\text{dB}$

當 $f = 0.25f_c$, 或 $\dfrac{f_c}{f} = 4$, $\dfrac{f}{f_c} = 0.25$ 時, $A_V = -20\log_{10}4 = -12\text{dB}$

圖 12－18 低頻段的波德曲線圖

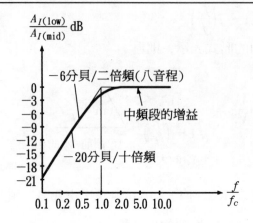

當 $f = 0.1f_c$，或$\frac{f_c}{f} = 10$，$\frac{f}{f_c} = 0.1$ 時，$A_V = -20\log_{10}10 = -20\text{dB}$

　　圖 12－18 所示為由$\frac{f}{f_c} = 0.1$ 至$\frac{f}{f_c} = 1$ 之所有點之圖形。若以對數標度描述時，則為一直線。在同一圖中，當 $f \ll f_c$ 時亦可繪得零分貝的直線。如前所述，唯有當 $f \gg f_c$ 時，零分貝的直線段（漸近線）方為正確。在 $f_c = f$ 時增益已自中頻段值下降 3 分貝了。而在 $f_c \gg f$ 時則以具有斜率的直線表示。利用這些資料與漸近線段，就能繪出一條如圖所示相當準確的頻率響應曲線。由漸近線及折點（Break point）畫出來的片斷性曲線被稱為波德曲線（Bode plot）。

　　由上述計算與曲線本身顯然可知當頻率變化兩倍時（等效於一個八音程（Octave）），增益的比值就會產生相差 6 分貝的變量。當頻率變化 10 倍時，增益比值就會產生 20 分貝的變量。因此一旦具有類似（12－9）式的函數時，就能夠容易地畫出其分貝圖形。

　　首先我們可由電路參數求得 f_c，然後繪出兩條漸近線，其中之一沿著 0 分貝線，另一條則通過 f_c 且斜率為 6 分貝/八倍頻（6dB/octave）或 20 分貝/十倍頻（20dB/decade）的直線。然後求出相當於 f_c 的 3 分貝點，就能描出曲線了。

　　在圖 12－12 所示放大器中的第二個高通 RC 網路是由耦合電容 C_2 與由集極視在電阻所組成；其等效電路如圖 12－19 所示。

圖 12－19　低頻輸出 RC 網路及其等效電路

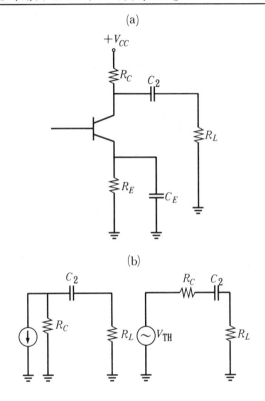

(a)

(b)

　　此 RC 網路的臨界頻率可由下列過程決定：

截止頻率時

$$R_C + R_L = X_{C2}$$

$$R_C + R_L = \frac{1}{2\pi f_c C_2}$$

所以，截止頻率為

$$f_c = \frac{1}{2\pi(R_C + R_L)C_2}$$

　　當信號頻率降低時，則電容抗 X_{C2} 將增大，使負載兩端的輸出電壓減小。而當信號頻率降低至低頻臨界頻率 f_c 時，信號電壓降低爲原來的 0.707 倍，即相當於電壓增益降低了 3dB。

　　至於輸出 RC 網路的相位移爲

$$\theta = \tan^{-1} \frac{X_{C2}}{R_C + R_L}$$

　　如前所述，在中頻段相角 $\theta \doteqdot 0°$，而頻率降低到接近 0 時，容抗 X_{C2} 趨近無限大，此時相角 $\theta \doteqdot 90°$。當頻率在截止頻率時，則 $\left| X_{C2} \right| = \left| R_C + R_L \right|$，而相角 $\theta = 45°$。

　　在圖 12－12 所示之放大器中，影響低頻增益的第三個因素爲旁路電容 C_E 的 RC 網路。對中頻段而言，可假設 $X_{CE} \doteqdot 0$，使射極短路接地，因此放大器的增益爲 $\dfrac{R_C}{R_E}$，但當頻率降低時，X_{CE} 增加而不再小到可以將射極短路至交流接地。如圖 12－20 所示。此時射極阻抗 $R_e = X_{CE} /\!/ R_E$，由公式 $A_V = \dfrac{R_C}{R_e}$ 可知當射極阻抗增加則增益將減少。

圖 12－20　低頻時 R_E 與 X_{CE} 並聯降低電壓增益

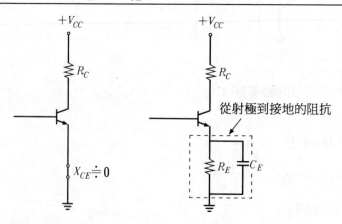

　　RC 旁路網路是由電容和射極視在電阻所組成的，如圖 12－21(a)

所示。利用戴維寧定理由電晶體基極端接近輸入部份，如圖 12-21(b)

圖 12-21　RC 旁路網路的形成

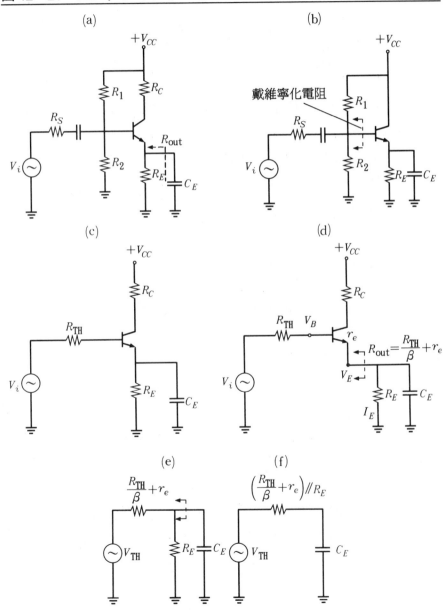

所示, 可得一等效電阻 R_{TH} ($= R_S \mathbin{/\mkern-5mu/} R_1 \mathbin{/\mkern-5mu/} R_2$) 和基極串聯, 如圖 12－21(c)所示。其中射極視在輸出阻抗是當輸入接地時所測量, 如圖 12－21(d)所示, 並可依下式求得:

$$R_{out} = \frac{V_E}{I_E} + r_e \doteqdot \frac{V_B}{\beta I_B} + r_e = \frac{I_B R_{TH}}{\beta I_B} + r_e$$

$$\therefore R_{out} = \frac{R_{TH}}{\beta} + r_e$$

由電容器往內看 R_{out} 與 R_E 並聯, 其等效電路如圖 12－21(e)所示, 再戴維寧等效化後可得如圖 12－21(f)的等效電路。

旁路網路的臨界頻率可表示爲:

$$R_{out} \mathbin{/\mkern-5mu/} R_E = X_{CE}$$

$$\left(\frac{R_{TH}}{\beta} + r_e \right) \mathbin{/\mkern-5mu/} R_E = \frac{1}{2\pi f_{cL} C_E}$$

$$\therefore f_{cL\,(\text{bypass})} = \frac{1}{2\pi \left[\left(\dfrac{R_{TH}}{\beta} + r_e \right) \mathbin{/\mkern-5mu/} R_E \right] C_E}$$

如前所述, 我們已討論過三種會影響低頻放大器增益的高通 RC 網路, 現在我們再來研究將此三種網路結合在一起時會有何種效應。

每一個網路的臨界頻率均由其本身的 RC 值來決定, 所以臨界頻率不一定會全部相等, 如果其中一個 RC 網路的臨界頻率比其它兩個網路都高的話, 則此網路稱爲主要網路 (Dominant network)。主要網路決定放大器全部的增益從何處開始以－20dB/decade 下降, 其他兩個網路則在它們所對應的臨界頻率以下產生一個附加的－20dB/decade 下降。此即因頻率從中頻段頻率開始減少時, 第一個轉折點發生在輸入 RC 網路爲主要網路的臨界頻率 $f_{c\,(\text{input})}$ 頻率最高處, 且增益開始以每一個十倍頻下降 20 分貝 (－20dB/decade)。此增益下降一直保持到輸出 RC 網路的臨界頻率 $f_{c\,(\text{output})}$ 時, 在這一轉折點上便會加上另一個－20dB/decade 以達到－40dB/decade 下降曲線, 以下降速率又保持一定到旁路網路的 $f_{c\,(\text{bypass})}$ 點, 又加上－20dB/decade, 使得

整個增益下降爲 −60dB/decade。如圖 12−22 所示。

圖 12−22 具有不同臨界頻率的三個低頻 *RC* 網路波德曲線

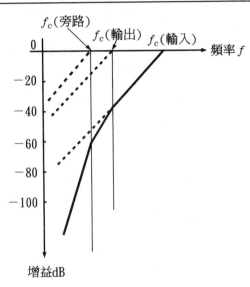

12−3 FET 放大器的低頻響應

圖 12−23(a)所示爲典型閘極固定偏壓及源極自偏的共源極放大器。其中有三個高通 *RC* 網路，在頻率低於中頻段時會影響到整個電路增益。電路可以轉換成圖 12−23(b)所示的等效低頻電路。圖中仍有耦合電容 C_1、C_2 和旁路電容 C_S 會影響低頻段的增益。

若在中頻段的範圍內，C_1、C_2 及 C_S 均可視爲短路，其輸入和輸出電壓的方程式爲

$$V_{GS} = \frac{R_1 \mathbin{/\!/} R_2}{R_G + (R_1 \mathbin{/\!/} R_2)} \times V_i$$

圖 12－23(a)　電路

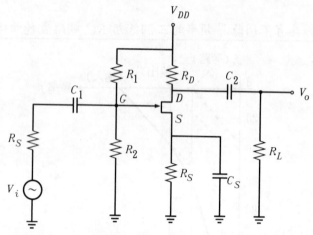

圖 12－23(b)　圖(a)的低頻等效電路

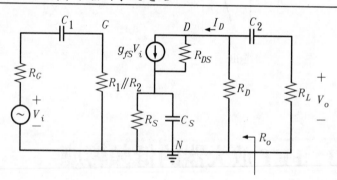

$$V_o = (I_D - g_{fS} \cdot V_{GS})R_{DS} \tag{12-10}$$

$$= -(R_D \mathbin{/\mkern-5mu/} R_L) \cdot I_D \tag{12-11}$$

式中 $g_{fS} = g_m$ 為共源極的順向轉換互導。

由 (12-10) 式及 (12-11) 式簡化可得

$$I_D = \left[\frac{-g_{fS} \cdot R_{DS}}{R_{DS} + (R_D \mathbin{/\mkern-5mu/} R_L)}\right]\left[\frac{R_1 \mathbin{/\mkern-5mu/} R_2}{R_G + (R_1 \mathbin{/\mkern-5mu/} R_2)}\right] \cdot V_i$$

所以中頻段的電壓增益為：

$$A_{V(\mathrm{mid})} = \frac{V_o}{V_i} = \frac{-(R_D \mathbin{/\mkern-5mu/} R_L) \cdot I_D}{V_i}$$

$$= \frac{-g_{fS} \cdot R_D(R_1 /\!/ R_2)(R_D /\!/ R_L)}{[R_{DS} + (R_D /\!/ R_L)][R_G + (R_1 /\!/ R_2)]}$$

$$= \frac{-g_{fS}(R_{DS} /\!/ R_D /\!/ R_L)(R_1 /\!/ R_2)}{R_G + (R_1 /\!/ R_2)} \qquad (12-12)$$

若 $R_1 /\!/ R_2 \gg R_G$，則電壓增益可以改為：

$$A_{V(\text{mid})} \doteq -\frac{g_{fS} \cdot R_{DS}(R_D /\!/ R_L)}{(R_{DS} + (R_D /\!/ R_L))} = -g_{fS}(R_{DS} /\!/ R_D /\!/ R_L)$$

$$(12-13)$$

由圖 12-23(b)可知，不包含源極電阻的輸入電阻 R_i 為

$$R_i = R_1 /\!/ R_2$$

若信號電壓源 V_i 短路時，則不含負載的輸出電阻 R_o 為

$$R_o = R_{DS} /\!/ R_D$$

若旁路電容 C_S 足夠大，則對信號而言可視為短路，而低頻電壓增益的轉換函數可以寫為：

$$A_V = \frac{V_o}{V_i} = \frac{A_{V(\text{mid})}\left(1 - j\dfrac{f_0}{f}\right)}{\left(1 - j\dfrac{f_{p1}}{f}\right)\left(1 - j\dfrac{f_{p2}}{f}\right)} \qquad (12-14)$$

式中，$A_{V(\text{mid})}$為中頻增益，其大小如 (12-12) 式所示；f_0 為零點頻率，是由電容 C_2 與負載電阻 R_L 所組成的，其時間常數為 $\tau_0 = R_L \cdot C_2$；f_1 為輸入端耦合電容 C_1 所產生的極點頻率（臨界頻率），其時間常數為 $\tau_1 = [R_G + (R_1 /\!/ R_2)]C_1$；$f_2$ 為輸出端耦合電容 C_2 所產生的極點頻率，其時間常數為 $\tau_2 = (R_o + R_L)C_2$。若以式子表示零點及極點頻率，則可得下列所示：

零點頻率：

$$f_0 = \frac{1}{2\pi\tau_0} = \frac{1}{2\pi R_L C_2} \qquad (12-15)$$

極點頻率：

輸入 RC 網路臨界頻率

$$f_1 = \frac{1}{2\pi[R_G + (R_1 /\!/ R_2)]C_1} \tag{12-16}$$

輸出 RC 網路臨界頻率

$$f_2 = \frac{1}{2\pi[(R_{DS} /\!/ R_D) + R_L]C_2} \tag{12-17}$$

若將 C_1 及 C_2 短路，則包含旁路電路 C_S 的電壓轉換函數可表示為：

$$A_V = \left[\frac{R_1 /\!/ R_2}{R_G + (R_1 /\!/ R_2)}\right]\left[\frac{-g_{fS} \cdot R_{DS}(R_D /\!/ R_L)}{R_S + (R_D /\!/ R_L) + R_{DS}}\right]\left[\frac{1 + j\dfrac{f}{f_0}}{1 + j\dfrac{f}{f_p}}\right]$$

$$\tag{12-18}$$

上式中，$f_0 = \dfrac{1}{2\pi R_S C_S}$; $f_p = \dfrac{1}{2\pi R_S C_S}\left[1 + \dfrac{R_S}{R_{DS} + (R_D /\!/ R_L)}\right]$。

一般而言，在設計上 $\dfrac{R_S}{R_{DS} + (R_D /\!/ R_L)} \gg 1$ ，則 $f_p \gg f_0$，所以旁路
電路所產生的低頻臨界（三分貝）頻率可以寫成

$$f_{cL} = f_p \doteqdot \frac{1}{2\pi[R_{DS} + (R_D /\!/ R_L)]C_S} \tag{12-19}$$

由 (12-15)、(12-16)、(12-17) 式及 (12-19) 式等可知，
如果低頻的 3 分貝頻率 f_L 為已知，則可設計出 C_1、C_2 及 C_S 等電容
值。事實上，(12-19) 式可由圖 12-23(b)所示的 S、N 兩端看放大
器所得的輸出電阻求得，其方法為：首先將信號源短路，則 $g_{fS} \cdot V_{GS}$
成為開路，此時跨接在 C_S 兩端的總電阻等於 $R_S /\!/ [R_D + (R_D /\!/ R_L)]$，
而旁路網路的時間常數 τ_p 為 $C_S\{R_S /\!/ [R_{DS} + (R_D /\!/ R_L)]\}$。而低 3
分貝頻率 f_p 等於 $\dfrac{1}{2}\pi\tau_p$。

另外如圖 12-24 所示為空乏增強型 MOSFET 放大器，此電路為
零偏壓之電容耦合放大電路。放大器的中頻段電壓增益可由下式求
得：

$$A_{V(\text{mid})} = g_m \cdot R_d$$

式中：無負載電阻時 $R_d = R_D$

有負載電阻時 $R_d = R_D /\!/ R_L$

此時增益頻率較高使得電容抗趨近於 0，即 $X_C \doteqdot 0$。

由圖 12－24 所示放大器電路可知，只有兩個 RC 網路會影響其低頻響應。其一為輸入耦合電容 C_1 和輸入阻抗所形成的網路，另一為輸出耦合電容 C_2 和汲極視在輸出阻抗組成的。

圖 12－24 零偏壓 *DE* MOSFET 放大器

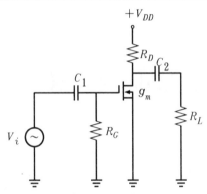

圖 12－25 輸入 RC 網路的等效電路

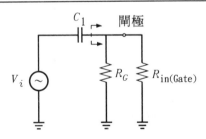

圖 12－25 所示為輸入 RC 網路的等效電路，其輸入耦合電容的容抗隨頻率的降低而增加，當容抗增加至與輸入阻抗相等時，即 $\left| X_{C1} \right| \doteqdot \left| R_i \right|$，則增益比中頻段值降低 3dB，因此臨界頻率為：

$$f_c = \frac{1}{2\pi R_i C_1}$$

式中 R_i 為輸入阻抗，$R_i = R_G \mathbin{/\mkern-5mu/} R_{\text{in(Gate)}}$，而 $R_{\text{in(Gate)}}$ 可由特性表提供資料，並由下式求得：

$$R_{\text{in(Gate)}} = \left| \frac{V_{GS}}{I_{GSS}} \right|$$

所以，臨界頻率可表示為

$$f_c = \frac{1}{2\pi (R_G \mathbin{/\mkern-5mu/} R_{\text{in(Gate)}}) C_1}$$

因此低於 f_c 時的增益將以 20dB/decade 的斜率滑落，而其相位轉移角度為 $\theta = \tan^{-1} \dfrac{X_{C1}}{R_i}$

12-4　高頻電晶體放大器

在前面我們已討論過放大器在較低頻率下，耦合電容及旁路電容對電壓增益的影響。我們已知放大器在中頻段範圍時，這些電容的影響很小，因而可以忽略不計。但當頻率增加到某一程度的高頻時，則電晶體所產生的內在電容（極際電容）就會對增益有影響了。

圖 12-26(a)所示為 CE 放大器電路，而圖 12-26(b)所示為高頻交流信號等效電路。在電路中高頻時旁路及耦合電容被短路，而電晶體內出現了內部容抗 C_{BE} 和 C_{BC}。其中 C_{BE} 電容接在輸入端被稱為輸入電容，而 C_{BC} 接在輸出端被稱為輸出電容。

利用米勒定理（Miller's theorem）來簡化分析反相器放大器在高頻率的動作。在電晶體中電容 C_{BC}（在 FET 為 C_{GD}）介於輸入（基極或閘極）及輸出（集極或汲極）的一般形式如圖 12-27 所示。其中 A_V 為放大器在中頻段的電壓增益，C 代表 C_{BC} 或 C_{GD}。從信號源觀察，電容 C_{BC} 有效地出現在接地的米勒輸入電容為

$$C_{\text{in(米勒)}} = C_{BC}(A_V + 1)$$

圖 12－26　CE 放大器與高頻等效電路

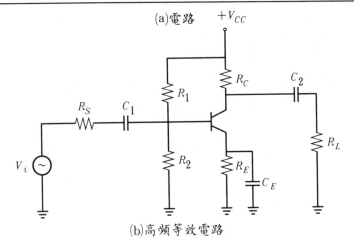

(a)電路

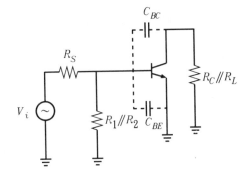

(b)高頻等效電路

圖 12－27　米勒輸入輸出電容

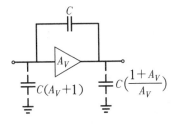

另外，C_{BE}只是一個交流接地電容，與 $C_{in(米勒)}$ 並聯，如圖 12－28 所示。

圖 12-28 利用米勒定理簡化後的高頻等效電路

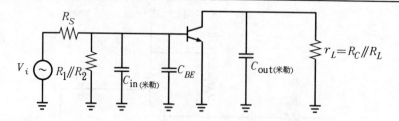

米勒定理也可以將輸出到接地間的電容成為有效電容，可表示如下：

$$C_{\text{out}(\text{米勒})} = C_{BC}\left(1 + \frac{1}{A_V}\right)$$

這兩個米勒電容產生了一個高頻輸入 RC 網路和一個高頻輸出 RC 網路，此兩個網路與低頻輸入和輸出網路不同，因為電容都接地所以形成低通落後網路。

一、輸入 RC 網路

在高頻下，輸入 RC 網路如圖 12-29(a)所示，圖中 βR_e 為基極輸入電阻，因為射極旁路電容將射極有效地短路接地，把電路簡化後可得圖 12-29(b)所示。然後將電路戴維寧化後可得如圖 12-29(c)所示的等效電路。

圖 12-29 所示高頻輸入 RC 等效電路，為一種 RC 低通 (Low-pass) 或 RC 落後網路 (Lag network)。此為分析高頻對放大器增益變化的重要電路。當頻率增加時，電容抗 (X_C) 變小，使基極端的電壓減小，因此降低了放大器的增益。此乃因電阻與電容形成一分壓器，當頻率增加時，容抗減小，電容兩端的電壓亦減小，而電阻兩端分配到較大的電壓。在臨界頻率時，增益較中頻段值減少 3dB。

因為輸出電壓 V_o 是輸入電壓 V_i 的分壓，所以可由這個關係導出電壓增益值為：

圖 12−29　高頻輸入 *RC* 網路

(a)高頻輸入 *RC* 網路

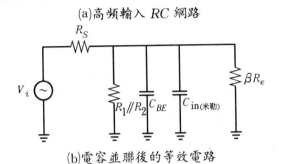

(b)電容並聯後的等效電路

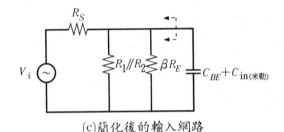

(c)簡化後的輸入網路

$$V_o = \frac{-jX_{Ct}}{R_{TH} - jX_{Ct}} \cdot V_i = \frac{\dfrac{1}{j\omega_c C_t} \cdot V_i}{R_{TH} + \dfrac{1}{j\omega_c C_t}} = \frac{V_i}{1 + j\omega R_{TH} C_t}$$

$$\frac{V_o}{V_i} = \frac{1}{1 + j\omega R_{TH} C_t}$$

$$\left| \frac{V_o}{V_i} \right| = \frac{1}{\sqrt{1 + \omega^2 R_{TH}^2 C_t^2}}$$

當 $X_{Ct} = R_{TH}$ 時，輸出電壓降爲輸入電壓的 0.707 倍，所以臨界頻率
爲：

$$X_{Ct} = R_{\text{TH}} = R_S /\!/ R_1 /\!/ R_2 /\!/ \beta R_e$$

因此

$$\frac{1}{2\pi f_{cH} C_t} = R_{\text{TH}} = R_S /\!/ R_1 /\!/ R_2 /\!/ \beta R_e$$

$$f_{cH} = \frac{1}{2\pi R_{\text{TH}} C_t} = \frac{1}{2\pi (R_S /\!/ R_1 /\!/ R_2 /\!/ \beta R_e) C_t}$$

式中： R_S 為信號源電阻

$C_t = C_{BE} + C_{\text{in(米勒)}}$

當頻率高於 f_{cH} 時，輸入 RC 網路的增益將以 -20dB/decade 的斜率下降，如同低頻響應一樣。

因為高頻輸入 RC 網路的輸出電壓是取自電容器上，如圖 12－29 (c)所示，其功能如同一落後網路，亦就是網路的輸出相位落後於輸入，若以極座標表示相位角，則為：

$$\theta = -\tan^{-1}\frac{V_{R(\text{TH})}}{V_{Ct}} = -\tan^{-1}\frac{IR_{\text{TH}}}{IX_{Ct}} = -\tan^{-1}\frac{R_{\text{TH}}}{X_{Ct}}$$

$$= -\tan^{-1}\omega C_t R_{\text{TH}} = -\tan^{-1} 2\pi f \cdot R_{\text{TH}} C_t$$

$$= -\tan^{-1}\frac{f}{\dfrac{1}{2\pi R_{\text{TH}} C_t}} = -\tan^{-1}\frac{f}{f_{cH}}$$

式中， θ 表示落後角度，而負號表示輸出電壓 V_o 落後輸入電壓 V_i 。

$$\left|\frac{V_o}{V_i}\right| = \frac{1}{\sqrt{1 + \omega^2 R_{\text{TH}}^2 C_t^2}} = \frac{1}{\sqrt{1 + (\omega C_t R_{\text{TH}})^2}}$$

$$= \frac{1}{\sqrt{1 + \left(\dfrac{f}{f_{cH}}\right)^2}}$$

其中 f 為任一頻率， f_{cH} 為高頻臨界（截止）頻率。

電壓增益可用虛數表示為：

$$A_V = \frac{1}{1 + j\left(\dfrac{f}{f_{cH}}\right)}$$

將此高頻響應畫成曲線圖，可表示成如圖 12-30 所示。

圖 12-30　高頻響應曲線

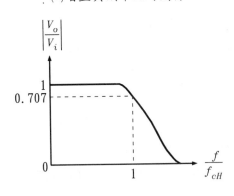

(a)增益與頻率比的關係

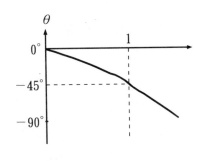

(b)相位角與頻率比的關係

二、輸出 RC 網路

高頻輸出 RC 網路是由米勒輸出電容和集極視在電阻所組成的，如圖 12-28 所示。在決定輸出電阻時，將電晶體視為一電流源，而集極電阻 R_C 上端交流接地，如圖 12-29(a)所示。重新排列電容的位置可得如圖 12-29(b)所示。然後再把電容器左邊的電路戴維寧化得如圖 12-29(c)所示之等效電路。輸出電容可表示為：

$$C_{\text{out}(\text{米勒})} = C_{BC}\left(1 + \frac{1}{A_V}\right) \div C_{BC}$$

高頻輸出 RC 網路的臨界頻率為：

$$f_{cH} = \frac{1}{2\pi r_L C_{\text{out}(\text{米勒})}}$$

式中 $r_L = R_C /\!/ R_L$

如同輸入 RC 網路，在臨界頻率時的輸出 RC 網路增益降低了 3dB，當信號頻率比臨界頻率高時，增益將以 -20dB/decade 的斜率下降。

輸出 RC 網路所產生相位角為

$$\theta = \tan^{-1}\left(\frac{r_L}{X_{C\text{out}(\text{米勒})}}\right)$$

三、總高頻響應

　　由前面的討論可以了解，因電晶體內部電容所產生的兩個 RC 網路，對放大器的高頻響應產生很大變化。當頻率增加到中頻段的最高值時，其中一個 RC 網路將會開始降低放大器的增益，此時的頻率為主要臨界頻率，亦即兩個頻率中較低者。

　　理想的高頻波德圖如圖 12－31 所示，其中顯示第一個轉折點頻率 $f_{c(\text{input})}$，在這一點的電壓增益開始以 $-20\text{dB}/\text{decade}$ 的比例滑落。到 $f_{c(\text{output})}$ 時增益開始以 $-40\text{dB}/\text{decade}$ 下降。因此每一個 RC 網路各造成了 $-20\text{dB}/\text{decade}$ 的比例滑落。

圖 12－31 *理想的高頻波德曲線圖*

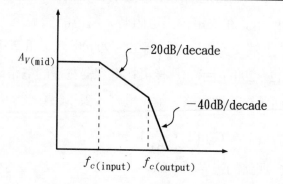

12－5　高頻 FET 放大器

　　大致而言，FET 放大器的高頻分析與電晶體放大器的分析方法類似。主要不同為 FET 內部電容規格及輸入阻抗值的測定。

　　在此以圖 12－32(a)所示之 JFET 共源極放大器來做高頻響應的分

析。在高頻下，放大器中的耦合電容及旁路電路均爲短路，而 JFET 內部產生極際電容 C_{GS} 和 C_{GD} 等效應，因此可畫出高頻 FET 放大器的等效電路如圖 12－32(b)所示，圖中 C_{GS} 爲閘源極間之電容效應，C_{GD} 爲閘汲極間之電容效應。因爲此等極際電容的容抗在高頻下會影響到放大器增益。

在 FET 的特性表上通常並不列出 C_{GS} 和 C_{GD} 電容值的數據。然而卻提供 C_{iss}（輸入電容）和 C_{rss}（逆向轉換電容）的電容資料。依據製造廠商的測量方法，可利用下列的關係式決定所需要的電容值。即

圖 12－32　JFET 共源極放大器與其高頻等效電路

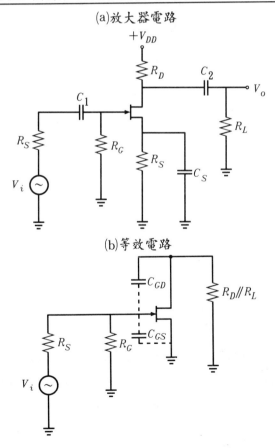

(a)放大器電路

(b)等效電路

$$C_{GD} = C_{rss}$$

$$C_{GS} = C_{iss} - C_{rss}$$

另外我們亦可利用米勒定理來分析 FET 放大器的高頻響應。由圖 12-32(b)所示之信號源觀察，C_{GD} 有效地出現在閘極與米勒輸入電容中，如下式所示：

$$C_{\text{in}(米勒)} = C_{GD}(1 + A_V)$$

A_V 為中頻段電壓增益。而 C_{GS} 只是一個到交流接地電容，和 $C_{\text{in}(米勒)}$ 並聯，如圖 12-33 所示。

再從汲極端觀察，C_{GD} 有效地出現在汲極到地的米勒輸出電容而且和 R_d（$= R_D /\!/ R_L$）並聯如圖 12-32 所示。

$$C_{\text{out}(米勒)} = \left(1 + \frac{1}{A_V}\right)$$

此二個米勒電容產生了一高頻輸入 RC 網路和另一高頻輸出 RC 網路，兩者均為低通濾波的落後網路。

圖 12-33　應用米勒定理後的高頻等效電路

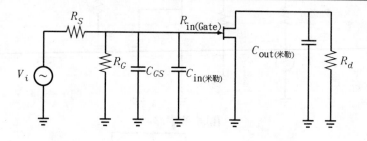

一、輸入 RC 網路

由圖 12-32 所示高頻等效電路可知，放大器的輸入 RC 網路可表示成如圖 12-34(a)所示之低通濾波電路。因為 FET 放大器的閘極電阻 R_G 及閘極輸入電阻 $R_{\text{in}(Gate)}$ 非常高，所以信號源電阻 R_S 通常小於閘極輸入電阻 R_i（$= R_G /\!/ R_{\text{in}(Gate)}$）很多；若以戴維寧定理簡化時，$R_S$ 和 $R_{\text{in(Gate)}}$為並聯，其簡化後的戴維寧輸入 RC 網路如圖 12－34(b)所示。

圖 12－34 高頻輸入 RC 網路

(a)輸入網路

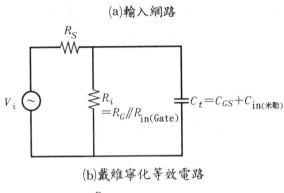

(b)戴維寧化等效電路

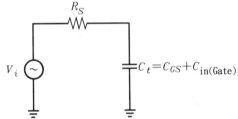

由圖 12－34(b)所示可知，高頻輸入 RC 網路的臨界頻率可表示為：

$$f_{cH} = \frac{1}{2\pi R_S C_t}$$

式中，總輸入電容為 C_{GS}和 $C_{\text{in(米勒)}}$並聯，即

$$C_t = C_{GS} + C_{\text{in(米勒)}}$$

由輸入 RC 網路所產生的相位移為

$$\theta = \tan^{-1}\frac{R_S}{X_{Ct}}$$

此輸入 RC 低通濾波的頻率響應在超過臨界頻率 f_{cH}時，增益會以－20dB/decade 速率滑落。

二、輸出 RC 網路

由圖 12−32(a)所示之 FET 放大器電路可知，高頻輸出 RC 等效電路可重畫成如圖 12−35(a)所示。此等效電路由米勒輸出電容和汲極視在電阻組合而成的，再經戴維寧化後可由 R_D 和 R_L 並聯及等效輸出電容所組成，其等效輸出網路如圖 12−35(b)所示。其米勒輸出電容可表示如下：

$$C_{out(米勒)} = C_{GD}\left(1 + \frac{1}{A_V}\right)$$

因此，高頻輸出 RC 落後網路的臨界頻率為：

$$f_{cH} = \frac{1}{2\pi R_d\, C_{out(米勒)}}$$

輸出 RC 網路產生的相位移為：

$$\theta = \tan^{-1}\left(\frac{R_d}{X_{C_{out(米勒)}}}\right)$$

圖 12−35 高頻輸出 RC 網路

(a)輸出網路　　　　　　　　(b)戴維寧化等效電路

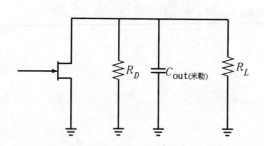
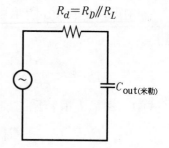

三、總高頻響應

FET 放大器的高頻響應如同雙極性電晶體放大器，其高頻輸出 RC 網路增益的理想波德曲線如圖 12−36 所示，應注意的是在理想波德曲線上，並沒有顯示主要臨界頻率時有 -3dB 的轉折點。同時，任何一個輸出 RC 落後網路均可能為主要網路。

圖 12-36　理想高頻輸出網路波德曲線

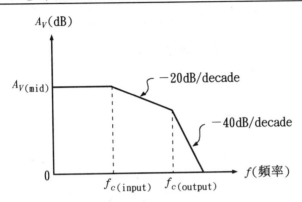

12-6　串級放大器低頻響應

　　若將多級的放大器串接在一起時，對於放大器的頻率響應將有顯著的影響。其串接方式是將第一級的輸出端接在第二級的輸入端，而第二級的輸出端則接在第三級的輸入端，餘此類推。通常增加一級的串接，則在高頻段的輸出電容 C_o 必須包括下一級的佈線電容量，寄生電容量以及米勒電容量。而在低頻段，由第二級的介入，也會影響其低截止位準，而使整個系統在此頻段內的總增益減少。然而，串級截止頻率必也隨之改變，在低頻段的下限截止頻率會上升，反之在高頻段的上限截止頻率會下降。因此，對於串級放大器，每增加一級而言，低頻段的下限截止頻率係由具有最高截止頻率的那一級來決定。因此串級系統中，若有一級的設計較差，則整個系統便都被破壞了。

　　茲以圖 12-37 所示三級串接放大器的頻率響應曲線，來闡釋增多相同級數目之效應。假設串接級中每一級的高低頻截止頻率均相同，在單級時的下限截止頻率以 f_1 表示，上限截止頻率以 f_2 表示，那麼在完全相同的兩級串接下，於高頻與低頻的下降速率將增加至 -12dB/octave，或 -40dB/decade。因此於 f_1 及 f_2 頻率時的電壓增益降低了 -6dB，而不是頻率增益位準所規定的 -3dB。這時 -3dB 點被移到如圖所示之 f_1' 與 f_2' 處，以致其頻帶寬度變窄。當相同的三級串接在一起時，其斜率將爲 -18dB/octave 或 -60dB/decade，於是頻寬更窄，而 -3dB 也移到 f_1'' 及 f_2'' 處了。

圖 12－37 增加級數對截止頻率與頻帶寬度之效應

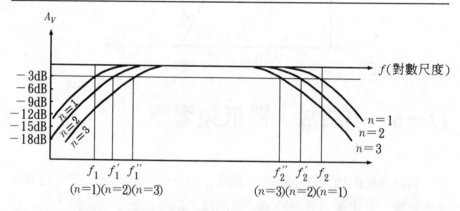

假設每一級是完全相同，因此能以下列方法確定每一頻帶寬度爲級數 n 之函數。

在低頻區中，每一級的低頻電壓增益爲 A_{V1}、A_{V2}、…、A_{Vn}，則總電壓增益爲：

$$A_{VL} = A_{V1} \cdot A_{V2} \cdot A_{V3} \cdots A_{Vn}$$

若每一級的增益均相同，即 $A_{V1} = A_{V2} = A_{V3} = \cdots = A_{Vn} = A_{V1L}$，則

$$A_{VL} = (A_{V1L})^n$$

設串級放大器中頻段時之每級電壓增益爲 A_{V1m}，於是

$$\frac{A_{VL}}{A_{Vm}}(總) = \left(\frac{A_{V1L}}{A_{V1m}}\right)^n = \left[\frac{1}{1-j\left(\frac{f_1}{f}\right)}\right]^n = \frac{1}{\left[1-j\left(\frac{f_1}{f}\right)\right]^n}$$

若 $\dfrac{A_{VL}}{A_{Vm}} = \dfrac{1}{\sqrt{2}}$ 時，即表示串級放大在 -3dB 處。則得

$$\frac{1}{\left[\sqrt{1+\left(\frac{f_1}{f_1{}'}\right)^2}\,\right]^n} = \frac{1}{\sqrt{2}}$$

或

$$\left\{\left[1+\left(\frac{f_1}{f_1{}'}\right)^2\right]^{\frac{1}{2}}\right\}^n = \left\{\left[1+\left(\frac{f_1}{f_1{}'}\right)^2\right]^n\right\}^{\frac{1}{2}} = (2)^{\frac{1}{2}}$$

故

$$\left[1+\left(\frac{f_1}{f_1{}'}\right)^2\right]^n = 2$$

且

$$1+\left(\frac{f_1}{f_1{}'}\right)^2 = 2^{\frac{1}{n}}$$

因此可得串級系統的下限截止頻率爲：

$$f_{cL} = f_1{}' = \frac{f_1}{\sqrt{2^{\frac{1}{n}}-1}}$$

其中 f_1 爲單級的下限截止頻率。

同理可證明出，在高頻段時串級系統上限截止頻率爲

$$f_{cH} = f_2{}'' = \left(\sqrt{2^{\frac{1}{n}}-1}\right)f_2$$

在 f_{cL} 和 f_{cH} 式中都有 $\sqrt{2^{\frac{1}{n}}-1}$ 的因數，茲將在不同的 n 值（級數）下，此因數的大小列表如表 $12-1$ 所示。

表 12-1

n	$\sqrt{2^{\frac{1}{n}}-1}$
1	1
2	0.64
3	0.51
4	0.43
5	0.39

當 $n=2$ 時，上限（高）截止頻率 $f_2'=0.64f_2$，或爲單級所得者之 64%，而下限（低）截止頻率 $f_1'=\dfrac{1}{0.64}f_1=1.55f_1$。當 $n=3$ 時，上限截止頻率 $f_2'=0.51f_2$，約爲單級上限截止頻率的一半，而其下限截止頻率 $f_1''=\dfrac{1}{0.51}f_1=1.96f_1$，約爲單級下限截止頻率的 2 倍。

在串級放大器的三種耦合中最常應用的耦合技術爲 RC 耦合，因此目前對於以電晶體爲主的串級系統中，大部份的低頻分析均以 RC 耦合放大器爲準。如圖 12-38 所示爲 RC 耦合電晶體放大器。本節將僅分析圖中 a 與 a' 間之部份電路。

圖 12-38　二級 RC 耦合電晶體放大器

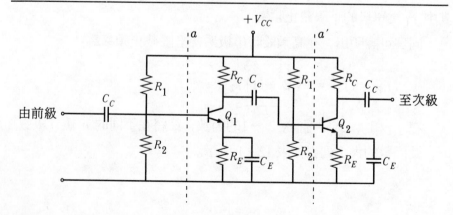

圖 12-39　圖 12-38 系統中之 *a-a′部份之小信號等效電路*

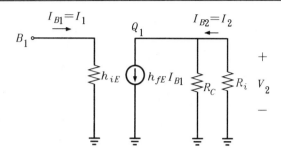

若將近似混合 π 型等效電路代入則可得如圖 12-39 所示電路，並設 $R_1 /\!/ R_2 /\!/ R_i \doteq R_i$，利用電流分配定則可得：

$$I_2 = \frac{R_C}{R_C + R_i}(h_{fE}I_{B1}) = \frac{h_{fE}R_C I_1}{R_C + R_i}$$

$$A_{I(\text{mid})} = \frac{I_2}{I_1} = \frac{h_{fE} \cdot R_C}{R_C + R_i} = \frac{h_{fE} \cdot R_C}{R_C + R_i} \times \frac{R_i}{R_i} = h_{fE} \cdot \frac{R_i \cdot R_C}{R_i + R_C} \cdot \frac{1}{R_i}$$

所以

$$A_{I(\text{mid})} = \frac{h_{fE} \cdot R}{R_i}$$

其中 $R = R_i /\!/ R_C$

電晶體在本質上就是一個電流放大器，因此求出的為中頻段電流增益而非電壓增益。

圖 12-38 所示網路之低頻響應主要係取決於耦合電容 C_c 的大小。將此元件（指 C_c）加入後可得如圖 12-40 所示的修正等效電路。由於容抗 $X_{C_c} = \dfrac{1}{2\pi f C_c}$，故引入 C_c 後將使增益 A_I 依頻率而變。當頻率趨近於 0Hz 時，X_{C_c} 將趨於無限大以致使 I_2 接近於零，而 $A_I = \dfrac{I_2}{I_1}$ 亦趨近於零。

就圖 12-40 所示之電路而言：

圖 12-40 於低頻時圖 12-38 所示 $a-a'$ 部份之小信號近似交流等

效電路

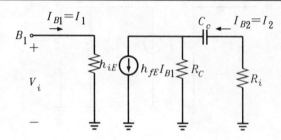

$$I_2 = \frac{R_C(h_{fE} \cdot I_B)}{R_C + R_i + X_C \underline{/-90°}} = \frac{h_{fE} \cdot R_C \cdot I_1}{R_C + R_i - jX_C}$$

而

$$A_{I(\text{low})} = \frac{I_2}{I_1} = \frac{h_{fE} \cdot R_C}{R_C + R_i - jX_C}$$

將上式作一番運算，以利於作進一步分析。

首先將分子與分母同除以（$R_C + R_i$）得：

$$A_{I(\text{low})} = \frac{h_{fE} \cdot \dfrac{R_C}{(R_C + R_i)}}{1 - j\dfrac{X_C}{R_C + R_i}} = \frac{h_{fE}\Big[\dfrac{R_C}{(R_C + R_i)}\Big]\Big(\dfrac{R_i}{R_i}\Big)}{1 - j\dfrac{X_C}{R_C + R_i}}$$

$$= \frac{\Big(\dfrac{h_{fE}}{R_i}\Big)\Big[\dfrac{R_iR_C}{(R_C + R_i)}\Big]}{1 - j\dfrac{X_C}{R_C + R_i}}$$

所以

$$A_{I(\text{low})} = \frac{\Big(\dfrac{h_{fE}}{R_i}\Big) \cdot R}{1 - j\dfrac{X_C}{R_C + R_i}}$$

其中 $R = R_C /\!/ R_i$

或　　　$A_{I(\text{low})} = \dfrac{\dfrac{h_{fE} \cdot R}{R_i}}{1 - j\dfrac{1}{\omega C_c R_{\text{low}}}}$

其中 $R_{\text{low}} = R_C + R_i$

　　探討低頻增益的一項更方便而有用的方法需要先找出 $\dfrac{A_{I(\text{low})}}{A_{I(\text{mid})}}$ 之

比。此時得

$$\frac{A_{I(\text{low})}}{A_{I(\text{mid})}} = \frac{\dfrac{\dfrac{h_{fE}R}{R_i}}{1 - j\dfrac{1}{\omega C_c R_{\text{low}}}}}{\dfrac{h_{fE}R}{R_i}}$$

因此　　$\dfrac{A_{I(\text{low})}}{A_{I(\text{mid})}} = \dfrac{1}{1 - j\dfrac{1}{\omega C_c R_{\text{low}}}}$　　　　　　　$(12-20)$

或　　　$\dfrac{A_{I(\text{low})}}{A_{I(\text{mid})}} = \underbrace{\dfrac{1}{\sqrt{1 + \left(\dfrac{1}{\omega C_c R_{\text{low}}}\right)^2}}}_{\text{大小}} \quad \underbrace{\bigg/\tan^{-1}\dfrac{1}{\omega C_c R_{\text{low}}}}_{\text{相角}}$　　$(12-21)$

　　現在我們可以用（12-20）式和（12-21）式來描述頻率對系統
增益之效應。當頻率 $\omega = 2\pi f$ 降低時，各式內分母中第二項的大小會
增加，因而分母增大而使增益減小。當頻率增大，分母中之第二項增
加至稍小於 1，結果使增益趨近於中頻段的增益值。

　　當 $\dfrac{1}{\omega C_c R_{\text{low}}} = 1$ 時，即構成極特殊的情形。將它代入（12-21）式

得：

$$\frac{A_{I(\text{low})}}{A_{I(\text{mid})}} = \frac{1}{\sqrt{1+1}} \quad \bigg/\tan^{-1}1 = \frac{1}{\sqrt{2}}\bigg/45° = 0.707\bigg/45°$$

因此增益已降低到一個位準而頻率的截止低限就規定在此了。若以分

貝值表示則可得：

$$\left|\frac{A_{I(\text{low})}}{A_{I(\text{mid})}}\right|_{\text{dB}} = 20\log_{10}\left|\frac{A_{I(\text{low})}}{A_{I(\text{mid})}}\right| = 20\log_{10}\frac{1}{\sqrt{2}}$$

$$= -20\log_{10}\sqrt{2} = -3\text{dB}$$

此結果明顯地指出：在截止頻率時其增益由中頻段值降低 3 分貝了。

在此情況下的頻率可由下列方法求得：

$$\frac{1}{\omega C_c R_{\text{low}}} = \frac{1}{2\pi f_1 C_c R_{\text{low}}} = 1$$

因此低頻端截止頻率為：

$$f_1 = \frac{1}{2\pi C_c R_{\text{low}}}$$

將此值代入方程式中可得：

$$\frac{A_{I(\text{low})}}{A_{I(\text{mid})}} = \frac{1}{1 - j\frac{f_1}{f}} = \frac{1}{\sqrt{1^2 + \left(\frac{f_1}{f}\right)^2}} \quad \angle\tan^{-1}\frac{f_1}{f} \quad (12-22)$$

這比例隨頻率而變的情形如圖 12-41 所示。為確信此曲線的正確性，茲探討其中數個代表點。當 $\frac{f}{f_1} = 1$ 或 $f = f_1$ 時，其比值為 0.707。當 $\frac{f}{f_1} = 10$ 或 $f = 10f_1$ 時，其比值為 1 且 $A_{I(\text{low})} = A_{I(\text{mid})}$。當 $\frac{f}{f_1} = 0.2$ 或 $f = 0.2f_1$ 時，比值為 0.2 且 $A_{I(\text{low})} = 0.2A_{I(\text{mid})}$。在下列討論中，我們發現（12-22）式也可以被用來代表串接的 FET 在低頻下的響應，只是在每一種情形下，f_1 取決於不同的參數組。圖 12-41 (b)所示為同一類譜內相位角變化圖。對應於 $A_{I(\text{mid})}$ 的相角為 180°，所以當 $\frac{f}{f_1} = 0.2$ 時

$$\frac{A_{I(\text{low})} \angle \theta}{A_{I(\text{mid})} \angle 180°} = 0.2 \angle 80°$$

因此

$$A_{I(\text{low})} \underline{/\theta} = 0.2 \underline{/80°} \cdot A_{I(\text{mid})} \underline{/180°}$$

或

$$A_{I(\text{low})} \underline{/\theta} = 0.2 A_{I(\text{mid})} \underline{/260°}$$

圖 12-41　低頻率中之規化大小與相位角曲線

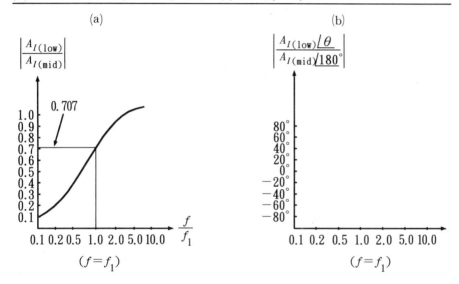

所以 $\theta = 260°$ 為輸入與輸出量間之相位差。即表示 I_o 比 I_1 領先 $260°$，或 I_i 比 I_o 領先 $100°$（$360° - 260°$）。

當頻率增加時，輸入與輸出量間之相位差會趨近於 $180°$（其比值的相差趨近於 $0°$）。

圖 12-42 所示為兩級 FET 放大器的串接系統。在圖中 $a-a'$ 這段低頻等效電路分別顯示於圖 12-43 中。在低於響應方面，假設旁路電容 C_S 所引起的轉折點頻率要比耦合電容 C_c 產生的小很多，因此頻帶的下限主要是由 C_c 來決定。在圖 12-43 的低頻模式中省略了 C_S。至於由 C_S 所產生的轉折點頻率可由下式求出：

$$f_{C_S} = \frac{1 + R_S(1 + g_m R_{d1}) \;/\!/\; (R_{d1} + R_D \;/\!/\; R_L)}{2\pi C_S R_S}$$

中頻段的電壓增益可表示為：

圖 12-42　串接 FET 放大器

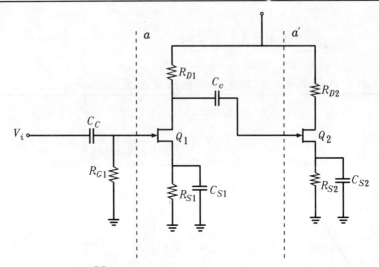

$$A_{I(\text{mid})} = \frac{V_o}{V_i} = -g_m R$$

其中 $R = R_{d1} /\!/ R_{D1} /\!/ R_{G2}$

另亦可導出下列關係式：

$$\frac{A_{I(\text{low})}}{A_{I(\text{mid})}} = \frac{1}{1 - j\dfrac{f_1}{f}}$$

式中 $f_1 = \dfrac{1}{2\pi C_c (R' + R_{G2})}$

而且 $R' = R_{d1} /\!/ R_{D1}$

圖 12-43　低頻交流等效電路

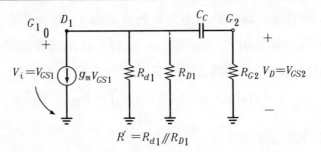

12－7 串級放大器高頻響應

考慮圖 12－44 的電容耦合共源極放大器電路，極間電容 C_{GS}、C_{GD} 和 C_{DS} 的值約在 1pF～3pF 的範圍，其中 C_{GD} 經由 Miller 效應，等效成一個極大的電容在輸入端和 C_{GS} 並聯，並與輸入信號源電阻形成一個濾波器；高頻時 C_{GS}、C_{GD} 和 C_{DS} 的電容阻抗效應，會使得放大器的增益降低。

圖 12－44 電容耦合的共源極放大器電路

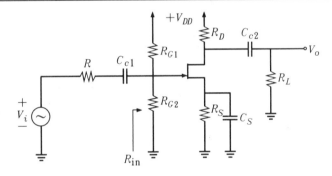

我們將圖 12－44 的高頻等效電路畫出，如圖 12－45(a)所示，並且可簡化成圖 12－45(b)，而輸出電壓可近似成 $V_o \doteq -g_m R_L{'} V_{GS}$，再將 C_{GD} 利用 Miller 定理等效至輸入和輸出端，則為圖 12－45(c)。

參考圖 12－45(c)電路，因為 $(C_{GD} + C_{DS})$ 和 R_L 並聯所產生的極點，通常是在極高頻，故可忽略不計，而輸入端為一階的低通濾波器，總輸入電容為 $C_T = C_{GS} + C_{GD}(1 + g_m R_L{'})$，而電容兩端的電阻為 $R' = R /\!/ R_{\text{in}}$，故主極點頻率可近似為放大器的高三分貝頻率。

$$\omega_H \doteq \frac{1}{C_T R'}$$

放大器的高頻增益 $A_H(s)$ 可表為

圖 12-45 放大器的高頻響應等效電路

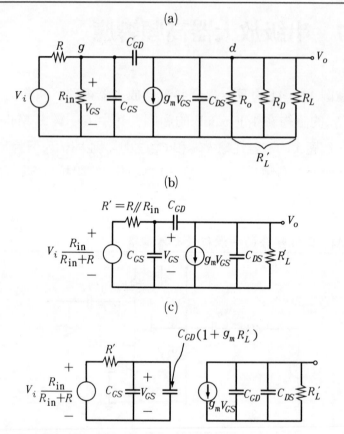

$$A_H(s) = A_M \frac{1}{1 + \dfrac{s}{\omega_H}}$$

其中 A_M 為中頻帶增益值。

接著我們探討圖 12-46 所示之連級（cascoded）組態的放大器電路，它結合了共射極與共基極組態的優點，其高頻等效電路如圖 12-47。

考慮圖 12-47(a)電路，首先我們可以把虛線 xx' 以左的部份，以戴維寧等效電路取代，其 R_S' 和 V_S' 為

圖 12-46 連級組態的放大器電路

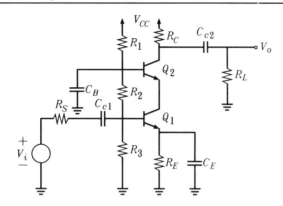

圖 12-47 高頻等效電路

(a)

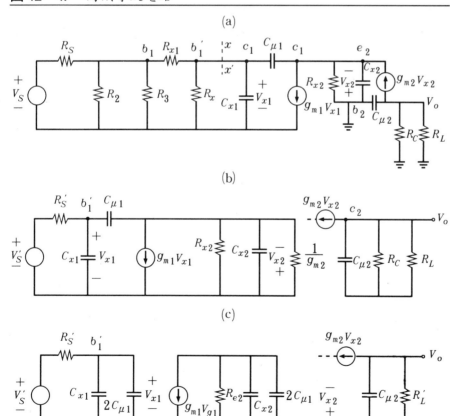

(b)

(c)

$$V_{S}' = V_{S} \frac{R_2 \mathbin{/\!/} R_3}{R_S + (R_2 \mathbin{/\!/} R_3)} \frac{R_x}{R_{x1} + R_x + (R_2 \mathbin{/\!/} R_3 \mathbin{/\!/} R_S)}$$

$$R_{S}' = \{R_x \mathbin{/\!/} [R_{x1} + (R_3 \mathbin{/\!/} R_2 \mathbin{/\!/} R_S)]\}$$

而電流源 $g_{m2}V_{x2}$ 以電阻 $\dfrac{1}{g_{m2}}$ 取代，且 $\dfrac{1}{g_{m2}}$ 並聯 R_{x2} 可得 R_{e2}，又因爲 $R_{e2} \ll R_{o2}$，所以 Q_1 集極和地之間的總電阻約爲 R_{e2}，故電容 C_{x2} 和電阻 R_{e2} 會產生一個極點，其頻率爲

$$\omega_2 = \frac{1}{(C_{x2} + 2C_{\mu 1})R_{e2}} \doteqdot \omega_T \qquad (12-23)$$

由於 (12-23) 式的頻率極高於 Q_1 之電容和 R_S' 所產生的極點，所以在計算 Q_1 的集極電壓時，可忽略 C_{x2} 值，使得

$$V_{c1} \doteqdot - g_{m1}V_{x1} \cdot R_{e2} \doteqdot - V_{x1}$$

因此 b_1' 和 c_1 之間的電壓增益可近似於 -1，而將 $C_{\mu 1}$ 以 Miller 定理方式，分別等效成 $2C_{\mu 1}$ 在 b_1' 和地與 c_1' 和地之間，如圖 12-47(c) 所示。由圖 12-47(c)，我們可立即寫出輸入端與輸出端的極點頻率 ω_1 和 ω_3。

$$\omega_1 = \frac{1}{R_S'(C_{x1} + 2C_{\mu 1})}$$

$$\omega_3 = \frac{1}{C_{x2}R_L'}$$

通常輸入端的極點頻率 ω_1，即爲網路的主極點頻率 ω_H。只要將圖 12-47(c) 的所有電容忽略不計，即可求得中頻帶的增益 A_M。

$$A_M = \frac{V_o}{V_i}$$

$$= - g_{m2}(R_L \mathbin{/\!/} R_C) \frac{R_2 \mathbin{/\!/} R_3}{(R_2 \mathbin{/\!/} R_3) + R_S} \frac{R_x}{R_{x1} + R_x + (R_2 \mathbin{/\!/} R_3 \mathbin{/\!/} R_S)}$$

12-8 相角邊限（Phase margin）及增益 邊限（Gain margin）

利用 Bode 圖，不但可判斷放大器的絕對穩定度，更可求得放大器的相對穩定度，圖 12-48 爲一 Bode 圖，當 $\omega = \omega_{180}$ 時，放大率 $|\beta A|$ 的 dB 値爲負値，故放大器爲穩定，並定義增益邊限 GM（Gain margin）爲

$$GM = 1 - |\beta A|\Big|_{\omega = \omega_{180}}$$

或

$$GM(\text{dB}) = 0 - 20\log|\beta A|\Big|_{\omega = \omega_{180}}$$

圖 12-48　由 Bode 圖求得增益邊限和相位邊限

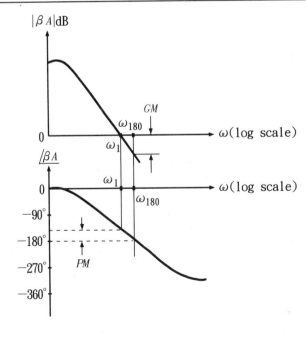

若放大率$|\beta A|=1$時的頻率, 所產生的$\underline{/\beta A}$小於$180°$, 則稱此放大器穩定, 並定義相位邊限 PM (Phase margin) 為

$$PM = \underline{/\beta A}\Big|_{|\beta A|=1} - {(-180°)}$$

增益邊限的物理意義是指能維持系統穩定的最大迴路增益大小的增加值。相位邊限的物理意義是指能維持系統穩定的最大迴路增益相角的增加值。圖 12-48 若在ω_{180}時的$|\beta A|$值大於 1, 則系統變為不穩定。若迴路增益為 1 時的$\underline{/\beta A}$大於$180°$, 則系統變為不穩定。

12-9 耐奎斯圖 (Nyquist Diagram)

耐奎斯圖 (Nyquist Diagram) 是以頻率為參數, 所繪出的迴路增益極座標圖, 如圖 12-49, 其中實線部份對應於正頻率, 而虛線部份對應於負頻率, 而整個圖形是以頻率為變數之下, 利用ω由 0 至∞的變化, 所產生的相位$\phi(\omega)$和迴路增益大小$|\beta A|$的極座標圖。

圖 12-49 Nyquist 圖

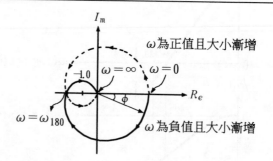

Nyquist 圖和負實軸的交點, 是表示$\omega=\omega_{180}$處; 因此當交點在$(-1, 0)$的左半平面時, 表示$|\beta(j\omega_{180})A(j\omega_{180})|>1$, 故放大器不穩定; 當交點在$(-1, 0)$的右半平面時, 表示$|\beta(j\omega_{180})A(j\omega_{180})|<1$, 故放大器穩定。Nyquist 圖只能判斷放大器是否穩定 (絕對穩定),

但無法判斷穩定或不穩定的程度（相對穩定度）。

　　茲敘述耐奎斯穩定性準則（Nyquist stability criterion）如下：

　　由於 βA 之乘積爲複數，故能在複數平面上表出一點，其中實數部是沿 X 軸上描繪，虛數部則沿 Y 軸標示，再者 βA 爲頻率的函數，因此我們可以在複數平面上標示對應於 f 由 $-\infty$ 至 $+\infty$ 之所有 βA 之值。此等點之軌跡構成一封閉曲線，耐奎斯準則爲：若此封閉曲線圍繞 $-1+j0$，則放大器不穩定，若此封閉曲線不圍繞點 $-1+j0$，則此放大器是穩定的。亦即當臨界點（-1, $j0$）呈現在前述 βA 曲線的左側時放大系統是穩定的，若在右側則表示不穩定。要注意，圍繞 -1 點的意思是指相位在 180°時，迴路增益 βA 比 1 大；因此反饋信號與輸入同相，而且大到足以產生一個比原來所加入輸入信號還大的輸入信號，結果就會產生振盪。

【自我評鑑】

1. 在下圖 RC 電路中，當開關 SW 按上後，試計算(1)時間常數 τ？ (2)經過 1 秒時 E_R 及 E_C 各多少？ (3)經過 3 秒時 E_C 及 E_R 各多少？ (4)經過 10 秒時 E_C 及 E_R 各多少？

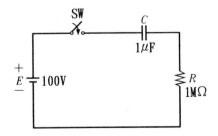

2. 某一放大器的輸入 RC 網路，若 $C_1 = 2\mu F$，$R_i = 500\Omega$，(1)試決定其低頻截止頻率，(2)若放大器的中頻段電壓增益 $A_{V(mid)} = 120$，則

在低頻臨界頻率時的增益為多少?

3.試計算下圖所示旁路網路的臨界頻率。假設 $\beta = 120$。

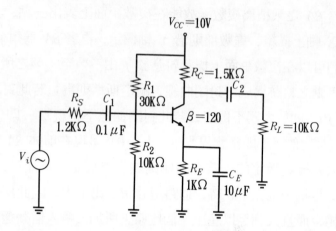

4.試決定下圖所示放大器的總低頻響應，並繪出波德曲線，設 $\beta = 120$。

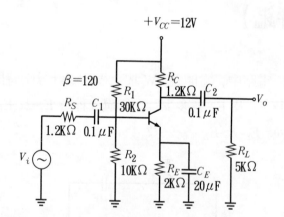

5.(1)在圖示電路中，設 $R_D = 3K\Omega$，$R_G = 66.66M\Omega$，$C_1 = 0.002\mu F$，且 $I_{GSS} = 25mA$，$V_{GS} = -10V$，$V_{DD} = +10V$。試決定該放大器輸入 RC 網路的臨界頻率多少? (2)$R_D = 1.5K\Omega$，$R_L = 5K\Omega$，$C_2 = 0.001\mu F$ 時，試決定輸出 RC 網路的臨界頻率多少?

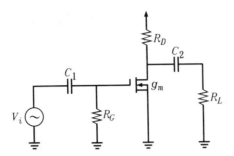

6.試決定 FET 放大器的全部低頻響應。假設其負載爲與其本身相同的放大器並且有相同 R_i，當 $V_{GS} = -10V$，$I_{GSS} = 100nA$。

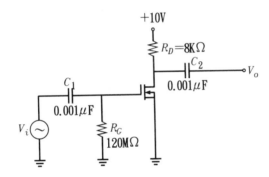

7.試求出下圖所示放大器的高頻輸入 RC 網路，並決定其臨界頻率，由電晶體資料表得知：$\beta = 100$，$C_{BE} = 20pF$，$C_{BC} = 3pF$。

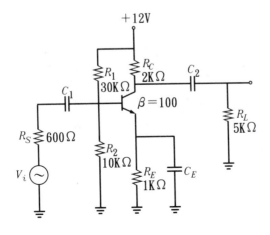

CE 放大器

8.試決定下圖所示 FET 放大器 *RC* 網路的臨界頻率，由特性表得知：

$g_m = 6500\mu s$, $C_{iss} = 12pF$ 及 $C_{rss} = 5pF$。

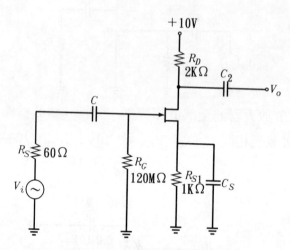

9.(1)試求下圖所示 FET 放大器的全部低頻和高頻響應。

(2)此放大器的高、低主要截止頻率和頻帶寬度以及增益頻寬乘積為多少?

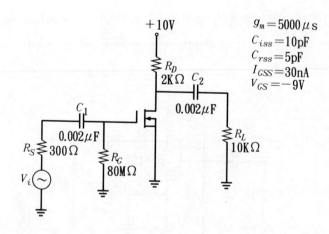

習 題

1. 某一放大器的中頻增益為 -100，其低頻響應在 1 和 10rad/sec 時含有零點，而在 5 和 100rad/sec 時含有極點，求放大器的(1)轉移函數，(2)直流增益，(3)低三分貝頻率。

2. 某一放大器的低頻響應如下：在 0rad/sec 時有二個零點，在 10rad/sec 時有一個零點，而在 100、50 和 5rad/sec 時含有極點，求其三分貝頻率的近似值。

3. 某一放大器的高頻響應如下：在 ∞ 和 10^6rad/sec 時有零點。而在 10^5 和 10^7rad/sec 時含有極點，且放大器的直流增益為 -100，求(1)轉移函數，(2)以主極點近似法求 ω_H，(3)以平方和近似法求 ω_H，(4)以精確法求 ω_H。

4. 已知 $I_{\text{bias}} = 10\mu\text{A}$，$Q_1$ 的參數為：$\mu_n C_{ox} = 20\mu\text{A}/\text{V}^2$，$V_A = 50\text{V}$，$\dfrac{w}{l} = 64$，$C_{GS} = C_{GD} = 1\text{pF}$，$Q_2$ 的參數為：$C_{GD} = 1\text{pF}$、$V_A = 50\text{V}$，且輸出端與地之間有 1pF 的雜散電容求(1)轉移函數，(2)極點頻率，(3)零點頻率。

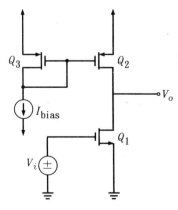

5.一個 BJT 偏壓於 10mA 的射極電流源，且以 13.9mV 的交流小信號電壓經 1KΩ 的電源電阻串聯至基極，而集極以 100Ω 的電阻接至另一個合適的直流電源，經過交流測量後，可得到下列電壓： $V_E = 0.6\text{mV}$， $V_B = 3.9\text{mV}$， $V_C = 120\text{mV}$，求$(1)g_m$，$(2)R_e$，$(3)R_\pi$，$(4)h_{fE}$，$(5)R_x$ 值。

6.一個 BJT 的單位增益頻帶寬為 1GHz， $\beta = 200$ 求$(1)\omega_\beta$， $(2)|h_{fE}| = 10$ 的頻率值。

7.已知 $\beta_o = 100$， $f_T = 400\text{MHz}$，求$(1)Z_{in}(s)$，$(2)Z_{in}$的相位差為 $-45°$ 的頻率。

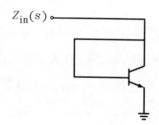

8.已知 Q_1， Q_2 完全相同，且電流鏡偏壓於 1mA 電流， $f_T = 400\text{MHz}$， $C_\mu = 2\text{pF}$， $\beta_o = 100$ 求(1)轉移函數$\dfrac{I_o(s)}{I_i(s)}$，(2)極點頻率，(3)零點頻率。

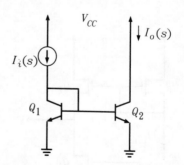

9.已知 $\beta = 100$， $V_{BE} = 0.7$ 求$(1)A$，B，C 點的直流電壓（此時可忽略基極電流），(2)中頻增益$\dfrac{V_o}{V_S}$，(3)求 f_L。

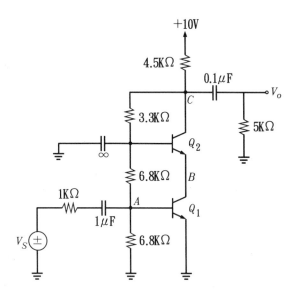

10.已知 $\beta = 100$，$C_\mu = 2\mathrm{pF}$，$f_T = 400\mathrm{MHz}$，求(1)中頻增益$\dfrac{V_o}{V_S}$，(2)高

3dB 頻率。

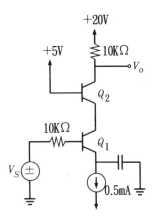

第十三章　反饋放大器

13-1 反饋的基本概念

在談反饋觀念之前，我們可先將放大器概分爲四大類：電壓放大器（Voltage amplifier）、電流放大器（Current amplifier）、互導及互阻放大器（Transconductance and transresistance amplifier）。這種分類法是基於一個放大器的輸入及輸出阻抗與電源及負荷阻抗間相對的大小而定的。

㈠電壓放大器

圖 13-1 中畫了一個代表放大器的二埠網路的戴維寧等效電路。如果放大器的輸入電阻 R_i 和電源電阻 R_S 比起來很大的，則 $V_i \doteqdot V_S$。如果外在的負荷電阻 R_L 和放大器的輸出電阻 R_o 比起來很大的話，則 $V_o \doteqdot A_V V_i \doteqdot A_V V_S$，這放大器就供給一項電壓輸出，它是和電壓輸入成正比的，同時比例常數是與電源和負荷電阻的大小無關的。這樣的一個電路被稱爲電壓放大器（Voltage amplifier）。一理想的電壓放大器的輸入電阻 R_i 必須爲無限大，同時輸出電阻 R_o 必須爲零。圖 13-1 中的符號 A_V 代表 $R_L = \infty$ 時的 $\dfrac{V_o}{V_i}$，因此就代表斷路時之電壓放大率或增益。

圖 13-1 一個電壓放大器的戴維寧等效電路

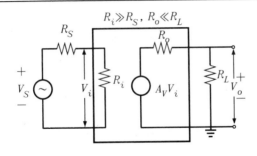

(二)電流放大器

一個理想的電流放大器的定義是一個放大器它能提供一項與電流信號成正比的輸出電流，同時這比例常數與 R_S 和 R_L 無關。一個理想電流放大器的輸入電阻 R_i 必須是零，同時輸出電阻 R_o 必須是無限大。實際上的放大器是具有低的輸入電阻與高的輸出電阻的。它推動一個低電阻負荷 ($R_o \gg R_L$)，同時本體是由一個高電阻電源 ($R_i \ll R_S$) 來推動的。圖 13－2 所示是一個電流放大器的諾頓等效電路。

注意：當 $R_L = 0$ 時 $A_i \equiv \dfrac{I_L}{I_i}$ 代表短路時之電流放大率或增益。如果 $R_i \ll R_S$ 則 $I_i \doteqdot I_S$；如果 $R_o \gg R_L$，則 $I_L \doteqdot A_I I_i \doteqdot A_I I_S$。所以輸出電流是與電流信號成正比的。

圖 13－2　一個電流放大器的諾頓等效電路

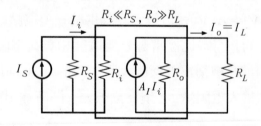

(三)互導放大器

理想的互導放大器能供應一項與信號電壓成正比而與 R_S 及 R_L 的大小無關的輸出電流。這種放大器須具有無限大的輸入電阻 R_i 及無限大的輸出電阻 R_o。一個實用的互導放大器具有很大的輸入電阻 ($R_i \gg R_S$)，所以必須由一個低電阻電源來推動。它呈現一項很高的輸出電阻 ($R_o \gg R_L$)，所以只能推動低電阻的負荷，互導放大器的等效路見圖 13－3，當 $R_i \gg R_S$ 時則 $V_i \doteqdot V_S$；當 $R_o \gg R_L$ 時，則 $I_o \doteqdot G_M V_i \doteqdot G_M V_S$。注意 $R_L = 0$ 時 $G_M = \dfrac{I_o}{V_i}$，所以 G_M 是短路的互導。

圖 13-3 一個互導放大器的等效電路

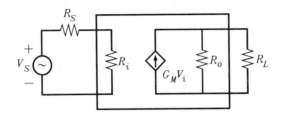

㈣互阻放大器

最後，在圖 13-4 中我們畫了一個放大器的等效電路，理想上，它能供應一項與信號電流 I_S 成正比而與 R_S 及 R_L 無關的輸出電壓 V_o，這種放大器被稱為互阻放大器（Transresistance amplifier）。對於實用的互阻放大器而言，我們必須得到 $R_i \ll R_S$ 同時 $R_o \ll R_L$，所以輸入和輸出電阻都比電源和負荷電阻來得低。由圖 13-4 可以看見，如果 $R_S \gg R_i$，則 $I_i \doteqdot I_S$，同時如果 $R_o \ll R_L$，則 $V_o \doteqdot R_M I_i \doteqdot R_M I_S$。注意：當 $R_L = \infty$ 時，$R_M \equiv \dfrac{V_o}{I_i}$，換句話說，$R_M$ 是斷路的互阻。

圖 13-4 一個互阻放大器的等效電路

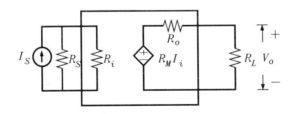

分析上述四種基本放大器的性質，在每一個電路裏我們可以用適當的抽樣網路來抽取部份輸出電壓或電流，再經過一個二埠的反饋網路而將這信號送到輸入去，如圖 13-5 所示。在輸入處反饋信號被一個混合網路和外來的信號源合併而送到放大器本身去。

圖 13-5 基本放大器的任何單迴路反饋接法，轉換增益 A 可代表 A_V, A_I, G_M 或 R_M

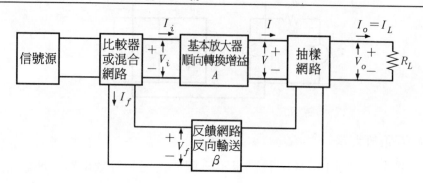

圖 13-5 中的這個方塊是一個信號電壓 V_S 和一個電阻器 R_S 的串聯（像圖 13-1 中的一種戴維寧代表法），或者是一個信號電流 I_S 和一個電阻器 R_S 的並聯（像圖 13-2 中的一種諾頓代表法）。圖 13-5 中這一方塊通常是一個被動式的雙埠網路，它可能含有電阻、電容和電感器。但也往往只是一種電阻的組態。

一、抽樣網路

二個抽樣方塊被畫在圖 13-6 中。在圖 13-6(a)中是藉著將反饋

圖 13-6 一個基本放大器輸出處的兩種反饋接法

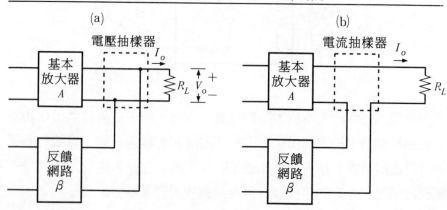

網路並聯在輸出上而抽取輸出電壓的。這種接法被稱爲電壓（Voltage）或節點抽樣（Node sampling）。另外一種反饋接法是圖 13−6(b)中所示地抽取輸出電流，其中反饋網路是與輸出串聯的。這種接法被稱爲電流（Current）或迴路取樣（Loop sampling）。還有其它的抽樣網路。

有二種混合方塊被畫在圖 13−7 中。圖 13−7(a)和(b)所示分別爲最普通也是最簡單的串聯（迴路）輸入和並聯（節點）輸入的接法。差額放大器也常被用作混合器。這種放大器有二個輸入，而產生的輸出是與二個輸入處信號間的差額成正比的。

圖 13−7　基本放大器輸入處的反饋接法：(a)串聯比較，(b)並聯混合

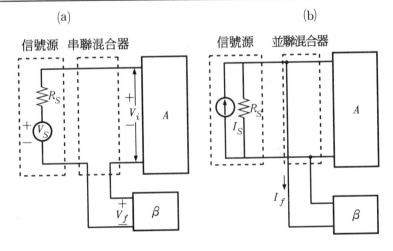

二、轉換比或增益

圖 13−5 中的符號 A 代表基本放大器中輸出信號對輸入信號之比。轉換比 $\dfrac{V}{V_i}$ 是電壓放大率或電壓增益（Voltage gain）A_V，同樣地，轉換比 $\dfrac{I}{I_i}$ 是這放大器的電流放大率或電流增益（Current gain）A_I。基本放大器的 $\dfrac{I}{V_i}$ 是互導 G_M，而 $\dfrac{V}{I_i}$ 則爲互阻 R_M。雖然 G_M 和 R_M 被

視爲二個信號之比，但 G_M 和 R_M 這二符號應不代表一般意義下的放大率，不過，爲方便起見，可將 A_V、A_I、G_M 和 R_M 這四個符號稱之爲沒有反饋時基本放大器的轉換增益，並以 A 這符號來代表這些量中的任何一個。

A_f 這符號被規定爲圖 13−5 這放大組態中輸出信號對輸入信號之比而被稱爲有反饋時放大器的轉換增益。因此 A_f 被用來代表 $\dfrac{V_o}{V_S} \equiv A_{Vf}$，$\dfrac{I_o}{I_S} \equiv A_{If}$，$\dfrac{I_o}{V_S} \equiv G_{Mf}$，以及 $\dfrac{V_o}{I_S} \equiv R_{Mf}$，這四項比例中的任何一個。

負反饋的優點在於當輸出信號中的任何增加時，卻使得到輸入的反饋信號造成輸出信號降低時，我們就說這放大器有負的反饋（Negative feedback）。負反饋的用處在於，四種基本放大器中的任何一類都可以藉著適當地利用負反饋而得以改進。舉例而言，通常電壓放大器的高輸入電阻可以變得更高，而它的通常很低的輸出電阻也可以變得更低。再說，有反饋的放大器的轉換增益 A_f 可以變得穩定而不怕電晶體的 h 或混合 π 參數的變化。適當地利用負反饋的另一重要優點是頻率響應方面的改進，以及和沒有反饋的放大器比起來，反饋放大器的操作要線型化得多。

另外應當指出的是上面所說的各項優點是要犧牲有反饋時的增益 A_f 而得到的，A_f 和沒有反饋時放大器的轉換增益 A 比起來要低些。

在圖 13−6 中的任何一種輸出接法可以和圖 13−7 中的任何一種輸入接法合起來而形成圖 13−5 的反饋放大器。然後，將每一個有功元件換成小信號模型，再寫出克希荷夫的迴路或節點方程式，就可以進行反饋放大器的分析了。不過這樣做就沒有明顯地指出反饋的主要特性。

作爲強調反饋的益處的一種分析方法的第一步，可先設想一個一般化的反饋放大器。圖 13−8 中的基本放大器可以是一個電壓、互導、電流或互阻放大器，連接成反饋方式，如圖 13-9 所示。這圖中所示的四種形態被稱為(a)電壓串聯反饋（Voltage-series feedback）或節點－迴路反饋（Node-loop feedback），(b)電流串聯反饋（Current-series feedback）或迴路－迴路反饋（Loop-loop feedback），(c)電流並聯反饋（Current-shunt feedback）或迴路－節點反饋，(d)電壓並聯反饋（Voltage-shunt feedback）或節點－節點反饋。在圖 13-9 中電源電阻 R_S 被當作放大器的一部份，同時轉換增益 A（A_V，G_M，A_I，R_M）包括 β 網路（以及 R_L）對放大器的加載作用在內。輸入信號 X_s，輸出信號 X_o，反饋信號 X_f，以及差額信號 X_d 每一個都代表一項電流或一項電壓。

圖 13-8　單迴路反饋放大器的概圖

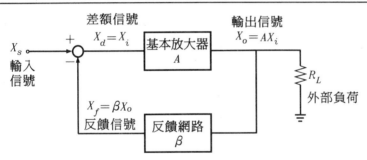

圖 13-8 中用圓圈來指示的符號代表混合或比較網路，它的輸出是輸入之和，並將每輸入處的符號包括在內的。因此，

$$X_d = X_s - X_f = X_i \qquad\qquad (13-1)$$

由於 X_d 代表外加信號與送回輸入處的信號間的差別，X_d 就被稱為差額（Difference）、誤差（Error）、或比較（Comparison）信號（Signal）。

反向輸送因數 β 的定義是

$$\beta \equiv \frac{X_f}{X_o} \qquad\qquad (13-2)$$

圖 13-9 反饋放大器的形態。電源電阻被當作放大器的一部份。(a)
電壓串聯反饋的電壓放大器，(b)電流串聯反饋的互導放大
器，(c)電流並聯反饋的電流放大器，(d)電壓並聯反饋的互
阻放大器

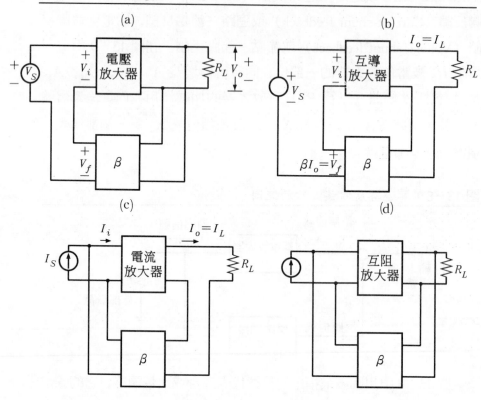

β 這因數往往是一個正或負的實數，但是一般說來，β 是信號頻率的
一個複函數。(這記號不要與共射極短路電流增益中用的符號 β 相混)
X_o 可以是輸出電壓或輸出（負荷）電流。

轉換增益 A 的定義是

$$A \equiv \frac{X_o}{X_i} \tag{13-3}$$

將 (13-1) 及 (13-2) 二式代入 (13-3) 式中我們就得到有反饋

時的增益 A_f 爲

$$A_f \equiv \frac{X_o}{X_f} = \frac{A}{1 + \beta A} \qquad (13-4)$$

(13−3) 式及 (13−4) 式中的 A 代表沒有反饋時同一放大器的轉換增益。從 (13−4) 式的基本關係開始推出反饋的許多優點。

如果 $|A_f| < |A|$，反饋就被稱爲負的（Negative）或衰退式的（Degenerative）。如果 $|A_f| > |A|$，反饋就被稱正的（Positive）或再生式的（Regenerative）。由 (13−4) 式可以看出來在負的反饋時，有反饋的基本理想放大器的增益被除了 $|1 + \beta A|$，其值是大於 1 的。

三、迴路增益

在圖 13−8 中的信號 X_d 在經過放大器時被乘了 A，在經由反饋網路輸送時又被乘了 β，在混合或差額網路中又再被乘了一個 −1。這條路線帶著我們自輸入端繞著由放大器與反饋網路組成的迴路回到輸入處； $-\beta A$ 這項乘積被稱爲迴路增益（Loop gain）或回歸比（Return ratio）。1 和這迴路增益間的差額被稱爲回歸差（Return difference） $D = 1 + \beta A$。同時引到這放大器中的反饋量，常常是依下述定義以分貝來表示的：

$$N = 反饋的分貝數 = 20\log \left| \frac{A_f}{A} \right| = 20\log \left| \frac{1}{1 + \beta A} \right| \quad (13-5)$$

如果被考慮的是負的反饋，N 就將是一個負數。

爲了要讓 (13−4) 式成立，同時令輸入和輸出電阻的式子有效起見，圖 13−8 的反饋網路必須要滿足三個條件：

㈠輸入信號是經過放大器 A 而不是經過 β 網路傳送到輸出的。換句話說，如果 A 變得不作用的話（將電晶體的 h_{fE} 或 g_m 降爲 0 而使 $A = 0$），輸出信號就必須降爲零。

這第一項假設也就等於說這系統必須使 β 方塊成爲單向的，以免將信號自輸入送到輸出去。這條件常常不能被正確地滿足，因爲 β 是一個被動的二向網路。不過，就實用的反饋接法而言是近似地成立的，這一點在我們所考慮的每一種反饋放大器中都將予以證實。

㈡反饋信號是從輸出經過 β 方塊而不是經過放大器被送到輸入處的。換句話說，基本放大器是單向地自輸入到輸出的，反方向的傳送是零，圖 13–1 到圖 13–4 中的放大器均滿足這種單向條件（例如電晶體 $h_{rE} \neq 0$ 的話，在低頻下電晶體放大器就不是這樣了）。

㈢反饋網路的反向輸送因數 β 是與負荷電阻 R_L 和電源電阻 R_S 無關的。

13–2　反饋放大器之特性

既然負反饋會使轉換增益降低，又爲什麼要用它呢？答案是犧牲了增益之後可以換回許多有益的特性。我們現在就要查看一些負反饋的優點。

反饋信號是與外加信號並聯地回到輸入去的負反饋（不論反饋是取自輸出的電流或電壓的）會使輸入電阻降低。因爲 $I_i = I_S - I_f$（見 (13–1) 式），所以電流 I_i（就一定的 I_S 值而言）將比沒有反饋電流時的小。於是 $R_{if} \equiv \dfrac{V_i}{I_S} = \dfrac{I_i R_i}{I_S}$（圖 13–11）就由於這型的反饋而降低了。在下面將爲這種形態證明 $R_{if} = \dfrac{R_i}{1 + \beta A} = \dfrac{R_i}{D}$。

表 13–1 總結了四種負反饋組態的特性：串聯比較時，$R_{if} > R_i$；並聯混合時，$R_{if} < R_i$。

由於電路元件及雙載子電晶體或場效電晶體的特性的老舊、溫度、以及更換等所引起的變化，會反應在放大器轉換增益的缺乏穩定性上，以有反饋時放大率上變化的分數除以沒有反饋時變化的分數被稱爲轉換增益的靈敏度（Sensitivity），如果對（13–4）式對 A 微分

表 13-1　員反饋對於放大器特性影響

	反　　　　饋　　　　類　　　　型			
	電 壓 串 聯	電 流 串 聯	電 流 並 聯	電 壓 並 聯
參　　　　考	圖 13－9(a)	圖 13－9(b)	圖 13－9(c)	圖 13－9(d)
R_{of}	降	增	增	降
R_{if}	增	增	降	降
特性上改進	電壓放大器	互導放大器	電流放大器	互阻放大器
穩　定　了	A_{Vf}	G_{Mf}	A_{If}	R_{Mf}
頻　帶　寬	增	增	增	增
非線型失真	減	減	減	減

的話，結果所得方程式的絕對值是

$$\left| \frac{dA_f}{A_f} \right| = \frac{1}{|1 + \beta A|} \left| \frac{dA}{A} \right|$$

所以靈敏度是 $\frac{1}{|1 + \beta A|}$。舉例而言，如果靈敏度是 0.1，有反饋時增益改變的百分率是沒有反饋存在時放大率的百分變化的十分之一。靈敏度的倒數被稱為不敏度（Desensitivity）D，或者說，

$$D \equiv 1 + \beta A$$

當反饋被加上去時，無反饋時增益改變的分數就被除以不敏度 D（不敏度是回歸差(Return difference)的別名），反饋的份量是 $-20\log D$，對於一個有 20 分貝負反饋的放大器而言 $D = 10$，所以，舉例而言，沒有反饋時增益上百分之五的改變在用了反饋後就降為百分之 0.5 的變化。依照 (13-4) 式加了反饋之後增益就被除了不敏度，因此

$$A_f = \frac{A}{D} \qquad\qquad (13-8)$$

尤其當 $|\beta A| \gg 1$ 的時候

$$A_f = \frac{A}{1 + \beta A} \doteq \frac{A}{\beta A} = \frac{1}{\beta} \tag{13-9}$$

增益就可以變得完全只依反饋網路而定了。通常，對穩定性妨礙最大的是用到的有功元件（電晶體）。如果反饋網路中含有穩定的被動元件的話，對於穩定性的改進可能相當大。

由於 A 可代表 A_V、G_M、A_I 或 R_M 中的任何一個，A_f 就代表相當的有反饋的轉換增益：A_{Vf}、G_{Mf}、A_{If} 或 R_{Mf} 之一，依電路組態會決定那一種轉換比是穩定的。譬如說就電壓串聯的反饋而言，（13－9）式指出 $A_{Vf} \doteq \frac{1}{\beta}$，因此被穩定的是電壓增益。至於在電流串聯的反饋中（13－9）式是 $G_{Mf} \doteq \frac{1}{\beta}$，所以就這種組態而言則是互導增益被變得不敏感了。同樣地，依照（13－9）式，在電流並聯的反饋中電流增益被穩定了（$A_{If} \doteq \frac{1}{\beta}$），而在電壓並聯的反饋中變得不敏感的則爲互阻（$R_{Mf} \doteq \frac{1}{\beta}$）。

反饋被用來改進穩定性的原則如下：假定需要一個增益爲 A_1 的放大器。我們從建造一個增益爲 $A_2 = DA_1$ 的放大器開始，其中 D 是一個相當大的數目。現在引入反饋而使增益被除以 D，穩定性也會被增進同一倍數 D，因爲增益和不穩定性都被除以不敏度 D。如果增益爲 A_2 的放大器的不穩定性不比沒有反饋時增益爲 A_1 的放大器的不穩定性高很多的話，這步驟將很有用的。在實用上常常發現放大器的增益可以被提高很多，卻不至於損失相當多的穩定性。舉例而言，一個電晶體的電壓增益可以藉著加大集極電阻 R_C 而提高。

如果反饋信號是與外加的電壓串聯地回到輸入去的（不論反饋是取自輸出電流或電壓），它就會增高輸入電阻。由於反饋電壓 V_f 與 V_S 相反，輸入電流 I_i 就比沒有 V_f 時小。所以有反饋的輸入電壓

$R_{if} \equiv \dfrac{V_S}{I_i}$ （圖 13－10）就比沒有反饋時的輸入電阻 R_i 大，下面將爲這種形態證明 $R_{if} = R_i(1 + \beta A) = R_i D$。

圖 13－10　用來計算輸入和輸出電阻的電壓串聯反饋電路

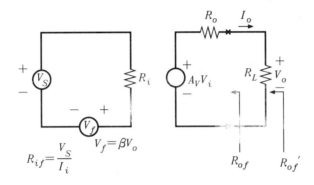

$R_{if} = \dfrac{V_S}{I_i}$　　$V_f = \beta V_o$

(一)電壓串聯反饋

我們現在要從量方面求出 R_{if} 來。圖 13－9(a)的形態就畫在圖 13－10 中，其中的放大器被換成了戴維寧等效模型。在這電路中 A_v 代表將 R_S 包括在內的斷路電壓增益。由於在全部對反饋放大器的討論中我們將 R_S 當作放大器的一部份看待，我們就可以省掉轉換增益和輸入阻抗上的腳註 S 了（A_v 而不必 A_{vS}，R_i 而不用 R_{iS}，R_{if} 而非 R_{ifS}，G_m 而不是 G_{mS}），諸如此類。根據圖 13－10 有反饋時的輸入阻抗是 $R_{if} = \dfrac{V_S}{I_i}$，同時

$$V_S = I_i R_i + V_f = I_i R_i + \beta V_o \tag{13－10}$$

以及

$$V_o = \frac{A_v V_i R_L}{R_o + R_L} = A_V I_i R_i \tag{13－11}$$

其中

$$A_V \equiv \frac{V_o}{V_i} = \frac{A_v R_L}{R_o + R_L} \tag{13－12}$$

根據 (13-10) 和 (13-11) 二式

$$R_{if} = \frac{V_S}{I_i} = R_i(1 + \beta A_V) \qquad (13-13)$$

當 A_v 代表的是沒有反饋時的斷路電壓增益時，(13-12) 式指出 A_V 是將負荷 R_L 包括在內的沒有反饋的電壓增益。所以

$$A_v = \lim_{R_L \to \infty} A_V \qquad (13-14)$$

㈡電流串聯反饋

依照類似的方法可以爲圖 13-9(b)的形態求得

$$R_{if} = R_i(1 + \beta G_M) \qquad (13-15)$$

其中

$$G_m = \lim_{R_L \to 0} G_M \qquad (13-16)$$

同時

$$G_M \equiv \frac{I_o}{V_i} = \frac{G_m R_o}{R_o + R_L} \qquad (13-17)$$

注意：G_m 是短路互導而 G_M 則是將負荷包括在內而沒有反饋的互導。

注意：(13-13) 和 (13-15) 二式證實，對串聯混合而言 $R_{if} > R_i$。

㈢電流並聯反饋

圖 13-9(c)的形態被畫在圖 13-11 中，其中的放大器被換成了它的諾頓型。在這電路中 A_I 代表將 R_S 包括在內的短路電流增益。根據圖 13-11

$$I_S = I_i + I_f = I_i + \beta I_o \qquad (13-18)$$

同時

$$I_o = \frac{A_i R_o I_i}{R_o + R_L} = A_I I_i \qquad (13-19)$$

其中

$$A_I \equiv \frac{I_o}{I_i} = \frac{A_i R_o}{R_o + R_L} \qquad (13-20)$$

圖 13-11　用來計算輸入和輸出電阻的電流並聯反饋電路

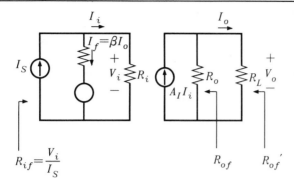

根據 (13-18) 和 (13-19) 二式

$$I_S = (1 + \beta A_I)I_i \qquad (13-21)$$

依照圖 13-11，$R_{if} = \dfrac{V_i}{I_S}$ 而 $R_i = \dfrac{V_i}{I_i}$，利用 (13-21) 式得到

$$R_{if} = \frac{V_i}{(1 + \beta A_I)I_i} = \frac{R_i}{1 + \beta A_I} \qquad (13-22)$$

這裏 A_i 代表是短路電流增益，而 (13-20) 式指出 A_I 是將負荷 R_L 包括在內的沒有反饋時的電流增益。所以

$$A_i = \lim_{R_L \to 0} A_I \qquad (13-23)$$

㈣電壓並聯反饋

依照類似的方法可以爲圖 13-9(d)的形態求得

$$R_{if} = \frac{R_i}{1 + \beta R_M} \qquad (13-24)$$

其中

$$R_M \equiv \frac{V_o}{I_i} = \frac{R_m R_L}{R_o + R_L} \qquad (13-25)$$

R_m 是斷路互阻，而 R_M 則是沒有反饋時將負荷包括在內的互阻。

所以

$$R_m = \lim_{R_L \to \infty} R_M \qquad (13-26)$$

輸出電阻

(一)電壓串聯反饋

我們現在要從量方面來求出 R_L 拆開後自輸出端看進去的有反饋時的電阻 R_{of}，在求 R_{of} 時我們必須將外來的信號移去（令 $V_S = 0$ 或 $I_S = 0$）。令 $R_L = \infty$，在輸出端上加一個電壓 V 而計算由 V 送出來的電流 I_o，於是 $R_{of} \equiv \dfrac{V}{I_o}$，根據圖 13-10 我們得到

$$I = \frac{V - A_v V_i}{R_o} = \frac{V + \beta A_v V}{R_o}$$

這是因爲當 $V_S = 0$ 時 $V_i = -V_f = -\beta V$，所以

$$R_{of} \equiv \frac{V}{I} = \frac{R_o}{1 + \beta A_v}$$

R_o 被除了不敏因數 $1 + \beta A_v$，其中包括了斷路電壓增益 A_v（而非 A_V）。

R_L 當作放大器的一部份時，有反饋的輸出電阻 $R_{of}{}'$ 是 R_{of} 與 R_L 的並聯，或者

$$R_{of}{}' = \frac{R_{of} R_L}{R_{of} + R_L} = \frac{R_o R_L}{1 + \beta A_v} \frac{1}{\dfrac{R_o}{1 + \beta A_v} + R_L}$$

$$= \frac{R_o R_L}{R_o + R_L + \beta A_v R_L} = \frac{\dfrac{R_o R_L}{R_o + R_L}}{1 + \dfrac{\beta A_v R_L}{R_o + R_L}} \tag{13-27}$$

由於 $R_o{}' = R_o /\!/ R_L$ 是沒有反饋但是將 R_L 當作放大器一部份時的輸出電阻，利用 (13-12) 式來聯繫 A_v 和 A_V 就可得到

$$R_{of}{}' = \frac{R_o{}'}{1 + \beta A_V}$$

現在 $R_o{}'$ 被除了不敏因數 $1 + \beta A_V$，其中包括了將 R_L 包括在內的電壓增益 A_V。

(二)電壓並聯反饋

依上述方法我們得到

$$R_{of} = \frac{R_o}{1 + \beta R_m} \text{ 和 } R_{of}{}' = \frac{R_o{}'}{1 + \beta R_M}$$

㈢電流並聯反饋

依據圖 13－11 可得到

$$I = \frac{V}{A} - A_i I_i$$

當 $I_S = 0$ 時

$$I_i = -I_f = -\beta I_o = +\beta I_o$$

$$I = \frac{V}{R_o} - \beta A_i I$$

$$R_{of} = \frac{V}{I} = R_o(1 + \beta A_i)$$

R_o 被乘上了不敏因數 $1 + \beta A_i$，其中含有短路電流 A_i（而非 A_I）。

　　將 R_L 當作放大器的一部份時輸出電阻 $R_{of}{}'$ 並不是由 $R_o{}'(1 + \beta A_I)$ 來表示的。我們現在要求出 $R_{of}{}'$ 的正確公式來。

$$R_{of}{}' = \frac{R_{of}R_L}{R_{of} + R_L} = \frac{R_o(1 + \beta A_i)R_L}{R_o(1 + \beta A_i) + R_L}$$

$$= \frac{R_o R_L(1 + \beta A_i)}{(R_o + R_L)\left[1 + \dfrac{\beta A_i R_o}{R_o + R_L}\right]}$$

利用（13－20）式並令 $R_o{}' = R_o /\!/ R_L$，我們得到

$$R_{of}{}' = R_o{}' \frac{1 + \beta A_i}{1 + \beta A_I} \tag{13 - 28}$$

當 $R_L = \infty$ 時，$A_I = 0$ 同時 $R_o{}' = R_o$，於是（13－28）式就變爲

$$R_{of}{}' = R_o(1 + \beta A_i) = R_{of}$$

㈣電流串聯反饋

　　像上述所說地進行，我們可以得到

$$R_{of} = R_o(1 + \beta G_m)$$

及

$$R_{of}' = R_o' \frac{1 + \beta G_m}{1 + \beta G_M} \qquad (13-29)$$

（13-28）和（13-29）二式證實了就電流抽樣而言，$R_{of} > R_o$。

13-3 反饋放大器之分析方法

分析反饋放大器電路的方法如下：

(一)確定電路的反饋型態與下列特性：

  1.反饋信號 X_f 為電壓或電流？亦即 X_f 與外加輸入信號 X_s 成串聯或並聯？

  2.取樣的信號 X_o 是電壓還是電流？亦即取樣信號是取自輸出節點還是輸出迴路？

(二)描繪沒有反饋但包括 β 網路的負載在內的基本放大電路。其規則如下：

  1.輸入電路的求法：

    (1)若放大器為電壓反饋（亦即電壓取樣）時，則令輸出電壓為零（即 $V_o = 0$），換言之，使輸出節點加以短路，以去除反饋電壓對輸入的影響。

    (2)若放大器為電流反饋（亦即電流取樣）時，則令輸出電流 I_o 為零（即 $I_o = 0$），換言之，使輸出迴路加以斷路，以去除反饋電壓對輸入的影響。

  2.輸出電路的求法：

    (1)若放大器的反饋是並聯比較時，則令輸入電壓 V_i 為零（即 $V_i = 0$），換言之，使輸入節點加以短路，以去除反饋電流的輸入。

    (2)若放大器的反饋是串聯比較時，則令輸入電流 I_i 為零（即

$I_i = 0$），換言之，使輸入迴路斷路，以去除反饋電壓的輸入。

若 X_f 為電壓,則利用戴維寧電源;若 X_f 為電流，則利用諾頓電源。

㈢由第二步驟所得的電路上指明 X_f 和 X_o，並求 $\beta = \dfrac{X_f}{X_o}$。

㈣在放大器等效電路中應用 KVL 及 KCL 求放大器無反饋的增益 A。

㈤由第三及第四步驟所求得之 β 及 A 值，再依次求出 D、A_f、R_{if}、R_{of} 和 R_{of}' 值。

13-4　電壓串聯反饋之電路分析

電壓串聯負反饋是指放大器的輸出電壓比例經反饋網路與輸入信號電壓串聯饋入放大器的輸入端。如圖 13-12 所示為電壓串聯負反饋等效電路。

依據圖 13-12 所示，我們可以寫出輸入及輸出迴路的方程式如下：

$$V_S = I_i R_i + V_f = I_i R_i + \beta V_o \qquad (13-30)$$

$$V_o = (A_V V_i) \times \frac{R_L}{R_o + R_L} = A_V I_i R_i \qquad (13-31)$$

其中 A_V 定義為

$$A_V \equiv \frac{V_o}{V_i} = \frac{A_v R_L}{R_o + R_L}$$

由 (13-30) 式及 (13-31) 式，可得輸入電阻 R_{if} 為

$$R_{if} = \frac{V_S}{I_i} = \frac{I_i R_i + \beta V_o}{I_i} = \frac{I_i R_i + \beta(A_V I_i R_i)}{I_i} = R_i(1 + \beta A_V)$$

因此電壓增益 A_{Vf} 可以寫為：

$$A_{Vf} = \frac{V_o}{V_f} = \frac{A_V \cdot I_i R_i}{I_i R_i + \beta V_o} = \frac{A_V}{1 + \beta A_V}$$

圖 13-12　電壓串聯負反饋等效電路

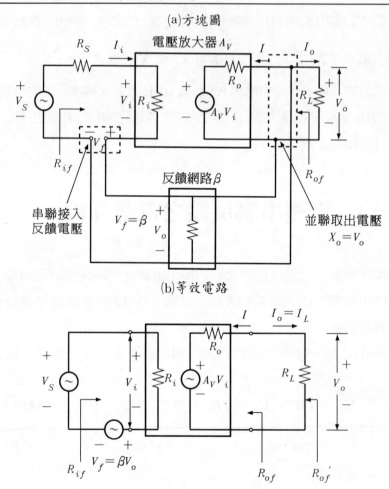

(a)方塊圖

(b)等效電路

若令獨立電壓源 V_S 短路, 即 $V_S = 0$, 則由輸出端看放大器時的輸出

電流 I 可以寫爲 $I = \dfrac{V_o - A_V V_i}{R_o}$, 其中 $V_i = -V_f = -\beta V_o$, 故不包含

負載 R_L 的輸出電阻 R_{of} 爲：

$$R_{of} = \frac{V_o}{I} = \frac{V_o}{\dfrac{V_o - A_V V_i}{R_o}} = \frac{V_o}{\dfrac{V_o + \beta A_V V_o}{R_o}}$$

$$= \frac{R_o}{1 + \beta A_v}(未含 R_L)$$

而包含負載電阻 R_L 的輸出電阻 R_{of} 等於 $R_{of}{}' // R_L$，即

$$R_{of}{}' = R_{of} // R_L = \frac{R_{of}R_L}{R_{of} + R_L} = \frac{\dfrac{R_oR_L}{1 + \beta A_v}}{\dfrac{R_o}{1 + \beta A_v} + R_L}$$

$$= \frac{R_oR_L}{R_o + R_L + \beta A_v R_L} = \frac{\dfrac{R_oR_L}{R_o + R_L}}{1 + \dfrac{\beta A_v R_L}{R_o + R_L}} = \frac{R_o{}'}{1 + \beta A_v}$$

式中：$R_o{}' \equiv R_o // R_L = \dfrac{R_o \cdot R_L}{R_o + R_L}$，同時 $A_V = \dfrac{A_v \cdot R_L}{R_o + R_L}$

　　依據以上的分析可知，電壓串聯反饋的輸入電阻會增加，而輸出電阻會減小。

一、單級電壓串聯負反饋電路

㈠電晶體電路

　　如圖 13－13(a)所示爲單級電晶體電壓串聯負反饋電路，亦爲電晶體射極隨耦器。

1.反饋網路與元件：由射極 E 經 R_E 到接地端，反饋元件爲射極電阻 R_E。

2.反饋型式：取樣信號爲 R_E 上的輸出電壓 V_o，經反饋網路 R_E 兩端得到反饋信號 V_f 與輸入信號 V_S 串接，故此電路是屬於電壓串聯反饋型態。

3.繪出沒有反饋的放大電路：

⑴繪輸入電路時令輸出端短路，即 $V_o = 0$，所以 V_S 與 R_S 串聯跨於 B 和 E 兩端之間。

⑵繪輸出電路時令輸入端開路，即 $I_i = I_B = 0$，因此 R_E 僅出

現在輸出迴路中。

4.反饋量分析：

(1)因 R_E 兩端具 100% 的負反饋，即 $V_f = V_o$。

$$\therefore \beta \equiv \frac{X_f}{X_o} = \frac{V_f}{V_o} = 1$$

(2)沒有反饋的電壓增益 A_V 為：

$$A_V = \frac{V_o}{V_i} = \frac{V_o}{V_S} = \frac{h_{fE}I_B R_E}{I_o(R_S + h_{fE})} = \frac{h_{fE} \cdot R_E}{R_S + h_{iE}}$$

$$(3)D = 1 + \beta A_V = 1 + 1 \times \frac{h_{fE} \cdot R_E}{R_S + h_{iE}} = \frac{R_S + h_{iE} + h_{fE} \cdot R_E}{R_S + h_{iE}}$$

$$(4)A_{Vf} = \frac{A_V}{D} = \frac{h_{fE} \cdot R_E}{R_S + h_{iE} + h_{fE} \cdot R_E}$$

圖 13-13　單級電晶體電壓串聯員反饋電路

(a)射極隨耦器 　　　　(b)沒有反饋但包含 R_E 的放大電路

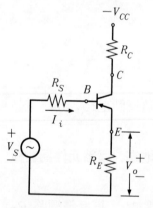
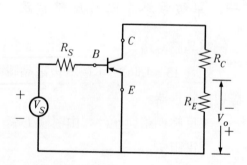

(c)低頻近似參數模型

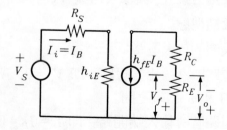

當 $h_{fE}R_E \gg (R_S + h_{iE})$ 時 $A_{Vf} \doteqdot 1$，此即為射極隨耦器的增益。

(5)沒有反饋時的輸入電阻：

$$R_i = R_S + h_{iE}$$

有反饋時：

$$R_{if} = R_i(1 + \beta A) = R_i \cdot D$$

$$= (R_S + h_{iE})\frac{R_S + h_{iE} + h_{fE} \cdot R_E}{R_S + h_{iE}} = R_S + h_{iE} + h_{fE} \cdot R_E$$

(6)沒有反饋時，由圖 13－13(c)等效電路的輸出電阻 $R_o{}'$ 為無限大。當接成負反饋時，因與 R_E 並聯得輸出電阻為：

$$R_o = R_E \mathbin{/\!\!/} R_o{}' = R_E \mathbin{/\!\!/} \infty \doteqdot R_E，且 \beta = 1$$

故有反饋時的輸出電阻為：

$$R_{of} = \frac{R_o}{D} = \frac{R_o}{1 + \beta A_V} \doteqdot \frac{R_o}{\beta A_V} \doteqdot \frac{R_o}{A_V} = \frac{R_E}{\dfrac{h_{fE} \cdot R_E}{R_S + h_{iE}}} = \frac{R_S + h_{iE}}{h_{fE}}$$

(二)場效電晶體（FET）電路

圖 13－14(a)所示為 FET 源極隨耦器電路。茲將電路分析如下：

1.電路反饋型態：因為取樣的信號是 R_S 上的輸出電壓 V_o，而反饋則為 R_S 上的電壓 V_f，且與輸入迴路相串聯；故此電路為電壓串聯反饋型態。

2.繪出沒有反饋的放大電路：

(1)繪輸入電路時令輸出端短路，即 $V_S = 0$，所以 V_S 直接呈現在閘極（G）與源極（S）。

(2)繪輸出電路時令輸入端開路，即 $I_i = 0$，所以 R_S 只出現在輸出迴路中。

由(1)和(2)項繪出如圖 13－14(b)所示的電路。

3.當場效電晶體以其低頻等效模型取代時，可得圖 13－14(c)所示的電路。

圖 13－14 單級 FET 放大器的電壓串聯負反饋電路

(a)源極隨耦器電路　　　　　　　(b)沒有反饋的基本放大器

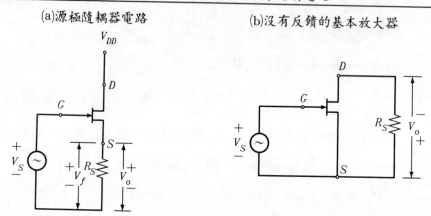

(c)小信號低頻電路模型

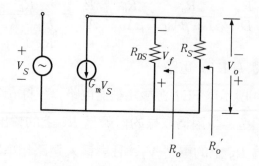

4.反饋量分析：

(1)由圖 13－14(a)所示可知，R_E 兩端具 100％的負反饋，得 $V_f = V_o$，所以 $\beta \equiv \dfrac{V_f}{V_o} = 1$。

(2)沒有反饋的電壓增益 A_V 為：

$$A_V = \frac{V_o}{V_i} = \frac{V_o}{V_S} = G_m(R_{DS} /\!/ R_S) = \frac{G_m R_{DS} R_S}{R_{DS} + R_S} = \frac{\mu R_S}{R_{DS} + R_S}$$

其中 $\mu = G_m R_{DS}$

$(3)D \equiv 1 + \beta A_V = 1 + \dfrac{\mu R_S}{R_{DS} + R_S} = \dfrac{R_{DS} + (1 + \mu)R_S}{R_{DS} + R_S}$

$A_{Vf} = \dfrac{A_V}{D} = \dfrac{\mu R_S}{R_{DS} + R_S} \cdot \dfrac{R_{DS} + R_S}{R_{DS} + (1 + \mu)R_S} = \dfrac{\mu R_S}{R_{DS} + (1 + \mu)R_S}$

(4)因 $R_i = \infty$ （場效電晶體），所以 $R_{if} \to \infty$。

$(5)R_o = R_{DS}$，而 $A_v = \lim\limits_{R_S \to \infty} A_V = \mu$，所以

$R_{of} = \dfrac{R_o}{1 + \beta A_V} = \dfrac{R_{DS}}{1 + \mu}$

因 $R_o{}' = R_o // R_S = \dfrac{R_{DS} \cdot R_S}{R_{DS} + R_S}$，所以

$R_{of}{}' = \dfrac{R_o{}'}{D} = \dfrac{R_{DS} \cdot R_S}{R_{DS} + R_S} \cdot \dfrac{R_{DS} + R_S}{R_{DS} + (1 + \mu)R_S} = \dfrac{R_{DS} \cdot R_S}{R_{DS} + (1 + \mu)R_S}$

另外如圖 13－15(a)所示為 FET 共源極放大電路，其電容作用忽略不計，則電路分析如下：

1. 電路反饋型態：由於反饋信號 V_f 係取自部份的輸出電壓 V_o 並與輸入成串接，所以電路屬於電壓串聯反饋型態。

2. 繪出沒有反饋的基本放大器：應用前述規則可繪得如圖 13－15 (b)所示電路，再以 FET 的低頻模型取代後，可得圖 13－15(c) 所示的等效電路。

3. 反饋量分析：

(1)因 $V_f = -V_o \times \dfrac{R_1}{R_1 + R_2} = \beta V_o$，所以 $\beta = -\dfrac{R_1}{R_1 + R_2}$

(2)由圖 13－15(c)得：

$A_V = \dfrac{V_o}{V_i} = -G_m(R_{DS} // R_L)$

$= -\left(\dfrac{\mu}{R_{DS}}\right)\left(\dfrac{R_{DS} \cdot R_L}{R_{DS} + R_L}\right) = -\dfrac{\mu R_L}{R_{DS} + R_S}$

式中 $R_L = R_D // R_o // (R_1 + R_2)$

圖 13-15 FET 共源極放大器電壓串聯反饋電路

(a)FET 共源極放大電路

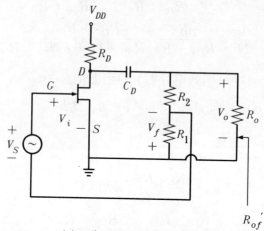

(b)沒有反饋的放大電路

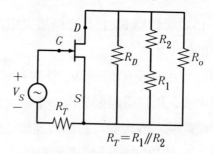

$R_T = R_1 /\!/ R_2$

(c)小信號低頻等效電路

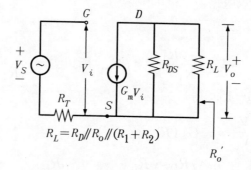

$R_L = R_D /\!/ R_o /\!/ (R_1 + R_2)$

$$(3)D \equiv 1 + \beta A_V = 1 + \left(-\frac{R_1}{R_1 + R_2} \right)\left(-\frac{\mu R_L}{R_{DS} + R_L} \right)$$

$$= \frac{(R_1 + R_2)(R_{DS} + R_L) + \mu R_1 R_L}{(R_1 + R_2)(R_{DS} + R_L)}$$

$$(4)A_{Vf} = \frac{A_V}{D} = \frac{-\mu R_L (R_1 + R_2)}{(R_1 + R_2)(R_{DS} + R_L) + \mu R_1 R_L}$$

$$= \frac{-\mu R_L}{(R_{DS} + R_L) + \dfrac{\mu R_1 R_L}{R_1 + R_2}}$$

(5)因 $R_o' = R_{DS} // R_L = \dfrac{R_{DS} R_L}{R_{DS} + R_L}$，所以

$$R_{of}' = \frac{R_o'}{D} = \frac{R_{DS} R_L}{R_{DS} + R_L} \times \frac{(R_1 + R_2)(R_{DS} + R_L)}{(R_1 + R_2)(R_{DS} + R_L) + \mu R_1 R_L}$$

二、串級電壓串聯負反饋電路

㈠反饋網路與元件

　　如圖 13 − 16(c)所示虛線方框爲反饋網路，由第二級之集極輸出信號 V_o 經反饋元件（R_1、R_2）串接饋入第一級之射極，與第一級之基－射極間之輸入信號成反相，故爲負反饋。

㈡反饋型式

　　取樣信號爲輸出端之電壓 V_o，經 C_6。R_2、R_1 分壓得反饋信號 V_f 接入電晶體 Q_1 之射極，並與輸入信號 V_S 串聯，故此電路爲兩級電壓串聯負反饋典型。

㈢簡化電路

　　沒有反饋時的放大電路繪法：

　　1.繪輸入電路時令輸出端短路，即 $V_o = 0$，所以 R_1 與 R_2 並聯。

　　2.繪輸出電路時令輸入端開路，即 $I' = 0$，因此 R_1 與 R_2 串聯。

　　依此規則可繪出如圖 13 − 16(b)所示等效電路。

㈣反饋量分析

圖 13-16　串級電壓串聯員反饋電路

(a)方塊圖

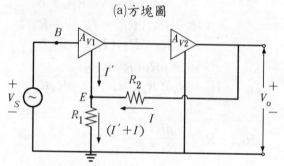

(b)等效電路，沒有外加反饋但包括 R_2 員載

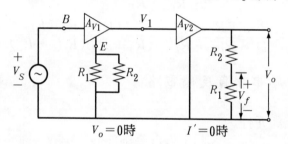

(c)實際電路

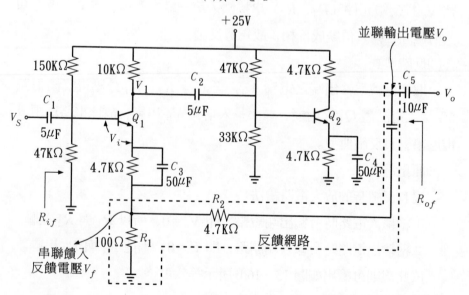

1.反饋因數 β：

由於輸出電壓 V_o 經 R_1、R_2 分壓，在 R_1 上得反饋電壓 V_f 串接輸入迴路，故

$$V_f = V_o \times \frac{R_1}{R_1 + R_2}$$

$$\therefore \beta = \frac{V_f}{V_o} = \frac{R_1}{R_1 + R_2}$$

2.沒有反饋時之兩級放大器總增益 $A_V = A_{V1} \cdot A_{V2}$的數值很大，故反饋增益將為：

$$A_{Vf} = \frac{A_V}{D} = \frac{A_V}{1 + \beta A_V} \div \frac{1}{\beta} = \frac{R_1 + R_2}{R_1}$$

3.有反饋的輸入電阻將為：

$$R_{if} = R_i(1 + \beta A_V)$$

4.有反饋的輸出電阻將為：

$$R_{of} = \frac{R_o}{1 + \beta A_V}$$

13－5　電壓並聯反饋之電路分析

電壓並聯負反饋是指放大器的輸出電壓成比例經反饋網路與輸入信號並聯饋入放大器的輸入端。如圖 13－17 所示為電壓並聯負反饋等效電路。

㈠求輸入電阻

依據圖 13－17(b)所示等效電路，可得輸入與輸出迴路方程式可寫為：

$$I_S = I_i + I_f = I_i + \beta V_o \qquad (13-32)$$

圖 13-17　電壓並聯負反饋放大器等效電路

(a)方塊圖

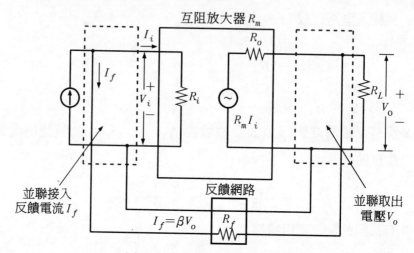

(b)用以計算輸入電阻等效電路

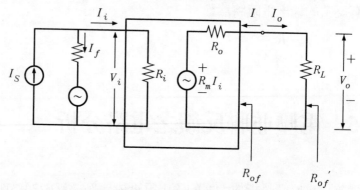

(c)用以計算輸出電阻等效電路

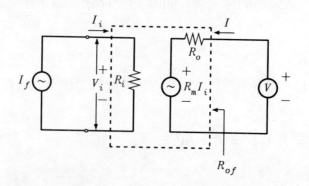

$$V_o = \frac{R_m I_i R_L}{R_o + R_L} = R_M I_i \qquad (13-33)$$

式中 $R_M \equiv \frac{V_o}{I_i} = \frac{R_m \cdot R_L}{R_o + R_L}$，而 $R_m = \lim_{R_L \to \infty} R_M$

　　此處 R_m 代表開路互阻，而 R_M 則表示含 R_L 但沒有反饋時的互阻。

由 (13-32) 式及 (13-33) 式，可得電壓並聯反饋的輸入電阻爲

$$R_{if} = \frac{V_i}{I_S} = \frac{R_i I_i}{I_i + \beta V_o} = \frac{R_i I_i}{I_i + \beta R_M I_i} = \frac{R_i}{1 + \beta R_M}$$

而互阻增益 R_{Mf} 爲：

$$R_{Mf} = \frac{V_o}{I_S} = \frac{R_M}{1 + \beta R_M}$$

　㈡求輸出電阻

　　依圖 13-17(c)所示等效電路，設 $I_S = 0$，$I_i = -I_f = -\beta V_o = -\beta V$，而

$$V = R_o I + R_M I_i = R_o I - R_M \beta V$$

則

$$I = \frac{1}{R_o}(1 + \beta R_M)V \qquad (13-34)$$

由 (13-34) 式，不包含負載 R_L 的輸出電阻 R_{of} 爲：

$$R_{of} = \frac{V}{I} = \frac{R_o}{1 + \beta R_M}$$

而包含負載的輸出電阻 $R_{of}{}'$ 則爲：

$$R_{of}{}' = R_{of} \mathbin{/\mkern-5mu/} R_L = \frac{R_{of} \cdot R_L}{R_{of} + R_L} = \frac{\dfrac{R_o R_L}{R_o + R_L}}{1 + \dfrac{\beta R_m R_L}{R_o + R_L}} = \frac{R_o{}'}{1 + \beta R_M}$$

其中 $R_o{}' = R_o \mathbin{/\mkern-5mu/} R_L$

　　根據以上的推導可得知，電壓並聯反饋可降低輸入電阻及輸出電阻。

　　總而言之，在負反饋放大器的系統中，串聯可提高輸入電阻，並聯可降低輸入電阻；電壓反饋可降低輸出電阻，而電流反饋可提高輸出電阻。

　　圖 13-18 所示爲電晶體集極反饋之電壓並聯負反饋電路，茲分析如下：

㈠反饋網路與元件

　　由集極輸出經 R_f 輸入基極以完成反饋作用，反饋元件爲 R_f。

㈡反饋型式

　　取樣信號是由負載電阻輸出電壓 V_o，經反饋電阻 R_f 得到反饋電流 I_f 與輸入信號成反相並聯，故此電路爲電壓並聯負反饋型態。

㈢簡化電路：繪出沒有反饋的放大電路

　　1.爲求輸入電路：將輸出節點短路，即 $V_o = 0$，因此 R_f 出現於基射極之間。

　　2.爲求輸出電路：將輸入節點短路，即 $V_i = 0$，因此 R_f 也出現在集極對地之間。

　　綜合 1.、2.項繪出沒有反饋但含 R_f 電阻在內的放大器，如圖 13-18(c)。其中令 $R \equiv R_S /\!/ R_f$，而 $R_C' = R_f' /\!/ R_C$。

㈣反饋量分析

　　1.由圖 13-18(a)之電路得知 $V_o \gg V_i$，且相位差 180°（反相）。所以

$$I_f = \frac{V_i - V_o}{R_f} \div \frac{-V_o}{R_f} = \beta V_o$$

反饋因數

$$\beta = \frac{I_f}{V_o} = -\frac{1}{R_f}$$

因爲反饋電流是和輸出電壓成正比的，故此電路爲電壓並聯負反饋型態。

　　2.互阻增益 R_M

圖13－18　電晶體集極反饋之電壓並聯負反饋放大電路

(a)實際電路　　　　　　　　(b)沒有反饋但含 R_L 在內的放大器

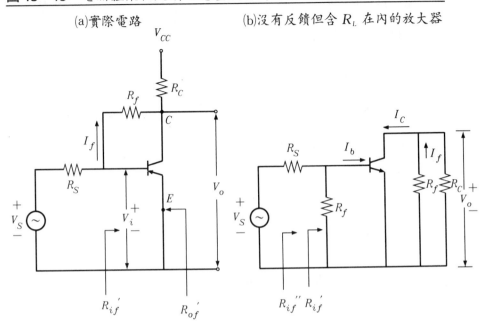

(c)圖(b)中電壓源被換成諾頓等效電路

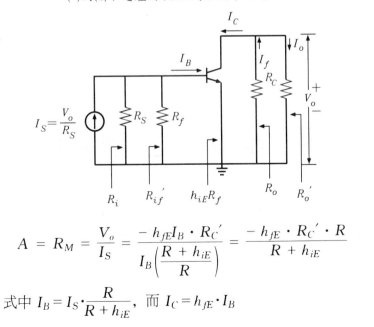

$$A = R_M = \frac{V_o}{I_S} = \frac{-h_{fE}I_B \cdot R_C{}'}{I_B\left(\dfrac{R + h_{iE}}{R}\right)} = \frac{-h_{fE} \cdot R_C{}' \cdot R}{R + h_{iE}}$$

式中 $I_B = I_S \cdot \dfrac{R}{R + h_{iE}}$，而 $I_C = h_{fE} \cdot I_B$

3. $D = 1 + \beta R_M = 1 + \dfrac{h_{fE} R_C' R}{R_f(R + h_{iE})} = \dfrac{R_f(R + h_{iE}) + h_{fE} R_C' R}{R_f(R + h_{iE})}$

4.有負反饋時互阻增益為：

$$R_{Mf} = \frac{R_M}{D} = \frac{- h_{fE} R_C' R R_f}{R_f(R + h_{iE}) + h_{fE} R_C' R}$$

或 $R_{Mf} = \dfrac{R_M}{1 + \beta R_M} \doteqdot \dfrac{1}{\beta} = - R_f \doteqdot \dfrac{V_o}{I_S}$ （設 $\beta R_M \gg 1$ 才能成立）

$(\because I_B \doteqdot 0 \quad \therefore I_f \doteqdot I_S)$

5.由圖 13－18(c)所示可知：

$$R_i = R \;/\!/\; h_{iE} = \frac{R \cdot h_{iE}}{R + h_{iE}}$$

$$R_{if} = \frac{R_i}{D} = \frac{R_i}{1 + \beta R_M}$$

6.$R_o = R_f$，而 $R_o' = R_C \;/\!/\; R_f = R_C'$，則

$$R_{of}' = \frac{R_o'}{D} = \frac{R_o'}{1 + \beta R_M} = \frac{R_C'}{1 + \beta R_M}$$

7.$A_{Vf} = \dfrac{V_o}{V_S} = \dfrac{V_o}{I_S R_S} = \dfrac{R_{Mf}}{R_S} \doteqdot - \dfrac{R_f}{R_S}$

故 R_S 和 R_f 均為穩定的電阻器，則 A_{Vf} 就穩定了。

8.$A_{If} = - \dfrac{I_o}{I_S} = \dfrac{- V_o}{I_S} \cdot \dfrac{1}{R_C} \doteqdot - \dfrac{R_f}{R_C}$

13－6　電流並聯反饋之電路分析

電流並聯負反饋是指放大器的輸出電流成比例經反饋網路與輸入信號成並聯饋入放大器的輸入端。如圖 13－19 所示為電流並聯負反饋等效電路。

㈠求輸入電阻：

依據圖 13－19(b)所示，可寫出輸入及輸出迴路的電路方程式為：

圖 13-19　電流並聯負反饋放大器

(a)方塊圖

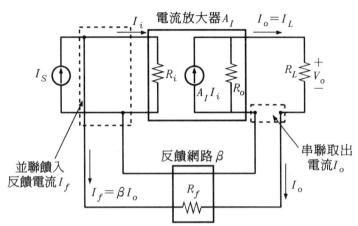

(b)用以計算輸入電阻等效電路

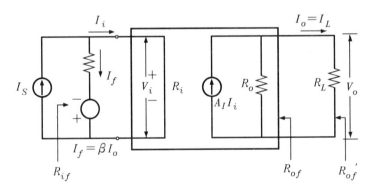

(c)用以計算輸出電阻的等效電路

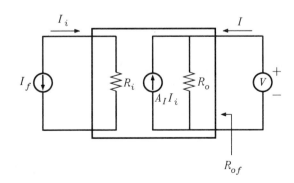

$$I_S = I_i + I_f = I_i + \beta I_o \qquad (13-35)$$

$$I_o = \frac{A_i I_i R_o}{R_o + R_L} = A_I I_i \qquad (13-36)$$

式中 A_i 的定義爲

$$A_I = \frac{I_o}{I_i} = \frac{A_i \cdot R_o}{R_o + R_L}, \ \text{而} \ A_i = \lim_{R_L \to 0} A_I$$

此處 A_i 代表短路電流增益，而 A_I 則表示含 R_L 但沒有反饋時的電流增益。

由 (13-35) 式及 (13-36) 式，電流並聯反饋的電流增益 A_{If} 可寫爲：

$$A_{If} = \frac{I_o}{I_S} = \frac{A_I I_i}{I_i + \beta I_o} = \frac{A_I}{1 + \beta A_I}$$

由於 $I_S = I_i + \beta I_o = I_i + \beta A_I I_i = (1 + \beta A_I) I_i$

同時 $R_i = \dfrac{V_i}{I_i}$，於是，輸入電阻爲：

$$R_{if} \equiv \frac{V_i}{I_S} = \frac{R_i I_i}{I_S} = \frac{R_i}{1 + \beta A_I}$$

㈡求輸出電阻：

欲求 R_{of} 時，需令 $I_S = 0$ 及 $R_L \to \infty$，如此可繪得圖 13-19(c) 所示的電路。由圖 13-19(c) 可得

$$I = \frac{V}{R_o} - A_i I_i = \frac{V}{R_o} - \beta A_i I$$

其中 $I_i = -I_f = -\beta I_o = +\beta I$

$$\therefore I + \beta A_i I = \frac{V}{R_o} \quad 即 (1 + \beta A_i) I = \frac{V}{R_o}$$

所以不含負載 R_L 的輸出電阻爲

$$R_{of} \equiv \frac{V}{I} = R_o (1 + \beta A_i)$$

同理，由圖 13-19(b) 所示，可得含負載的輸出電阻 R_{of}' 爲

$$R_{of}{}' \equiv R_{of} \mathbin{/\!/} R_L = \frac{R_{of} \cdot R_L}{R_{of} + R_L} = \frac{R_o R_L (1 + \beta A_i)}{R_0 + R_L + \beta A_i R_o}$$

$$= \frac{\dfrac{R_o R_L}{R_o + R_L}(1 + \beta A_i)}{1 + \dfrac{\beta A_i R_o}{R_o + R_L}} = R_o{}'\left(\frac{1 + \beta A_i}{1 + \beta A_I}\right)$$

依據以上的推導可知，電流反饋可以降低輸入電阻並且提高輸出電阻。

圖 13－20 所示為二級串接電晶體電流並聯負反饋電路，分析如下：

(一)反饋網路與元件：

由 Q_2 的射極經反饋電阻 R_f 回輸到 Q_1 的基極完成反饋作用。反饋元件是 R_{E2} 及 R_f。

(二)反饋型式：

取樣信號是取自流經 R_{E2} 上的輸出電流 I_o，經反饋電阻 R_f 得到反饋信號 I_f 與輸入信號成反相並聯，而反饋電流 I_f 與輸出電流 I_o 成正比的。故此電路為電流並聯反饋型態。

(三)簡化電路：

繪出沒有反饋的放大電路（對電流並聯反饋而言）：

1. 繪輸入電路，令輸出開路，即 $I_o = 0$；所以 R_f 與 R_{E2} 串聯出現在輸入節點處。

2. 繪輸出電路，將輸入短路，即 $V_i = 0$；所以在 Q_2 射極處 R_f 與 R_{E2} 並聯。

由 1.和 2.項繪得沒有反饋但含 R_f 在內的放大電路，如圖 13－21 (a)所示；其中因反饋信號為電流，則信號源以諾頓等效電路代之，依此可繪出圖 13－21(b)所示等效電路。圖中 $R = R_S \mathbin{/\!/} (R_f + R_{E2})$，同時 $R_E = R_f \mathbin{/\!/} R_{E2}$。

(四)反饋量分析：

圖 **13-20** 二級電晶體電流並聯負反饋放大電路

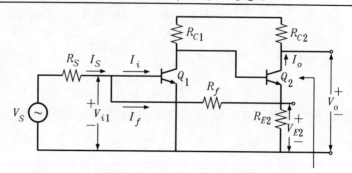

圖 **13-21(a)** 沒有反饋但含 R_f 在內的放大器

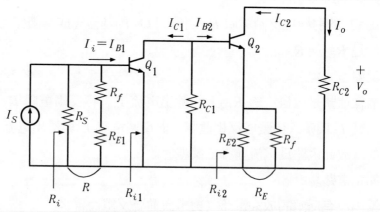

圖 **13-21(b)** 簡化等效電路

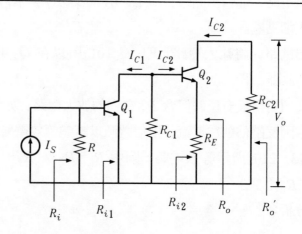

由於 Q_1 的放大使 $V_{E2} \doteq V_{i2} \gg V_{i1}$；這是由於 Q_1 的電壓增益及 Q_2 射極隨耦器的作用之故。且 V_{E2} 與 V_{i1} 相位相差 $180°$，故為負反饋電路。

1. 由圖 $13-20$ 所示電路可知：

反饋電流：

$$I_f = \frac{V_{i1} - V_{E2}}{R_f} \doteq \frac{- V_{E2}}{R_f} = \frac{-(I_f - I_o)R_{E2}}{R_f} = \frac{(I_o - I_f)R_{E2}}{R_f}$$

或者移項整理可得：

$$I_f = \frac{R_{E2}}{R_f + R_{E2}} \times I_o = \beta I_o$$

反饋因數：

$$\beta = \frac{R_{E2}}{R_f + R_{E2}}$$

因為 I_f 與 I_o 成正比，所以電路呈電流並聯負反饋型態。

2. 沒有反饋時：

利用簡化的拼合模型來分析：

對 Q_2 級而言，依圖 $13-21$(b)所示電路：

$$A_{I2} \equiv \frac{I_o}{I_{B2}} = \frac{- I_{C2}}{I_{B2}} = - h_{fE}$$

$$R_{i2} = h_{iE} + (1 + h_{fE})R_E$$

對 Q_1 級而言

$$R_{L1} = R_{C1} \mathbin{/\mkern-5mu/} R_{i2}$$

$$A_{I1} \equiv - \frac{I_{C1}}{I_{B1}} = - h_{fE}, \ R_{i1} = h_{iE}$$

電流增益 A_I 為：

$$A_I \equiv \frac{I_o}{I_S} = \frac{I_o}{I_{B2}} \cdot \frac{I_{B2}}{I_{C1}} \cdot \frac{I_{C1}}{I_{B1}} \cdot \frac{I_{B1}}{I_S}$$

$$= A_{I2} \cdot \left(\frac{- R_{C1}}{R_{C1} + R_{i2}} \right) \cdot (- A_{I1}) \cdot \left(\frac{R}{R + R_{i1}} \right)$$

$$= (-h_{fE})(h_{fE})\left[\frac{-R_{C1}}{R_{C1} + h_{iE} + (1 + h_{fE})R_E}\right]\left(\frac{R}{R + h_{iE}}\right)$$

$$= \frac{h_{fE}{}^2 R_{C1} \cdot R}{(R + h_{iE})[R_{C1} + h_{iE} + (1 + h_{fE})R_E]}$$

3. $D \equiv 1 + \beta A_I$

4. $A_{If} = \dfrac{A_I}{D} = \dfrac{A_I}{1 + \beta A_I} \doteqdot \dfrac{1}{\beta} = \dfrac{R_f + R_{E2}}{R_{E2}} = \dfrac{R_f}{R_{E2}} + 1$　　　　(13－37)

5. $R_i = R_S \mathbin{/\mkern-5mu/} (R_f + R_{E2}) \mathbin{/\mkern-5mu/} h_{iE}$

$$R_{if} = \frac{R_i}{D} = \frac{R_i}{(1 + \beta A_I)}$$

6. $R_o = \infty, R_{of} = R_o(1 + \beta A_I) \to \infty, \ R_{of}{}' = R_{of} \mathbin{/\mkern-5mu/} R_{C2} \doteqdot R_{C2}$

7. $A_{Vf} \equiv \dfrac{V_o}{V_S} = \dfrac{I_o \cdot R_{C2}}{I_S \cdot R_S} = A_{If}\dfrac{R_{C2}}{R_S} = \dfrac{R_{C2}}{\beta R_S} = \dfrac{R_f + R_{E2}}{R_{E2}} \cdot \dfrac{R_{C2}}{R_S}$ (13－38)

$\because V_S = I_S \times R_S \times V_{i1} \doteqdot I_S R_S$，由於 R_{if} 很小，所以 $V_{i1} \doteqdot 0$

由（13－37）式及（13－38）式的近似式發現：假定 R_{E2}、R_{C2}、R_f 和 R_S 均爲穩定電阻器，則 A_{If} 和 A_{Vf} 將爲穩定的而與電晶體參數、溫度或電壓源的變化都無關。

13－7　電流串聯反饋之電路分析

　　電流串聯負反饋是指在放大器的輸出端抽取部份輸出電流 I_o，然後再將與此電流成比例的電壓送回饋入輸入端，而與輸入信號成串聯連接。

　　如圖 13－22 所示爲電流串聯負反饋等效電路。依圖示，可寫出輸入和輸出迴路的方程式如下

$$V_S = R_i I_i + \beta I_o = V_i + \beta I_o \qquad\qquad (13－39)$$

$$I_o = \frac{R_o}{R_o + R_L} \times G_m V_i = G_M V_i \qquad\qquad (13－40)$$

圖 13-22　電流串聯員反饋等效電路

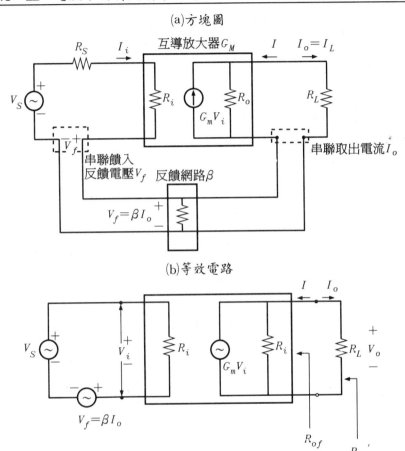

(a)方塊圖

(b)等效電路

其中 G_M 定義爲：

$$G_M = \frac{V_o}{I_i} = \frac{G_m \cdot R_o}{R_o + R_L}, \text{ 而 } G_m = \lim_{R_L \to 0} G_M$$

此處 G_m 代表短路互導而 G_M 則表示含 R_L 但沒有反饋互導。

　　由 (13-39) 式和 (13-40) 式可得，電路反饋的輸入電阻爲

$$R_{if} \equiv \frac{V_S}{I_i} = \frac{R_i I_i + \beta I_o}{I_i} = R_i(1 + \beta G_M) = R_i \cdot D$$

式中 $D = 1 + \beta G_M$。

而互導增益 G_M 爲：

$$G_{Mf} = \frac{I_o}{V_S} = \frac{G_M \cdot V_i}{V_i + \beta I_o} = \frac{G_M \cdot V_i}{V_i + \beta\, G_M V_i} = \frac{G_M}{1 + \beta\, G_M} = \frac{G_M}{D}$$

同理，設 $V_S = 0$，則 $V_i = -V_f = -\beta I_o = \beta I$，而不包含負載的輸出電阻 R_{of}爲：

$$R_{of} = \frac{V_o}{I} = \frac{(I + G_m V_i)R_o}{I}$$

$$= \frac{[I + G_m(\beta I)]R_o}{I} = R_o(1 + \beta\, G_m)$$

包括 R_L 的輸出電阻爲：

$$R_{of}{}' = R_{of} /\!/ R_L = \frac{R_{of} \cdot R_L}{R_{of} + R_L} = \frac{R_o R_L(1 + \beta\, G_m)}{R_o + R_L + \beta\, G_m R_o}$$

$$= \frac{\dfrac{R_o R_L}{R_o + R_L}(1 + \beta\, G_m)}{1 + \dfrac{\beta\, G_m R_o}{R_o + R_L}} = R_o{}'\frac{1 + \beta\, G_m}{1 + \beta\, G_M} = R_o{}'\frac{1 + \beta\, G_m}{D}$$

式中 $R_o{}' = R_o /\!/ R_L = \dfrac{R_o R_L}{R_o + R_L}$，而 $G_M = \dfrac{G_m R_o}{R_o + R_L}$。

由以上的分析可知，電流串聯反饋可增加放大器的輸入電阻及輸出電阻。

一、電晶體放大器的電流串聯反饋電路

如圖 13–23(a)所示爲含射極電阻沒有旁路電容的共射極放大電路。

㈠反饋網路與元件

由射極 E 經 R_E 電阻到接地端，反饋元件爲射極電阻 R_E。

㈡反饋型式

取樣信號是取自流經負載 R_L 上的負載電流 I_o，經反饋電阻 R_E

得到反饋信號電壓 V_f 與輸入信號 V_S 串聯接入，故此電路爲電流串聯負反饋型態。

(三)簡化電路

先繪出沒有反饋的基本放大電路：

1.繪輸入電路令輸出端開路，即 $I_o = 0$，因此 R_E 呈現於輸入迴路中。

2.繪輸出電路令輸入端開路，即 $I_i = 0$，因此 R_E 也呈現於輸出迴路中。

由 1.和 2.項可繪得如圖 13－23(b)的電路；其中不能標示接地端，否則將再引入反饋了。

3. 再以電晶體低頻近似 h 參數模型代替電晶體，可得如圖 13－23(c)所示的電路。

(四)反饋的量分析

1.由圖 13－23(a)得知，反饋電壓 $V_f = -I_o R_E = \beta I_o$，且取樣信號 $X_o = I_o$，所以反饋因數

$$\beta \equiv \frac{X_f}{X_o} = \frac{V_f}{I_o} = \frac{-I_o R_E}{I_o} = -R_E$$

2.沒有反饋時 $V_i = V_S$，所以電壓增益爲

$$A_V = G_M = \frac{I_o}{V_i} = \frac{I_o}{V_S} = \frac{-h_{fE}I_B}{(R_S + h_{fE} + R_E)I_B} = \frac{-h_{fE}}{R_S + h_{iE} + R_E}$$

3. $D \equiv 1 + \beta A_V = 1 + \beta G_M = 1 + \frac{(-R_E)(-h_{fE})}{R_S + h_{iE} + R_E}$

$$= \frac{R_S + h_{iE} + (1 + h_{fE})R_E}{R_S + h_{iE} + R_E}$$

4. $A_f = G_{Mf} \equiv \dfrac{G_M}{D} = \dfrac{-h_{fE}}{R_S + h_{iE} + (1 + h_{fE})R_E}$　　　　(13－41)

當 $(1 + h_{fE})R_E \gg (R_S + h_{iE})$，且 $h_{fE} \gg 1$，則

圖 13−23 含有射極電阻的共射極放大器

(a)實際電路 (b)無回授的基本放大器

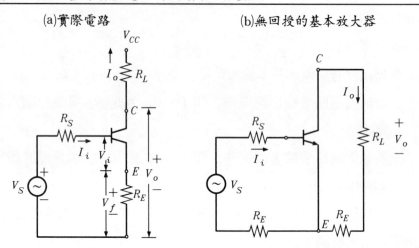

(c)以小信號低頻近似模型取代電晶體

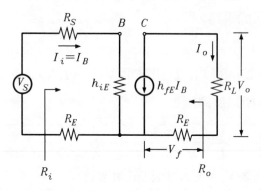

$$G_{Mf} \doteq \frac{-h_{fE}}{(1 + h_{fE})R_E} \doteq -\frac{1}{R_E} = \frac{1}{\beta}$$

基於$(1 + h_{fE})R_E \gg (R_S + h_{iE})$及 $h_{fE} \gg 1$的假設條件下, 由 (13−41) 式得負載電流 I_o 為:

$$I_o = G_{Mf} \cdot V_S \doteq \frac{-V_S}{R_E} \text{ 或 } I_o = \frac{V_S}{\beta}$$

所以, 負載電流直接與輸入電壓成正比, 同時它只與 R_E 有關而與電路或電晶體任何其他參數均無關。

5. $A_{Vf} \equiv \dfrac{V_o}{V_S} = \dfrac{I_o \cdot R_L}{V_S} = G_{Mf} \cdot R_L = \dfrac{-h_{fE} \cdot R_E}{R_S + h_{iE} + (1 + h_{fE})R_E}$

或者 $A_{Vf} \fallingdotseq \dfrac{-R_L}{R_E} = \dfrac{R_L}{\beta}$

若式中 R_L 和 R_E 均為穩定電阻，則電壓增益將會是穩定的。

6.輸入電阻 R_{if}

由圖 13－23(c)所示可知，$R_i + R_S + h_{iE} + R_E$；所以

$\quad R_{if} \equiv R_i D = R_S + h_{iE} + (1 + h_{fE})R_E$

7.輸出電阻 R_{of} 及 $R_{of}{}'$

由圖 13－23(c)所示，因 $R_o = \dfrac{1}{h_{oE}} \rightarrow \infty$

$\therefore R_{of} = R_o$

同時，$\because R_o{}' = R_L$

$\therefore R_{of}{}' = R_{of} /\!/ R_L \fallingdotseq R_L$

$R_{of}{}'$的另一推導方法：由 $G_M = \dfrac{V_o}{I_i} = \dfrac{G_m R_o}{R_o + R_L}$ 式得

$\quad G_m = \lim_{R_L \to 0} G_M = G_M$

$\because A_V = \dfrac{-h_{fE}}{R_S + h_{iE} + R_E}$，所以

$\quad R_{of}{}' = R_o{}' \dfrac{1 + \beta G_m}{1 + \beta G_M} = R_o{}' = R_L$

二、FET 共源極放大器的電流串聯反饋電路

圖 13－24(a)所示為含源極電阻的 FET 共源極放大器，其與圖 13－23(a)所示的電路相似。依照前述(一)(二)和(三)項的步驟即可繪出圖 13－24(b)和(c)的電路，在此不再贅述。

(四)反饋量分析

1.由圖 13－24(c)電路得

圖 13-24 FET 共源極放大器的電流串接反饋電路

(a)含 R_s 的 FET 共源極放大器　　　　(b)沒有反饋但含 R_L 的放大器

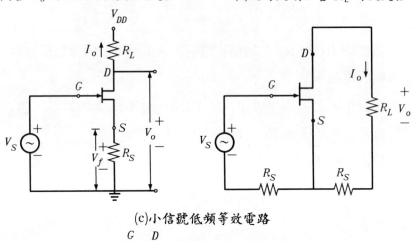

(c)小信號低頻等效電路

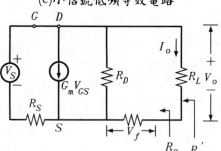

$$\beta \equiv \frac{V_f}{I_o} = -R_S$$

2.沒有反饋時 $V_i = V_S = V_{GS}$，所以互導增益 G_M 為

$$A = G_M \equiv \frac{I_o}{V_i} = \frac{I_o}{V_S} = \frac{I_o}{V_{GS}} = \frac{-G_m V_{GS} \cdot \dfrac{R_D}{R_D + R_L + R_S}}{V_{GS}}$$

$$= \frac{-G_m R_D}{R_D + R_L + R_S} = \frac{-\mu}{R_D + R_L + R_S}$$

3. $\quad D \equiv 1 + \beta\, G_M = 1 + \dfrac{\mu R_S}{R_D + R_L + R_S} = \dfrac{R_D + R_L + (1 + \mu)R_S}{R_D + R_L + R_S}$

4. $\quad G_{Mf} = \dfrac{G_M}{D} = \dfrac{-\mu}{R_D + R_L + (1 + \mu)R_S}$

5. $A_{Vf} \equiv \dfrac{V_o}{V_S} = I_o \dfrac{R_L}{V_S} = G_{Mf} \cdot R_L = \dfrac{-\mu R_L}{R_D + R_L + (1 + \mu) R_S}$

6.因 $R_i \to \infty$ $\therefore R_{if} = R_i \cdot D \to \infty$

7. $G_m = \lim\limits_{R_L \to 0} G_M = \dfrac{-\mu}{r_d + R_S}$

$\therefore 1 + \beta G_m = 1 + \dfrac{\mu R_S}{R_D + R_S} = \dfrac{R_D + (1 + \mu) R_S}{R_D + R_S}$

若將 R_L 視爲外在負載，則依圖 13－24(c)所示： $R_o = R_D +$ R_S。因此，

$$R_{of} = (1 + \beta G_m) = R_D + (1 + \mu) R_S$$

$$R_{of}{}' = R_L \mathbin{/\!/} R_{of} = \dfrac{R_L[R_D + (1 + \mu) R_S]}{R_D + R_L + (1 + \mu) R_S}$$

總而言之，在負反饋放大器的系統中，串聯可提高輸入電阻，並聯可降低輸入電阻；電壓反饋可降低輸出電阻，而電流反饋可提高輸出電阻。關於上述所得的重要公式均列於表 13－2 中以利運算之參考。

13－8 反饋放大器之頻率響應與補償

在負反饋放大器系統中，不穩定的主要來源是由於放大器在高頻下產生過大的相移，以致滿足了 $\beta A = -1$ 的條件（即 $\beta A = 1 \underline{/180°}$）。因此在負反饋高頻放大器的設計上，常常會使用到增益邊限和相角邊限，其定義可以波德圖表描述穩定條件。通常，在一個負反饋高頻放大器的設計上，相角臨界值至少必須具有 45°，或增益邊限值至少必須具有 10 分貝，才能保證負反饋放大器不產生內部振盪。若增益邊限 G_M 爲正值時，或相角邊限 ϕ_{PM} 大於 180°時，放大器就產生不穩定了。

表 13-2 員反饋放大器的特性與重要公式

回授類別＼特性	(1)電壓串聯	(2)電流串聯	(3)電流並聯	(4)電壓並聯
反饋信號 X_f	電壓 V_f	電壓 V_f	電流 I_f	電流 I_f
取樣信號 X_o	電壓 V_o	電流 I_o	電流 I_o	電壓 V_o
求輸入迴路時令	$V_o = 0$	$I_o = 0$	$I_o = 0$	$V_o = 0$
求輸出迴路時令	$I_i = 0$	$I_i = 0$	$V_i = 0$	$V_i = 0$
信號源	戴維寧	戴維寧	諾頓	諾頓
$\beta = \dfrac{X_f}{X_o}$	$\dfrac{V_f}{V_o}$	$\dfrac{V_f}{I_o}$	$\dfrac{I_f}{I_o}$	$\dfrac{I_f}{V_o}$
$A = \dfrac{X_o}{X_i}$	$A_V = \dfrac{V_o}{V_i}$	$G_M = \dfrac{I_o}{V_i}$	$A_I = \dfrac{I_o}{I_i}$	$R_M = \dfrac{V_o}{I_i}$
$D = 1 + \beta A$	$1 + \beta A_V$	$1 + \beta G_M$	$1 + \beta A_I$	$1 + \beta R_M$
A_f	$\dfrac{A_V}{D}$	$\dfrac{G_M}{D}$	$\dfrac{A_I}{D}$	$\dfrac{R_M}{D}$
R_{if}	$R_i \cdot D$	$R_i \cdot D$	$\dfrac{R_i}{D}$	$\dfrac{R_i}{D}$
R_{of}	$\dfrac{R_o}{1 + \beta A_v}$	$R_o(1 + \beta G_m)$	$R_o(1 + \beta A_i)$	$\dfrac{R_o}{1 + \beta R_m}$
$R_{of}' = R_{of} /\!/ R_L$	$\dfrac{R_o'}{D}$	$R_o' \dfrac{1 + \beta G_m}{D}$	$R_o' \dfrac{1 + \beta A_i}{D}$	$\dfrac{R_o'}{D}$

　　在此舉一個例子加以說明。如果有一個三極點放大器，其不具負反饋時的電壓轉換函數為：

$$A_V = -\frac{10^3}{(1 + j\,\dfrac{f}{10^6})(1 + j\,\dfrac{f}{10^7})(1 + j\,\dfrac{f}{5 \times 10^7})} \qquad (13-42)$$

　　若將上式的增益分貝數（dB$|-A_V|$）及相角 $\underline{/-A_V}$ 對頻率繪出，即可得圖 13-25 所示的曲線。由圖示可知，當 $-A_V$ 的相角

$\underline{/}-A_V$等於 180°時，其頻率爲 22MHz，而此時的增益分貝數$|A_V|=$
26 分貝，如果放大器之負反饋的逆向傳輸因數恰好滿足

$$\frac{1}{\beta} = |A_V| = 26\ 分貝$$

則此負反饋放大器將產生振盪，其頻率爲 22MHz。因此，爲了避免
此負反饋放大器產生內部振盪，在設計上必須保留 45°的相角邊限，
以使放大器達到 180°相角時所需振盪的條件。依圖示，當相角邊限爲
45°時，即相角爲 −135°，此時的頻率爲 8MHz，而增益的分貝數約爲
42 分貝，故所需的反饋條件爲

$$\frac{1}{\beta} = |A_V| \quad (f = 8\text{MHz}) = 42\ 分貝$$

則此時負反饋放大器的最大迴路增益爲

$$|\beta A_{Vo}|_{\max} = 20\log|A_{Vo}| - 20\log\frac{1}{\beta} = 60 - 42 = 18\text{dB}$$

換言之，相角邊限爲 45°時，此負反饋放大器的最大迴路增益變
化僅容許有 18 分貝。

圖 13 − 25 中之三個極點放大器的電壓增益及相角對頻率變化曲

圖 13 − 25

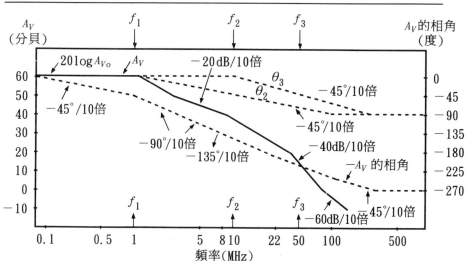

線，其中粗黑線代表增益的分貝數時頻率的變化曲線；粗斷線代表對頻率的變化曲線。

由前述可知：對於反饋放大器而言，如果其迴路增益過大，同時在順向增益轉移函數中具有二個以上的極位時，則此放大器將會變得不穩定。就多級放大器而言，當相移為 180°時，若斷路增益 $|\beta A|$，則閉路放大器將發生振盪。為了避免負反饋放大器產生振盪，我們必須犧牲此放大器的迴路增益。然而，在實際線路的設計上，為了提高增益並且避免振盪的發生，則可採用補償（Compensation）方法，以先行改變增益和相角對頻率的變化曲線。補償技術就是在系統中加插穩化網路（Stabilizing networks），以便在相位甚高之頻率時，使放大器的增益 A 降低。

補償的觀念為對 βA 之大小及相位圖加以變形，以使當 βA 之相角等於 180°時，$|\beta A| < 1$。為達此目的，亦有三種補償的方法分別討論如下：

一、主極點補償或落後補償

這方法是在放大器的輸出端，接上一個 RC 低通波電路（落後網路），以使順向轉移函數中引入一個大小遠小於其他極點的額外極點。如圖 13－26 所示即為此類網路。此種電路在放大器中導致相位落後，且補償網路不會對 A_V 造成負載效應，因此其整體的電壓轉換函數可以寫為：

$$A_V{}' = \frac{V_o}{V_i} = \frac{V_1}{V_i}\frac{V_o}{V_1} = A_V \cdot \frac{1}{1 + j\dfrac{f}{f_d}}$$

式中 $f_d = \dfrac{1}{2\pi RC}$。若頻率 f_d 的大小比放大器 A_V 中的最小極點頻率至少小四倍時，則此種補償法稱為主要極點補償法（Dominant pole compensation method）。例如：若 A_V 的轉換函數為（13－42）式，而

選 $f_d = 1\text{KHz}$，則 A_V' 的增益及相角對頻率的變化曲線，將如圖 13－27 所示。由圖可知，相角邊限為 45° 時的頻率為 1MHz，而在 1MHz 時的增益為 $|A_V| = \dfrac{1}{\beta} = 0\text{dB}$，此時最大的迴路增益值約為 60dB，但有效頻寬卻由原先的 3MHz 變為 3KHz。由此可知，主要極點補償增加了迴路增益，卻大大地降低了放大器的有效頻寬，故此法較不適用於需寬頻帶的放大器。

圖 13－26　主要極點的補償電路

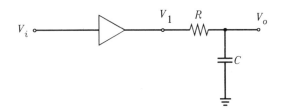

圖 13－27　主要極點補償所產生的增益及相角對頻率的變化曲線

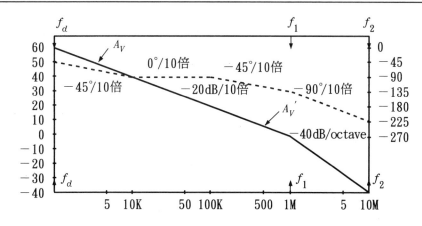

二、極點—零點補償法

這種補償是在順向轉移函數 A_V 中同時加了一個極點（落後）和一個零點（領前），而這零點的頻率比極點的高。圖 13－28 所示為一個此種補償網路，且補償電路對 A_V 不會造成負載效應，整體的電壓增益爲：

圖 13-28 極點—零點補償電路

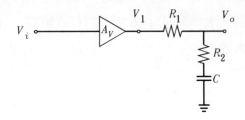

$$A_V{'} = \frac{V_o}{V_i} = \frac{V_1}{V_i} \times \frac{V_o}{V_1} = A_V \cdot \frac{1 + j\dfrac{f}{f_0}}{1 + j\dfrac{f}{f_p}}$$

式中 $f_0 = \dfrac{1}{2\pi R_2 C}$，$f_p = \dfrac{1}{2\pi (R_1 + R_2) C}$

如果零點的頻率 f_0 等效放大器轉移函數 A_V 中的最小極點頻率，而 f_p 變爲整體放大器的最小頻率，則此種方法稱爲極點—零點補償法（Pole-zero-compensation），或稱爲相角落後—領前補償法（Phase lag-lead compensation）。例如：若 f_0 等於（13-42）式中的 10^6 Hz，則整體的電壓轉換函數可以寫爲：

$$A_V{'} = \frac{-10^3}{\left(1 + j\dfrac{f}{f_p}\right)\left(1 + j\dfrac{f}{10^7}\right)\left(1 + j\dfrac{f}{5 \times 10^7}\right)} \tag{13-43}$$

如果令 $f_p = 0.2\text{MHz}$ 則（13-22）式的增益及相角對頻率的變化曲線如圖 13-29 所示。由圖可知，45°相角邊限時的迴路增益爲 31dB，而迴路增益爲 10dB 時的頻寬約爲 640KHz，其值比主要極點補償法大。

三、 β 網路補償法

前述的兩種補償方法，均主要用以改變放大器的轉移函數；然而， β 網路補償法則是修改放大器或反饋網路，其利用一個阻抗式的逆向傳轉因數，以改變負反饋放大器的轉換函數。如圖 13 − 29 所示為一典型的 β 網路補償電路，其中放大器為一互阻放大器。由圖示可知，如果反饋網路對放大器不產生負載效應，則不具反饋時的互阻轉換函數可寫為:

$$R_M = \frac{V_o}{I_S} = \frac{V_o}{V_S} \cdot R_S$$

若放大器的 R_M 假設為:

$$R_M = \frac{V_o}{I_S}$$

$$= -\frac{45.25 \times 10^6}{\left(1 + j\dfrac{f}{4.38 \times 10^5}\right)\left(1 + j\dfrac{f}{2.12 \times 10^6}\right)\left(1 + j\dfrac{f}{12.3 \times 10^6}\right)}$$

而 β 可由下列方程式求得，即

圖 13 − 29 β 網路補償電路

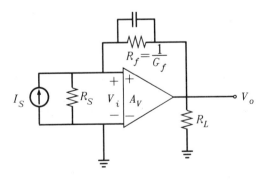

$$I_f = (G_f + sC_f)(V_i - V_o) \doteq G_f\left(1 + s\frac{C_f}{G_f}\right)V_o = \beta V_o$$

所以

$$\beta = \frac{I_f}{V_o} = G_f\left(1 + j\frac{f}{f_0}\right)$$

其中 $f_0 = \dfrac{G_f}{2\pi C_f} = \dfrac{1}{2\pi R_f C_f}$

因此迴路增益為

$$\beta R_M = \frac{45.25 \times 10^6 G_f\left(1 + j\dfrac{f}{f_0}\right)}{\left(1 + j\dfrac{f}{4.38 \times 10^5}\right)\left(1 + j\dfrac{f}{2.12 \times 10^6}\right)\left(1 + j\dfrac{f}{12.3 \times 10^6}\right)}$$

$$(13 - 44)$$

由 (13-44) 式可知，若 $C_f = 0$，$\beta = -G_f$，則當 $\underline{/-R_M} = 180°$，

且 $|R_M| = \dfrac{1}{\beta}$ 時，放大器會產生振盪。因此，C_f 的加入可達到補償相

角的目的，並且避免產生振盪之用。關於圖 13-29 之 β 網路對增益

－頻率曲線的變化關係，另如圖 13-30 所示。由圖可知，當 $f_0 =$

$\dfrac{1}{2\pi R_f C_f} = 8\text{MHz}$（$R_f = 5\text{K}\Omega$，$C_f = 4\text{pF}$）時，電壓增益的頻率響應曲

線為最平滑，此時頻率 f_0 是置於轉換函數 R_M 中之極點的中間，以

圖 13-30 β 網路對轉換函數大小的變化曲線

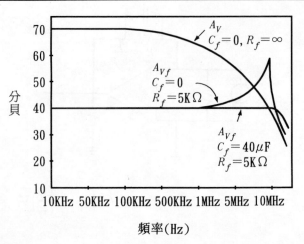

頻率(Hz)

去除 $C_f = 0$ 時產生的增益峰值。在此值得一提的是，β 網路的補償法在積體電路所製成之運算放大器上之運用已相當廣泛及重要。

【自我評鑑】

1. 某放大器的電壓增益為 100，若加上一反饋因數為 15％的負反饋電路，試計算其閉環路電壓增益將為若干？

2. 某一放大器的開環路增益為 50，若開環路增益的變率為 8％，試求有了 5％負反饋的閉環路增益變率為若干？

3. 某一放大器無回授電路時增益為 $A = 50$，而頻寬為 $BW = 20\text{KHz}$，如果加上負回授率 $\beta = 1\%$ 的負回授網路，試求其電壓增益與頻寬各若干？

4. 某一放大器開環路增益為 1000，當輸入信號為 10mV 時，在 10％的二次諧波失真下提供 10W 的輸出功率。如果加 40 分貝的負電壓串聯反饋而輸出功率仍維持 10W 的話,試求(1)所須的輸入信號，(2)諧波失真的百分率多少？

5. 有一電壓串聯負反饋電路，$A_V = 200$，$A_{Vf} = 20$，若 $R_i = 1.1\text{K}\Omega$，$R_o = 40\text{K}\Omega$，試求其輸入阻抗 R_{if} 與輸出阻抗 R_{of} 各為多少？

6. 有一電流並聯負反饋電路，$A_V = 100$，$\beta = 0.1$，若 $R_i = 2\text{K}\Omega$，$R_o = 40\text{K}\Omega$，試求 R_{if} 為多少？

7. 如下圖所示之反饋放大電路，電晶體的參數為 $h_{fE} = 50$，$h_{iE} = 2\text{K}\Omega$ 及 $h_{oE} = 10\mu\text{U}$，試計算無負反饋時與加有負反饋時的電壓增益、輸入電阻與輸出電阻的大小。

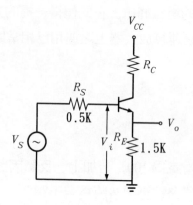

8.由 FET 組成的電壓串聯反饋電路中, 若 $R_1 = 20\text{K}\Omega$, $R_2 = 80\text{K}\Omega$, $R_o = 10\text{K}\Omega$, $R_D = 10\text{K}\Omega$, $G_m = 4000\mu\text{s}$, 試求出有反饋與無反饋時之電路增益爲多少?

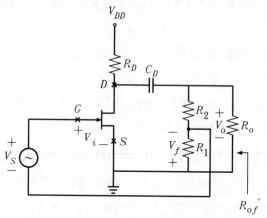

9.如下圖所示串級放大電路, 若電晶體的參數 $h_{fE} = 100$、$h_{iE} = 1.2\text{K}\Omega$, $\dfrac{1}{h_{oE}} \doteq \infty$, 試求不加反饋與加上反饋時電路的電壓增益, 輸入電阻和輸出電阻各爲多少:

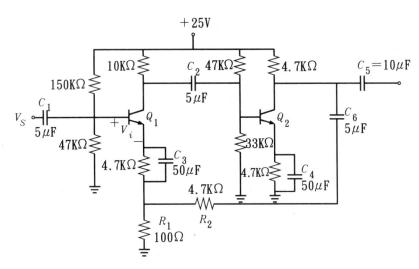

10. 下圖中設 $R_E = 1K\Omega$, $h_{fE} = 150$, 若欲獲得 $-1mA/V$ 的整體互導增益, 而電壓增益 $A_{Vf} = -4$, 以及不敏度 $D = 50$, 試計算: (1)R_E, (2)R_L 及(3)R_{if}各若干? 以及(4)在室溫下的靜態集極電流 I_C?

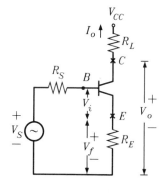

11.

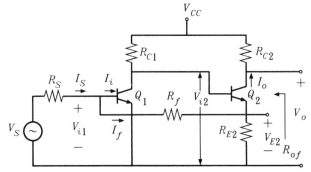

在上圖電路中, 設各參數值如下: $R_{C1} = 3K\Omega$, $R_{C2} = 500\Omega$, $R_f = R_S = 1.2K\Omega$, $R_{E2} = 50\Omega$, $h_{fE} = 50$, $h_{iE} = 1.1K\Omega$, $h_{rE} = h_{oE} = 0$, 試計算(1)A_{If}, (2)A_{Vf}, (3)自電流源看的電阻 R_{if}, (4)自電壓源看的有反饋電阻 R_{if}''及(5)輸出電阻 R_{of}'。

12.

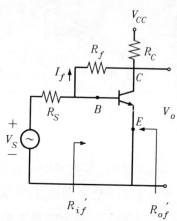

設 $R_C = 4K\Omega$, $R_f = 40K\Omega$, $R_S = 10K\Omega$, 而其參數值為: $h_{fE} = 50$, $h_{iE} = 1.1K\Omega$, $h_{rE} = h_{oE} = 0$。試計算(1)A_{Vf}, (2)R_{if}, (3)由電壓源 V_S 所見的電阻, (4)R_{of}'。

13.考慮一個放大器, 其開迴路轉移函數為

$$A(j\omega) = \frac{-10^4}{\left(1 + j\dfrac{\omega}{\omega_1}\right)\left(1 + j\dfrac{\omega}{\omega_2}\right)\left(1 + j\dfrac{\omega}{\omega_3}\right)}$$

$$f_1 = 10^5 Hz, \quad f_2 = 10^7 Hz, \quad f_3 = 10^8 Hz$$

(1)利用主極點補償, 求單位增益回授下, $PM = 45°$的主極點頻率值。

(2)是否有可能使用這個已經補償過的放大器, 設計一個增益為 + 30dB, 頻帶寬至少為 5KHz 的非反相放大器。

(3)請利用數個已經補償過的放大器, 設計一個增益為 + 40dB 而頻帶寬至少為 4KHz 的放大器。

習 題

1. 下圖爲非反相運算放大器電路

   (1)若運算放大器爲理想, 試求回授因數 β。

   (2)若 $A = 10^4$, 試求 $\dfrac{R_2}{R_1}$, 使得 $A_f = 10$。

   (3)回授量多少 (以 dB 表示)?

   (4)若 $V_S = 1V$, 試求 V_o, V_f 和 V_i 值。

   (5)若 A 降低 20%, 則 A_f 降低多少?

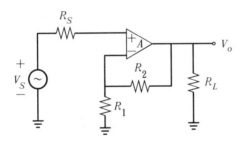

2. 某一放大器在無回授時, 若輸入 0.025V, 則有 30V 的基頻輸出和 10% 二次諧波失眞, (1)若輸出的 1.5% 負回授至輸入端, 試求輸出 的電壓值。(2)若基頻輸出維持在 30V, 但二次諧波失眞降至 1%, 試求輸入電壓爲何?

3. 若有一放大器是由完全相同的三級串接而成, 且 $\dfrac{dA_f}{A_f} \leq \varphi_f$, 試證放 大器開迴路增益 A 的最小值爲 $A_{\min} = 3A_f \left| \dfrac{\varphi_1}{\varphi_f} \right|$, 其中 $\varphi_1 = \dfrac{dA_1}{A_1}$。

4. 下圖電路中, $h_{fE} = 100$, (1)試以回授技巧, 求 $\dfrac{V_o}{V_{\text{in}}}$, R_{in}、R_{out}, (2)再

以直接計算法求結果。

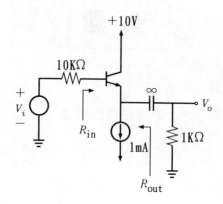

5.下圖電路中，假設電晶體完全相同，$h_{fE} = 50$，$h_{iE} = 1.1 \text{K}\Omega$，試求 (1)$R_{if} = \dfrac{V_S}{I_i}$，(2)$A_{If} = \dfrac{-I}{I_i}$，(3)$A_{Vf}{}' = \dfrac{V_o}{V_i}$，(4)$A_{Vf} = \dfrac{V_o}{V_S}$，(5)$R_{of}{}'$。

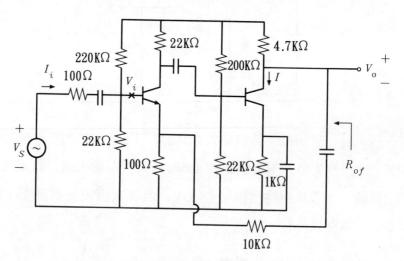

6.試求下圖電路的(1)$\dfrac{I_o}{V_S}$，(2)$R_{if}{}'$，(3)$R_{of}{}'$。

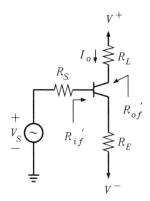

7.下圖電路中，$V_T = 2$V，$\beta = 0.5$mA/V^2，試以回授技巧求$\dfrac{V_o}{V_S}$，R_{in}

和 R_{out}，並以直接方法驗證。

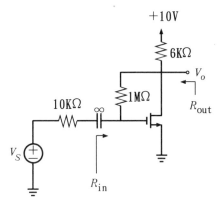

8.已知 OP 的 $R_i = \infty$，$R_o = 0$，A_V 為

$$A_V = \frac{-10^3}{(1 + j\dfrac{f}{f_p})^3}, \quad f_p = 100\text{KHz}$$

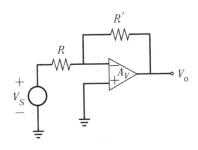

(1)證明 $A_{Vf} = \dfrac{V_o}{V_S} = \dfrac{R'}{R + R'}\ \dfrac{A_V}{1 - \dfrac{R}{R + R'}A_V}$。

(2)回授放大器是否會振盪？若是則振盪頻率多少？

(3)求回授放大器在無任何補償下均不會振盪的 $\dfrac{R'}{R}$ 最小值。

第十四章　運算放大器

　　在線性電路之應用中使用最多且用途最廣之電子元件是「運算放大器」。運算放大器（Operational amplifier）是高增益直接耦合的放大器，適用範圍可從直流（0Hz）到高頻（MHz）。一個運算放大器電路所用之零件數往往比使用分離式電晶體製作的相同線路少很多，且因其具有內部線路的自我保護設計，故常較有容忍故障之能力。

14-1　運算放大器理想特性

　　若以信號的觀點來看運算放大器，其應有三個端點：兩個輸入端和一個輸出端，如圖 14-1 所示。

圖 14-1　運算放大器的符號

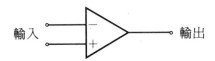

　　另外它還必須有如圖 14-2 所示的正負雙直流電源供應，不過在一般電路圖中常將其省略而不畫出，實際接線時則不可忘記。

圖 14-2　運算放大器的符號

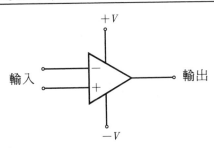

　　圖 14-3 是常見的編號 μA741 的通用運算放大器之代表符號及包裝。

圖 14-3 (a)μA741 代表符號，(b)雙排式包裝，(c)金屬殼包裝

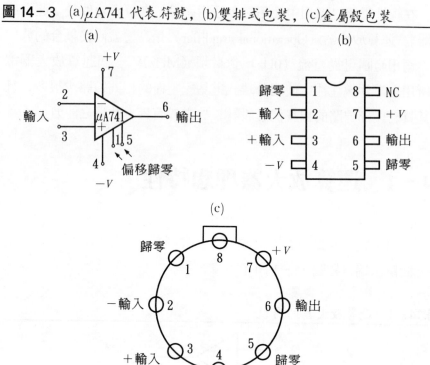

　　理想運算放大器具有下列六大特性：

（一）輸入電阻 $R_i = \infty$

　　理想運算放大器的輸入阻抗無限大，故流入運算放大器的電流 $I = 0$，不會造成輸入端的電壓降，降低實際經由放大器輸出的電壓量。

（二）輸出電阻 $R_o = 0$

　　理想運算放大器的輸出電阻 $R_o = 0$，因此輸出電壓永遠等於 $A(V_2 - V_1)$，而與輸出的負載電流無關。

（三）電壓增益 $A = \infty$

　　輸入信號非常小的改變仍會使得輸出信號有非常大的變化。

（四）頻帶寬度 $= \infty$

　　理想運算放大器的增益，對頻率由零至無窮大的變化都維持為定

值，換言之，即理想運算放大器操作在任何頻率下，都不會有任何失真。

㈤$CMRR = \infty$，且偏移電壓 $= 0$

共模互斥比（Common Mode Rejection Ratio, CMRR）爲運算放大器對於共模信號的拒斥能力。運算放大器爲差動放大器，利用輸入端的信號差，通過放大器產生輸出電壓。若 $CMRR \neq \infty$ 表示輸入信號的共模成份會在輸出端出現，換言之，當 $V_1 = V_2$ 時，由運算放大器的定義，輸出電壓應爲 $V_o = A(V_1 - V_2)$，但因爲 $CMRR \neq 0$ 故輸出端將不爲 0。

另運算放大器內有偏移電壓（Off-set voltage），即爲輸出端的修正電壓，也就是，當共模互斥比不爲無限大時，輸入端接地，則輸出端將不爲零，爲了達到輸出端爲零，必須於輸入端加上一偏移電壓（歸零電壓），使輸出端電壓成爲零值。故理想運算放大器，當輸入 $V_1 = V_2$ 時，其輸出電壓 V_o 等於零，表示二種意義；第一爲共模互斥比（CMRR）爲無限大，第二爲偏移電壓（Off-set voltage）等於 0。

㈥特性不因溫度而漂移（Drift）

運算放大器其輸出特性不會因爲溫度的不同而產生改變。

圖 14-4(a)的電路中，輸入信號經由串聯電阻 R_1 接至反相輸入端，回授部份亦經 R_2 進入反相輸入端，故稱爲反相運算放大器。圖

圖 14-4　反相運算放大器

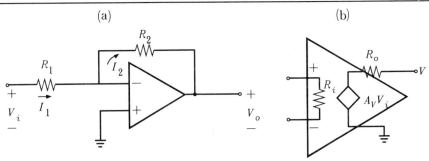

14－4(b)為其等效電路。

由理想運算放大器的特性得知，輸入阻抗為無限大，故反相輸入端的輸入電流應為零，使得反相與非反相輸入端間的電壓降應為相等，而非反相輸入端為接地，故反相輸入端之電壓值為零，因非反相輸入端與反相輸入端以無限大電阻 R_i 聯接，並非真正接地，此情形亦稱為虛接地（Virtual ground）。

因為運算放大器的反相輸入端的輸入電流為零，故

$$I_1 = I_2$$

$$I_1 = \frac{V_i}{R_1}, \quad I_2 = -\frac{V_o}{R_2}$$

因為 $I_1 = I_2$，故可得

$$\frac{V_i}{R_1} = \frac{V_o}{R_2}$$

整理可得

$$\frac{V_o}{V_i} = -\frac{R_2}{R_1}$$

即運算放大器的閉環路增益與其開環路增益無關。

【例 14－1】

欲使下圖中之閉環路增益為 1000，R_f 之值應為多少？

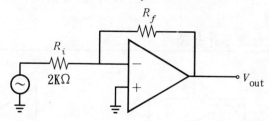

【解】

$R_i = 2\text{K}, \quad A = 1000$

因為 $A = \left| \dfrac{R_f}{R_i} \right|$

所以 $R_f = A \cdot R_i = 1000 \times 2\mathrm{K} = 2(\mathrm{M}\Omega)$

【例 14-2】

已知下圖之運算放大器為理想狀態，求 R_{in}、R_{out} 之值。

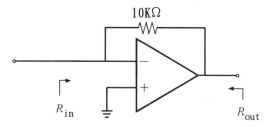

【解】

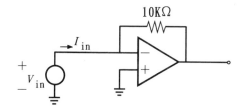

$R_{\mathrm{in}} = \dfrac{V_{\mathrm{in}}}{I_{\mathrm{in}}} = 0$

$R_{\mathrm{out}} = 10\mathrm{K}\Omega \mathbin{/\!/} R_o = 0$

【例 14-3】

下圖之理想運算放大器，試求其 R_{in}

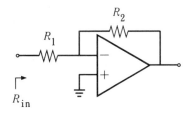

【解】

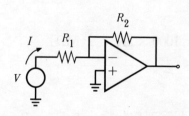

$$V = I \cdot R_1 \Rightarrow R_{\text{in}} = \frac{V}{I} = R_1$$

【例 14－4】

求 $R_{\text{in}} = ?$

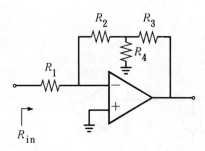

【解】

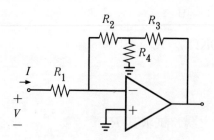

$$V = I \cdot R_1 \Rightarrow R_{\text{in}} = \frac{V}{I} = R_1$$

【例 14－5】

求 $V_o = ?$

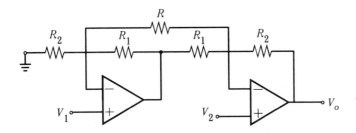

【解】

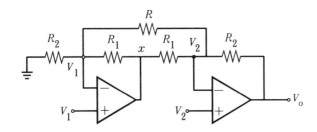

$$\begin{cases} \dfrac{V_1}{R_2} + \dfrac{V_1 - x}{R_1} + \dfrac{V_1 - V_2}{R} = 0\cdots\cdots① \\[3mm] \dfrac{V_2 - x}{R_1} + \dfrac{V_2 - V_1}{R} + \dfrac{V_2 - V_o}{R_2} = 0\cdots\cdots② \end{cases}$$

① $\Rightarrow V_1\left(\dfrac{1}{R} + \dfrac{1}{R_1} + \dfrac{1}{R_2}\right) = \dfrac{V_{o1}}{R_1} + \dfrac{V_2}{R}$

② $\Rightarrow V_2\left(\dfrac{1}{R} + \dfrac{1}{R_1} + \dfrac{1}{R_2}\right) = \dfrac{V_{o1}}{R_1} + \dfrac{V_1}{R} + \dfrac{V_o}{R_2}$

上二式相減

$$(V_1 - V_2)\left(\dfrac{1}{R} + \dfrac{1}{R_1} + \dfrac{1}{R_2}\right) = \dfrac{1}{R}(V_2 - V_1) - \dfrac{V_o}{R_2}$$

$$\Rightarrow V_o = R_2\left(\dfrac{2}{R} + \dfrac{1}{R_1} + \dfrac{1}{R_2}\right)(V_2 - V_1)$$

【例 14－6】

求下圖之轉移函數。（以拉普拉斯轉換後之函數型式表示之）

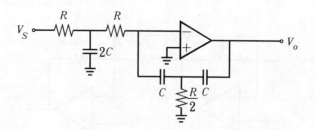

【解】

經拉普拉斯轉換後，可得下圖

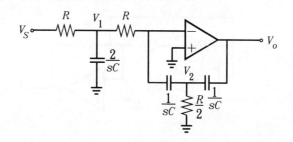

$$\frac{V_1 - V_S}{R} + V_1(2sC) + \frac{V_1}{R} = 0 \cdots\cdots ①$$

$$\frac{-V_1}{R} - V_2(sC) = 0 \cdots\cdots ②$$

$$\frac{V_2}{\frac{R}{2}} + V_2(sC) + (V_2 - V_o)sC = 0 \cdots\cdots ③$$

由①式，得 $V_1 = \dfrac{V_S}{2sCR + 2}$

由②式，得 $V_2 = \dfrac{V_1}{-sCR} = \dfrac{-V_S}{(sCR)^2}\dfrac{1}{2 + \dfrac{2}{sCR}}$

由③式，得 $V_o = \dfrac{1}{sC}\left(2sC + \dfrac{2}{R}\right)V_2 = V_2\left(2 + \dfrac{2}{sCR}\right)$

$$\therefore V_o = \frac{-V_S}{(sCR)^2}$$

$$\Rightarrow \frac{V_o}{V_S} = -\frac{1}{(sCR)^2}$$

　　圖 14－5 中爲某電壓增益下之非反相放大器，輸入信號接至放大器之非反相輸入端。回授線路自輸出經過 R_f 與 R_i 進入反相輸入端。

圖 14－5　非反相放大器

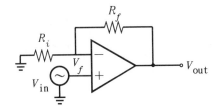

　　R_i 與 R_f 組成之分壓網路使反相輸入端取得一回授電壓 V_f，即

$$V_f = \frac{R_i}{R_i + R_f} V_\text{out}$$

輸入電壓 V_in 與回授電壓 V_f 構成運算放大器之差動輸入電壓。

$$V_\text{out} = A(V_\text{in} - V_f)$$

因爲 $V_f = \dfrac{R_i}{R_i + R_f} V_\text{out}$

代入上式整理可得

$$V_\text{out} = A\left(V_\text{in} - \frac{R_i}{R_i + R_f} V_\text{out}\right)$$

$$V_\text{out} + \frac{R_i A}{R_i + R_f} V_\text{out} = A V_\text{in}$$

$$\Rightarrow \frac{V_\text{out}}{V_\text{in}} = \frac{A}{1 + \dfrac{R_i}{R_i + R_f} A}$$

因爲理想運算放大器的電壓增益爲無限大，所以上式變成

$$\frac{V_{\text{out}}}{V_{\text{in}}} = \lim_{A \to \infty} \frac{A}{1 + \frac{R_i}{R_i + R_f}A} = \frac{R_i + R_f}{R_i} = 1 + \frac{R_f}{R_i}$$

若將回授迴路接成爲圖 14－6 所示，則稱爲正回授（Positive feedback）。

圖 14－6 正回授組態

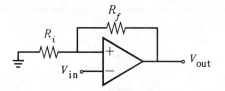

理想的運算放大器，若爲正回授時，則輸出必爲運算放大器之正飽和值和負飽和值。

【例 14－7】

運算放大器之開迴路增益爲 100000，試求此電路之閉迴路增益。

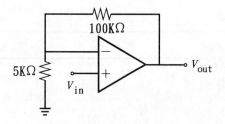

【解】

回授增益

$$\frac{V_o}{V_i} = 1 + \frac{R_f}{R_i} = 1 + \frac{100}{5} = 21$$

【例 14－8】

求下圖運算放大器之輸入阻抗 $R_{\text{in}} = ?$

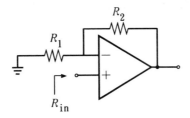

【解】

$$R_{\text{in}} = \infty$$

14－2 差額放大器

差額放大器的最簡單形式，繪如圖 14－7 所示，稱作單輸入，單輸出的組態。

圖 14－7　單輸入，單輸出組態

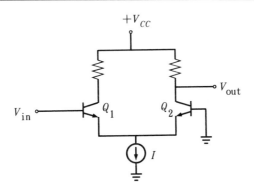

圖 14－7 於共模時的直流偏壓下，各極所出現的電流大小，則如圖 14－8(a)所示。

差額放大器的 Q_1 與 Q_2 為互相匹配的電晶體，兩電晶體的射極接在一起，並於電流源相接，因為 Q_1 和 Q_2 對稱，所以 $I_{E1} = I_{E2} =$

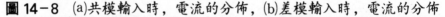

圖 14-8 (a)共模輸入時，電流的分佈，(b)差模輸入時，電流的分佈

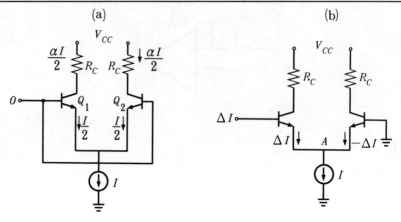

$\dfrac{I}{2}$，集極電流為 $I_{C1} = I_{C2} = \dfrac{\alpha I}{2}$，且集極電壓為 $V_{C1} = V_{C2} = V_{CC} - \dfrac{\alpha I}{2}$ R_C。

當 Q_1 有一微小的差額信號輸入時，將於 Q_1 的射極端產生 ΔI 的電流，加上原先零輸入時的電流 (I)，使得射極電流變成 $I_{E1} = I + \Delta I$，而由於圖 14-8(b)所示的 A 點，必須符合 KCL 的定理，即 $I_{E1} + I_{E2} = I$。

因此，當 $I_{E1} = \dfrac{I}{2} + \Delta I$

將使得

$$\dfrac{I}{2} + \Delta I + I_{E2} = I$$

整理可得

$$I_{E2} = \dfrac{I}{2} - \Delta I$$

由上式可知當輸入信號 V_i 增加時，Q_1 的集極電流增加，而電晶體 Q_2 的集極電流相對的減少，因而造成電晶體 Q_1 的集極電壓減小，電晶體 Q_2 的集極電壓增加，如圖 14-9 所示。

圖 14－9 單輸入，差動輸出

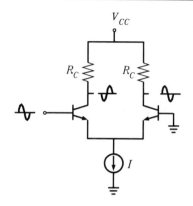

另外，差動輸入，差動輸出組態則如圖 14－10 所示。

參考圖 14－10 電路，我們可發現，若以 V_E 代表共射極電壓，則

圖 14－10 (a)(b)差動輸入，差動輸出

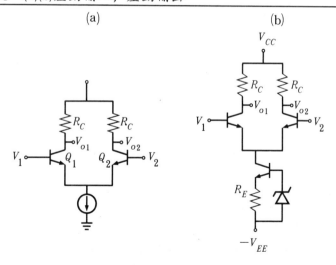

$$I_{E1} = \frac{I_S}{\alpha} e^{\frac{V_{B1} - V_E}{V_T}}$$

$$I_{E2} = \frac{I_S}{\alpha} e^{\frac{V_{B2} - V_E}{V_T}}$$

將上述二式相除，即

$$\frac{I_{E1}}{I_{E2}} = e^{\frac{V_{B1} - V_{B2}}{V_T}}$$

我們可將上式改寫成下二式，即

$$\frac{I_{E1}}{I_{E1} + I_{E2}} = \frac{1}{1 + e^{\frac{V_{B2} - V_{B1}}{V_T}}}$$

$$\frac{I_{E2}}{I_{E1} + I_{E2}} = \frac{1}{1 + e^{\frac{V_{B1} - V_{B1}}{V_T}}}$$

因為 $I_{E1} + I_{E2} = I$

因此

$$I_{E1} = \frac{I}{1 + e^{\frac{V_{B2} - V_{B1}}{V_T}}}$$

$$I_{E2} = \frac{I}{1 + e^{\frac{V_{B1} - V_{B1}}{V_T}}}$$

亦即

$$I_{C1} = \frac{\alpha I}{1 + e^{\frac{V_{B2} - V_{B1}}{V_T}}}$$

$$I_{C2} = \frac{\alpha I}{1 + e^{\frac{V_{B1} - V_{B2}}{V_T}}}$$

【例 14−9】

下圖差額放大器中，令 $V_d = V_1 - V_2$，求 I_{C1} 值。

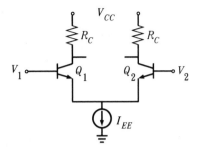

【解】

$$I_{C1} = I_S e^{\frac{V_{BE1}}{V_T}}$$

$$I_{C2} = I_S e^{\frac{V_{BE2}}{V_T}}$$

$$\frac{I_{C1}}{I_{C2}} = \frac{I_{E1}}{I_{E2}} = e^{\frac{V_1 - V_2}{V_T}} = e^{\frac{V_d}{V_T}} \quad (\text{如令 } V_d = V_1 - V_2)$$

$$\frac{I_{E1}}{I_{E1} + I_{E2}} = \frac{I_{E1}}{I_{EE}} = \frac{e^{\frac{V_d}{V_T}}}{1 + e^{\frac{V_d}{V_T}}}$$

$$\therefore I_{C1} = \frac{\alpha I_{EE}}{1 + e^{\frac{-V_d}{V_T}}} \quad (\because I_C = \alpha I_E)$$

圖 14－11　　當輸入一小差額信號 V_d 時，在差額放大器中的電流與電壓情形

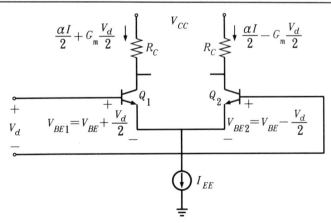

將 I_{C1} 右邊的分子與分母各乘以 $e^{\frac{V_d}{2V_T}}$ 得到

$$I_{C1} = \frac{\alpha I_{EE} \, e^{\frac{V_d}{2V_T}}}{e^{\frac{V_d}{2V_T}} + e^{\frac{-V_d}{2V_T}}}$$

假設 $V_d \ll 2V_T$，則利用指數 $e^{\pm \frac{V_d}{2V_T}}$ 擴展成級數而取得前二項 $e^{\pm \frac{V_d}{2V_T}}$

$\div \left(1 \pm \dfrac{V_d}{2V_T} \right)$，故得

$$I_{C1} \doteq \frac{\alpha I_{EE} \left(1 + \dfrac{V_d}{2V_T} \right)}{1 + \dfrac{V_d}{2V_T} + 1 - \dfrac{V_d}{2V_T}}$$

因此

$$I_{C1} = \frac{\alpha I_{EE}}{2} + \frac{\alpha I_{EE}}{2V_T} \frac{V_d}{2}$$

利用同樣的方法可得

$$I_{C2} = \frac{\alpha I_{EE}}{2} - \frac{\alpha I_{EE}}{2V_T} \frac{V_d}{2}$$

假設圖 14 - 11 中的電流源是理想的，因此電壓 V_d 將降在全部電阻爲 $2R$ 上，因此

$$R_e = \frac{V_T}{I_E} = \frac{V_T}{\dfrac{I}{2}}$$

故 I_E 爲

$$I_E = \frac{V_d}{2R_e}$$

I_C 爲

$$I_C = \alpha I_E = \frac{\alpha V_d}{2R_e}$$

若考慮圖 14 - 12 具有射極電阻之差額放大器，同樣假設電流源

為理想，也就是它的並聯阻抗為無限大，因此信號電壓 V_d 將全部分佈於電阻 $2R$ 及射極電阻 $2R_E$ 上。

射極電流 I_E 為

$$I_E = \frac{V_d}{2(R_e + R_E)}$$

圖 14−12　　具有射極電阻差額放大器

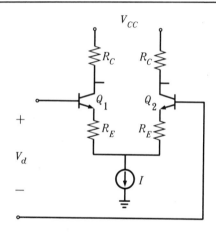

因為 $I_B = \dfrac{I_E}{1 + \beta} = \dfrac{\dfrac{V_d}{2(R_e + R_E)}}{1 + \beta}$

所以差額輸入電阻 R_{id} 為

$$R_{id} = (1 + \beta)(2R_e + 2R_E)$$

若無射極電阻 R_E，則差額輸入電阻 R_{id} 為

$$R_{id} = (1 + \beta)2R_e$$

【例 14−10】

若 $\beta = 100$，試求下圖電路(1)輸入電阻 R_i，(2)電壓增益 $\dfrac{V_o}{V_i} = ?$

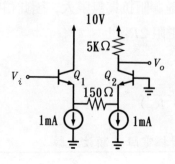

【解】

$$I_{E1} = I_{E2} = 1(\text{mA})$$

故

$$R_e = \frac{V_T}{I_E} = \frac{25\text{mV}}{1\text{mA}} = 25(\Omega)$$

(1)輸入電阻 R_i

$$R_i = (1 + \beta)(2R_e + 150) = 20.2(\text{K}\Omega)$$

(2)電壓增益 $\dfrac{V_o}{V_i}$

$$I_E = \frac{V_i}{2R_e + 150} = \frac{V_i}{200}$$

$$I_C = \alpha I_E = \frac{\beta}{1 + \beta} I_E \doteqdot \frac{V_i}{200}$$

$$V_o \doteqdot 5\text{K} \cdot I_C = 5\text{K} \cdot \frac{V_i}{200} \doteqdot 25V_i$$

因此電壓增益

$$\frac{V_o}{V_i} \doteqdot \frac{25V_i}{V_i} \doteqdot 25$$

【例 14-11】

已知 Q_1、Q_2 完全相同，(1)求 I_{C2} 與 $V_d = V_1 - V_2$ 的關係，(2)繪出小信號等效電路，並求 $A_V = \dfrac{V_o}{V_d}$。

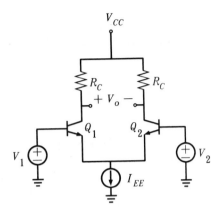

【解】

(1) $\quad I_{C2} = \dfrac{\alpha I_{EE}}{1 + e^{\frac{V_d}{V_T}}}$

(2)

$$V_o = V_{C1} - V_{C2} = -\alpha I_{E1} R_C - \alpha I_{E1} R_C = -2\alpha I_{E1} R_C$$

$$= -2\alpha R_C \frac{V_d}{2R_e}$$

$$\therefore \frac{V_o}{V_d} = -\frac{\alpha}{R_e} R_C = -G_m R_C$$

其中　　$R_e = \dfrac{V_T}{I_E} = \dfrac{2V_T}{I_{EE}}$

$$G_m = \frac{I_C}{V_T} = \frac{\alpha I_{EE}}{2V_T}$$

【例 14－12】

已知 Q_1、Q_2 完全匹配，$\beta = 100$ 且 R_o 效應忽略下，$T = 20℃$，(1)求 g_m、R_π 值,(2) 求輸入電阻 R_{id} ,(3) 求 $\dfrac{V_o}{V_S}$。

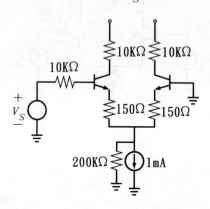

【解】

(1) $\qquad I_{C1} = I_{C2} = I_C = 0.5\text{mA}$

$$G_{m1} = G_{m2} = G_m = \frac{I_C}{V_T} = \frac{0.5\text{mA}}{25\text{mV}} = 20(\text{m}℧)$$

$$R_{e1} = R_{e2} = R_e = \frac{V_T}{I_E} = \frac{25\text{mV}}{0.5\text{mA}} = 50(\Omega)$$

$$R_{\pi1} = R_{\pi2} = R_\pi = (1 + \beta)R_e = 101 \times 50 = 5.05(\text{K}\Omega)$$

(2) $\qquad R_{id} = 2(1 + \beta)(R_e + 150) = 40.4(\text{K}\Omega)$

(3) $\qquad \dfrac{V_o}{V_S} = \dfrac{\alpha I_{E1}(10\text{K} + 10\text{K})}{I_{E1}(2R_e + 2 \times 150\Omega) + \dfrac{I_{E1}}{1 + \beta}10\text{K}\Omega} \doteqdot 40$

【例 14－13】

已知下圖電路的輸入電阻為 $10\text{K}\Omega$，集極電阻 $5\text{K}\Omega$，而在兩集極端差額取出的電壓增益為 100，求放大器的偏壓電流與電晶體的 β 值。

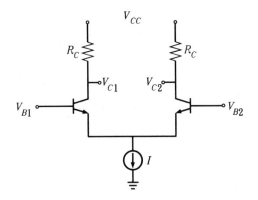

【解】

$$A_d = \frac{V_o}{V_{id}} = \frac{V_{C2} - V_{C1}}{V_{B1} - V_{B2}} = \frac{\alpha I_{E1} \cdot 2R_C}{2I_{E1}R_{e1}} \doteq \frac{R_C}{R_{E1}}$$

$$= \frac{5K}{R_{E1}} = 100$$

$$\therefore R_{e1} = R_{e2} = 50 = \frac{V_T}{I_{E1}} = \frac{25mV}{I_{E1}}$$

$$I_{E1} = I_{E2} = 0.5(mA)$$

$$I = I_{E1} + I_{E2} = 1(mA)$$

$$R_{id} = 2R_e(1 + \beta) = 2 \times 50 \times (1 + \beta) = 10(K\Omega)$$

$$\therefore \beta = 99$$

14－3　CMRR

一理想之差動放大器對差動輸入可具有非常大之差動增益，但對共模信號，其輸出結果為0，以致共模增益為0。但實際的運算放大器之共模增益（Common-mode gain）是有微小值，但並不為零。若以信號 V_{icm} 同時加到兩輸入端，輸出並不為零。注意，輸出電壓 V_o 對輸入電壓 V_{icm} 的比值，可稱為共模增益 A_{cm}。

當信號 V_1 與 V_2 分別加入運算放大器之反相與非反相輸入端，則在兩輸入信號間的差異即是差動模式（Differential mode），或簡稱差動，此輸入信號 V_{id} 爲

$$V_{id} = V_2 - V_1$$

另外，兩輸入信號之平均值即爲共模輸入信號 V_{icm}

$$V_{icm} = \frac{V_1 + V_2}{2}$$

亦即輸出電壓 V_o，常可表示如下

$$V_o = AV_{id} + A_{cm}V_{icm}$$

其中 A 是差動增益，而 A_{cm} 則是共模增益。

至於運算放大器對共模信號互斥能力，又稱爲共模互斥比（Common-Mode Rejection Ratio；CMRR）表示，其定義爲

$$CMRR = \frac{|A|}{|A_{cm}|}$$

通常亦可以 dB 表示

$$CMRR = 20\log\frac{|A|}{|A_{cm}|}\text{dB}$$

注意，差動增益與共模增益之比值愈大，則放大器排除共模信號之能力也愈強。$CMRR$ 是頻率的函數，且隨頻率的增加而遞減。

【例 14 − 14】

某一差動放大器之差動電壓增益爲 2000，而共模增益爲 0.2，求其共模互斥比，並以 dB 表示。

【解】

$$CMRR = \frac{A}{A_{cm}} = \frac{2000}{0.2} = 10000$$

以 dB 表示則爲

$$CMRR = 20\log 10000 = 80\text{dB}$$

　　上題的結果表示待測信號之放大倍數爲雜訊（共模）之 10000 倍。所以若差動信號與雜訊振幅相同時，經放大後結果二者振幅比爲 10000 比 1，因此可用以消除雜訊。

【例 14－15】

差動放大器之差動電壓增益爲 2500，共模拒絕比爲 30000。在一端輸入 $500\mu V_{rms}$ 之信號，同時由於交流電源輻射關係，在二輸入端產生 1V，60Hz 共模干擾信號。(1)求共模增益，(2)將 *CMRR* 以 dB 形式表出，(3)輸出信號以 rms 表示，(4)求輸出端之干擾電壓，以 rms 表示。

【解】

(1) $\qquad CMRR = \dfrac{A}{A_{cm}}$

$\qquad A_{cm} = \dfrac{A}{CMRR} = \dfrac{2500}{30000} = 0.083$

(2) $\qquad CMRR = 20\log 30000 = 89.5 (dB)$

(3)二輸入端之差動電壓爲

$$V_{in} = 500\mu V - 0 = 500(\mu V)$$

輸出信號

$$V_{out} = A \cdot V_{in} = 2500 \cdot 500\mu = 1.25 V_{rms}$$

(4)共模輸入 $1 V_{rms}$，共模增益 0.083

$$V_{out} = A_{cm} \cdot V_{in(cm)} = 0.083 V_{rms}$$

考慮 *CMRR* 不爲無限大時，我們亦可探討其對閉迴路增益的影響。

$$V_o = AV_{id} + A_{cm}V_{icm} = AV_{id}\left(1 + \frac{A_{cm}}{A}\frac{V_{icm}}{V_{id}}\right)$$

$$= AV_{id}\left(1 + \frac{1}{CMRR}\frac{V_{icm}}{V_{id}}\right)$$

【例 14－16】

設差額放大器之兩輸入 $V_{i1} = 150\mu V$，$V_{i2} = 100\mu V$，且差額增益 A_d

= 1000，*CMRR* = 100，試求其輸出電壓。

【解】

$$V_d = V_{i1} - V_{i2} = 50(\mu\text{V})$$

$$V_c = \frac{1}{2}(V_{i1} + V_{i2}) = 125(\mu\text{V})$$

$$V_o = A_d V_d \left(1 + \frac{1}{CMRR}\frac{V_c}{V_d}\right)$$

$$= (1000)(50\mu\text{V})\left(1 + \frac{1}{100}\frac{125}{50}\right) = 51.25(\mu\text{V})$$

R_2

R_1

V_o

V_i

$CMRR \ne \infty$

共模輸入信號 V_{icm} 所產生的輸出成份值為 $A_{cm}V_{icm}$，此相同的輸出值亦可由具有共模增益為零的運算放大器輸入一差動信號而獲得。

如誤差信號可定義為

$$V_{\text{error}} \equiv \frac{A_{cm}V_{icm}}{A} = \frac{V_{icm}}{\dfrac{A}{A_{cm}}} = \frac{V_{icm}}{CMRR}$$

則在所給予的電路中，祇要輸入的共模信號被求得，即可加上一信號產生器 V_{error} 與運算放大器的任一個輸入端串接完成電路之設計，如下圖所示。

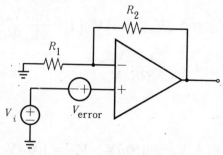

R_2

R_1

V_i

V_{error}

【例 14－17】

試求下列差動放大器電路的共模增益? 已知運算放大器的 $CMRR$ = 80dB, $\dfrac{R_2}{R_1} = 1000$。

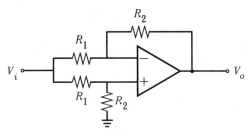

【解】

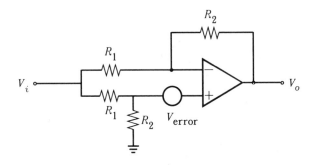

由 V_i 所產生之輸出爲零, 所以所有輸出皆由 V_{error} 產生

$$V_o = V_{\text{error}}\left(1 + \frac{R_2}{R_1}\right)$$

但

$$V_{\text{error}} = V_i\left(\frac{R_2}{R_1 + R_2}\right)\left(\frac{1}{CMRR}\right)$$

故

$$\frac{V_o}{V_i} = \frac{R_2}{R_1}\left(\frac{1}{CMRR}\right) = 10^3 \times \frac{1}{10^4} = 0.1$$

【例 14－18】

每一運算放大器之 $CMRR = 30dB$，求 V_o 與 V_1 及 V_2 間之關係。

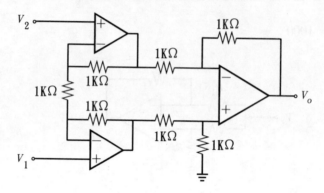

【解】

$$20\log CMRR = 30 \Rightarrow CMRR = 10^{\frac{3}{2}}$$

$$E_1 = V_1\left(1 + \frac{1}{CMRR}\right)$$

$$E_2 = V_2\left(1 + \frac{1}{CMRR}\right)$$

$$E_6 = E_5\left(1 + \frac{1}{CMRR}\right)$$

由 E_1，E_2，E_5，E_6 之節點電壓方程式

$$\begin{cases} \dfrac{E_1 - E_2}{1} + \dfrac{E_1 - E_3}{1} = 0 \\[2mm] \dfrac{E_2 - E_1}{1} + \dfrac{E_2 - E_4}{1} = 0 \\[2mm] \dfrac{E_5 - E_3}{1} + \dfrac{E_5}{1} = 0 \\[2mm] \dfrac{E_6 - E_4}{1} + \dfrac{E_6 - V_o}{1} = 0 \end{cases}$$

整理可得

$$\begin{cases} 2E_1 - E_2 - E_3 = 0 \\ -E_1 + 2E_2 - E_4 = 0 \\ -E_3 + 2E_5 = 0 \\ -E_4 + 2E_6 = V_o \end{cases}$$

$$\Rightarrow \begin{cases} 2V_1\left(1 + \dfrac{1}{CMRR}\right) - V_2\left(1 + \dfrac{1}{CMRR}\right) = E_3 \\[2mm] -V_1\left(1 + \dfrac{1}{CMRR}\right) + 2V_2\left(1 + \dfrac{1}{CMRR}\right) = E_4 \\[2mm] 2E_5 = E_3 \\[2mm] 2E_5\left(1 + \dfrac{1}{CMRR}\right) - E_4 = V_o \end{cases}$$

$$V_o = \left(1 + \dfrac{1}{CMRR}\right)\left[2V_1\left(1 + \dfrac{1}{CMRR}\right) - V_2\left(1 + \dfrac{1}{CMRR}\right)\right] +$$
$$V_1\left(1 + \dfrac{1}{CMRR}\right) - 2V_2\left(1 + \dfrac{1}{CMRR}\right)$$
$$= 3.16V_1 - 3.1275V_2$$

14-4 運算放大器設計技術

一、輸入抵補電壓 (Input offset voltage)

　　理想運算放大器當輸入爲 0 伏特時，輸出常假設爲 0 伏特。但實際上當輸入端爲 0 伏特時，輸出端常出現微小之直流電壓，如圖 14-13 所示。其主要原因，乃由於差動輸入端之二電晶體基射極偏壓不對稱所致。

圖 14-13 (a)理想，(b)具有偏離電壓

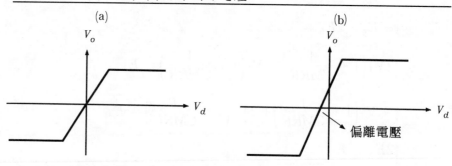

　　若在分析閉迴路組態要考慮到抵補電壓，可從輸入端探尋此問題。將運算放大器的兩輸入端接地，在輸出端量得一直流電壓，此即爲直流抵補電壓 (Output DC offset voltage)。將輸出直流抵補電壓除以增益 A_o，就是輸入抵補電壓 (Input offset voltage) V_{OFF}。V_{OFF} 可用一個和理想運算放大器輸入端相串聯的電壓源來代表，即如圖 14-14 所示。

　　因爲當兩輸入端接在一起時，則輸出一直流抵補電壓 V_o，而 V_{OFF} 是假設一理想運算放大器在輸出端產生等值的直流抵補電壓所需的輸入電壓值。所以，我們可知若在輸入端加入一負的 V_{OFF}，則

可消除直流抵補電壓，如圖 14－15 所示。

圖 14－14　輸入抵補電壓的說明

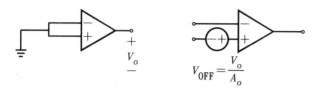

圖 14－15　消除直流抵補電壓的說明

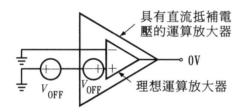

我們另有 μA741 之放大器的實際接線，參見圖 14－16 所示。

圖 14－16　μA741 的抵補調整

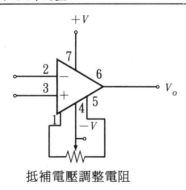

採用電容耦合放大器，亦可以降低輸出直流偏移電壓，如圖 14－17；對直流電壓 V_{OFF}而言，電容 C 視為開路，故此時的圖 14－17 等於一個電壓隨耦器，其輸出直流偏移電壓就是 V_{OFF}。若未採用耦

合電容的輸出直流偏移電壓為 $V_{\mathrm{OFF}}\left(1+\dfrac{R_2}{R_1}\right)$。

圖 14-17　電容耦合放大器

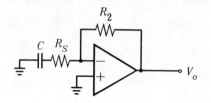

採用耦合電容以降低輸出直流偏移電壓方法，僅適用於當輸入信號之頻率為極高時。若輸入信號之頻率過低，就電容器而言 $\left(-j\dfrac{1}{\omega C}\right)$，可視為開路，即無法將信號傳至輸出端。

另外，因為 V_{OFF} 在閉迴路之效應（參見圖 14-18），其輸出端電壓為 $V_{\mathrm{OFF}}\left(1+\dfrac{R_2}{R_1}\right)$，若閉迴路增益很大，則反而會產生很高的輸出直流偏移電壓。

圖 14-18　閉迴路放大器中，V_{OFF} 所產生之輸出直流偏移電壓

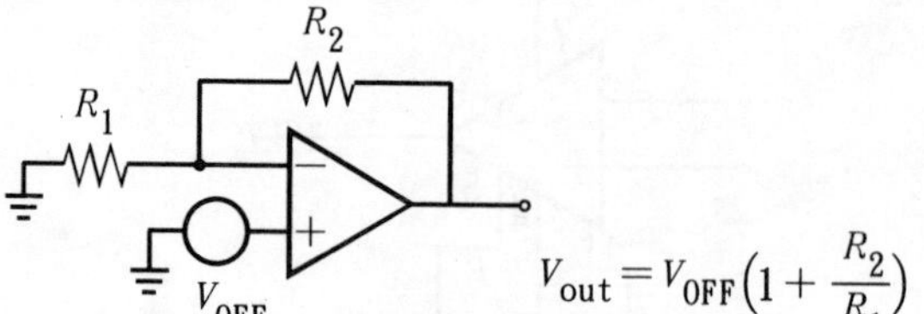

$$V_{\mathrm{out}} = V_{\mathrm{OFF}}\left(1+\dfrac{R_2}{R_1}\right)$$

我們已知 V_{OFF} 為一直流電壓源，加入電容耦合放大器時，輸出電壓成為 $V_{\mathrm{OFF}}\left[1+\dfrac{R_2}{R_1+\dfrac{1}{sC}}\right]$，但若放大器所輸入信號的頻率太低時，將造成 $R_1+\dfrac{1}{sC}\gg R_2$，使得放大器近似一電壓隨耦器，喪失信號放大的功能，因而當輸入信號爲一低頻信號時，絕不可採用電容耦合放大器來改善直流偏移電壓。

二、輸入偏壓電流（Input bias current）

由於差動放大器之輸入端皆爲電晶體之基極，故輸入之電流爲基極電流。推動運算放大器之第一級差動放大器所需之電流，稱爲輸入偏壓電流。爲了使運算放大器能正常工作，必需在其兩輸入端額外供給一定的直流電流。如圖 14−19 所示。

圖 14−19　輸入端之偏壓電流源

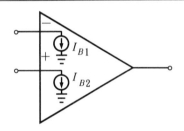

在此，需注意輸入偏壓電流和輸入阻抗毫無關係，因爲差動放大器有二個輸入端，故輸入偏壓電流可視爲此二輸入電流之平均。

$$I_{\text{bias}} = \frac{I_{B1} + I_{B2}}{2}$$

理想運算放大器之二個輸入電流應相等，故其差值常視爲 0。但實際上，二輸入電流卻往往不盡相同。

二輸入電流之差值，稱爲輸入抵補電流。即

$$I_{\text{OFF}} = |I_1 - I_2|$$

注意，在應用上，抵補電流通常可以忽略。但在高增益、高輸入阻抗之情況下，抵補電流絕不可忽略，且其值應愈小愈好。

如圖 14−20 所示，由輸入抵補電流，而引起之抵補電壓可表示爲

圖 14-20 輸入抵補電流之影響

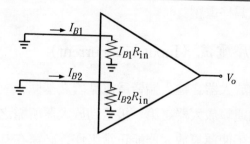

$$V_{\text{OFF}} = I_{B1}R_{\text{in}} - I_{B2}R_{\text{in}} = (I_{B1} - I_{B2})R_{\text{in}} = I_{\text{OFF}}R_{\text{in}}$$

故輸出端之誤差電壓爲:

$$V_{\text{out(error)}} = A_V I_{\text{OFF}} R_{\text{in}}$$

為了減少輸入偏壓電流所產生的輸出直流電壓, 可加一電阻 R_3 在非反相輸入端, 如圖 14-21 所示。

此時, 輸出電壓爲

$$V_o = \left(I_{B1} - I_{B2}\frac{R_3}{R_1} \right)R_2 - I_{B2}R_3$$

圖 14-21 串接電阻 R_3, 以降低輸入偏壓電流的影響

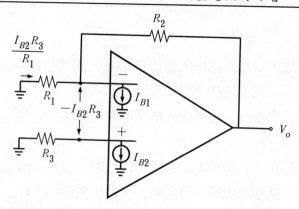

如考慮 $I_{B1} = I_{B2} = I_B$ 的情況, 則

$$V_o = I_B\Big[(R_2 - R_3\Big(1 + \frac{R_2}{R_1}\Big)\Big]$$

若令 $V_o = 0$，則

$$R_2 = R_3\Big(1 + \frac{R_2}{R_1}\Big)$$

整理可得，即知

$$R_3 = R_1 \mathbin{/\mkern-4mu/} R_2$$

由上式結果可知，若 R_3 選定爲 $R_1 \mathbin{/\mkern-4mu/} R_2$ 的值後，將可使 I_B 對直流輸出電壓的響應爲零。

令 $I_{B1} = I_B + \dfrac{I_{\mathrm{OFF}}}{2}$，$I_{B2} = I_B - \dfrac{I_{\mathrm{OFF}}}{2}$

則得

$$V_o = I_{\mathrm{OFF}} R_2$$

若未加入 R_3 時，即如圖 14－22 所示。

圖 14－22 未加 R_3 的閉迴路放大器

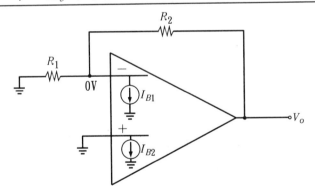

輸出的直流電壓

$$V_o = I_{B1} R_2 \doteqdot I_B R_2$$

因此可知，加入串接電阻 R_3，可使輸入偏壓電流的影響減小至最低。至於若同時考慮偏移電壓和偏壓電流造成偏移電壓之效應，則應如圖 14－23 所示之電路。

圖 14-23 考慮偏移電壓和偏壓電流造成偏移電壓之效應

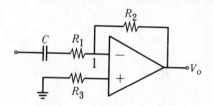

　　但需注意 $R_3 = R_2$，因為此時，將輸出 V_o 接地後，由 1 點看入之等效阻抗為 R_2（因為直流時，電容視為開路）。

【例 14-19】

已知一反相組態運算放大器，其 R_1 接輸入端，R_2 為回授電阻，非反相端串聯一電阻 R_3 接地，設計時須滿足輸入電阻為 100KΩ，增益為 −10；又已知運算放大器的輸入偏移電壓為 2mV，輸入偏壓電流為 20nA，輸入偏移電流為 3nA，試選定 R_3 值，使得輸出直流偏移電壓降至最低？此時之直流偏移電壓為何？ R_3 為零時之輸出直流偏移電壓為何？

【解】

依題意，可知電路如下：

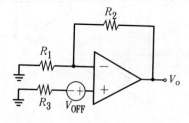

$V_{\text{OFF}} = 2\text{mV}$, $R_{\text{in}} = 100\text{K}\Omega = R_1$, $I_B = 20\text{nA}$, $I_{\text{OFF}} = 3\text{nA}$

$$增益 = -\frac{R_2}{R_1} = -10 \Rightarrow R_2 = 1000(\text{K}\Omega)$$

則(1)　　$R_3 = R_1 /\!/ R_2 = 100\text{K} /\!/ 1000\text{K} = 90.9(\text{K}\Omega)$

(2)　　$V_o = V_{\text{OFF}}\left(1 + \dfrac{R_2}{R_1}\right) + I_{\text{OFF}}R_2$

$\qquad = 2\text{mV} \times (1 + 10) + 3 \times 10^{-9} \times 10^4 = 25(\text{mV})$

(3)當 $R_3 = 0$ 則

$$V_o = \left(I_B + \frac{1}{2}I_{\text{OFF}}\right)R_2 + V_{\text{OFF}}\left(1 + \frac{R_2}{R_1}\right)$$

$$= 20 \times 10^{-9} \times 10^6 + \frac{1}{2} \times 3 \times 10^{-9} \times 10^6 + 2\text{mV}(1 + 10)$$

$$= 43.5(\text{mV})$$

【例 14-20】

已知一增益為 10 的反相放大器，是由偏移電壓為 1mV 的運算放大器組成，今以振幅為 0.1mV，平均值為 0 的交流信號輸入，試求輸出端之交流和直流分量？若考慮電容耦合效應，則輸出端之交流和直流分量又為何？

【解】

(1)無電容耦合：

直流分量：$V_o = V_{\text{OFF}}\left(1 + \dfrac{R_2}{R_1}\right) = 1\text{mV}(1 + 10) = 11(\text{mV})$

交流分量：$V_o = 0.1\text{mV} \times (-10) = -1(\text{mV})$

(2)電容耦合時：

直流分量：$V_o = V_{\text{OFF}} = 1(\text{mV})$

交流分量：$V_o = 0.1\text{mV} \times (-10) = -1(\text{mV})$

【例 14-21】

下圖放大器的偏壓電流為 I_B，而偏移電流為零，試以 V_i、I_B 和 R 表示 V_o，並求輸入電流 I_i？

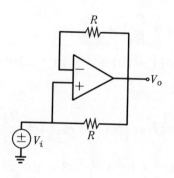

【解】

偏壓電流 $I_B = \dfrac{I_{B1} + I_{B2}}{2}$

而偏移電流 $I_{OFF} = |I_{B1} - I_{B2}| = 0$

表示 $I_{B1} = I_{B2} = I_B$

故　　$V_o = V_i + I_B R$

　　　$I_i = 0$

三、輸入阻抗

運算放大器有兩種不同形式之輸入阻抗。如圖 14–24 所示。

圖 14–24　運算放大器之輸入阻抗

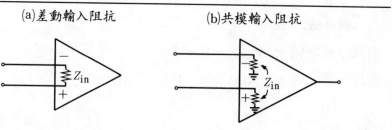

(a)差動輸入阻抗　　　　　　　(b)共模輸入阻抗

反相與非反相輸入端間之阻抗,稱為差動輸入阻抗 (Differential input impedance),可藉由差動輸入電壓與偏壓電流之比值得知。

另一為共模輸入阻抗 (Common-mode input impedance),此乃由

共同輸入接地而得知。

兩輸入端的差額輸入電阻是 R_{id}，而兩輸入端短路接在一起，量出對地的電阻，是為共模輸入電阻 R_{icm}。在等效電路中，係將 R_{icm} 分成兩等份，即每個 $2R_{icm}$ 之電阻並接在輸入端和地之間。如圖 14－25 所示。

圖 14－25 具有輸入電阻和輸出電阻的運算放大器模型

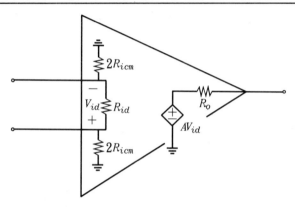

對反相組態而言，輸入電阻約等於 R_1。若詳細分析，考慮 R_{id} 和 R_{icm} 的因素，對輸入電阻的影響很小。但若閉迴路電路接成非反相組態時，如圖 14－26 所示，其輸入電阻則受 R_{id}、R_{icm}、A 和 $\dfrac{R_2}{R_1}$ 值的影響。

假設 $R_o \doteqdot 0$，$R_1 \ll R_{icm}$，$\dfrac{R_2}{R_{id}} \ll A$，$\dfrac{R_2}{R_1} \ll A$，

$$\frac{V_1}{R_1} + \frac{V_1 - V_i}{R_{id}} + \frac{V_1 - A(V_i - V_1)}{R_2} = 0$$

整理後，可得

$$V_1 = \frac{\left(\dfrac{1}{R_{id}} + \dfrac{A}{R_2}\right)V_i}{\left(\dfrac{1}{R_1} + \dfrac{1+A}{R_2} + \dfrac{1}{R_{id}}\right)}$$

圖 14－26 非反相組態的閉迴路電路

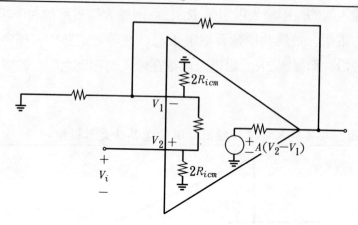

$$I_i = \frac{V_i}{2R_{icm}} + \frac{V_i - V_1}{R_{id}}$$

將 V_1 代入

$$I_i = V_i \frac{1}{2R_{icm}} + \frac{1}{R_{id}}\left[V_i - \frac{\left(\dfrac{1}{R_{id}} + \dfrac{A}{R_2}\right)V_i}{\left(\dfrac{1}{R_1} + \dfrac{1+A}{R_2} + \dfrac{1}{R_{id}}\right)}\right]$$

$$= V_i\left[\frac{1}{2R_{icm}} + \frac{1}{R_{id}}\frac{\dfrac{1}{R_1} + \dfrac{1}{R_2}}{\dfrac{1}{R_1} + \dfrac{1+A}{R_2} + \dfrac{1}{R_{id}}}\right]$$

$$= V_i\left[\frac{1}{2R_{icm}} + \frac{1}{R_{id}}\frac{1 + \dfrac{R_2}{R_1}}{\dfrac{R_2}{R_1} + 1 + A + \dfrac{R_2}{R_{id}}}\right]$$

$$= V_i\left[\frac{1}{2R_{icm}} + \frac{1 + \dfrac{R_2}{R_1}}{R_{id}A}\right] = V_i\left[\frac{1}{2R_{icm}} + \frac{1}{R_{id}\dfrac{A}{1 + \dfrac{R_2}{R_1}}}\right]$$

故

$$\frac{I_i}{V_i} = \frac{1}{R_{\text{in}}} = \frac{1}{2R_{icm}} + \frac{1}{R_{id}\dfrac{A}{1+\dfrac{R_2}{R_1}}}$$

所以

$$R_{\text{in}} = 2R_{icm} \mathbin{/\mkern-3mu/} R_{id}\frac{A}{1+\dfrac{R_2}{R_1}}$$

四、輸出電阻

閉迴路放大器的輸出電阻之計算，可令信號源短路，不論反相放大電路組態或非反相放大電路組態都相同。

以驅動點阻抗法求輸出電阻，也就是外加一測試電壓 V_x 於圖 14－27 的輸出電路，求得輸出電阻 $R_{\text{out}} \equiv \dfrac{V_x}{I}$。

圖 14－27　閉迴路輸出電阻的求法

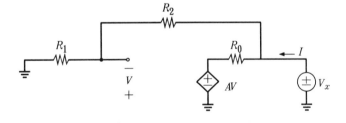

$$V = -V_x \frac{R_1}{R_1 + R_2}$$

令 $\beta = \dfrac{R_1}{R_1 + R_2}$

又

$$I = \frac{V_x - AV}{R_o} + \frac{V_x}{R_1 + R_2} = \frac{V_x}{R_1 + R_2} + \frac{(1+\beta A)V_x}{R_o}$$

$$\frac{1}{R_{\text{out}}} = \frac{I}{V_x} = \frac{1}{R_1 + R_2} + \frac{1}{\dfrac{R_o}{1 + \beta A}}$$

故

$$R_{\text{out}} = (R_1 + R_2) // \frac{R_o}{1 + \beta A}$$

【例 14-22】

已知運算放大器的開迴路增益爲 10^3，開迴路輸出電阻爲 1KΩ，而其他爲理想情況，試問無載時 A 點的電壓爲何？若輸出端輸出 10mA 的電流，則輸出電壓爲何？等效閉迴路輸出電阻爲何？

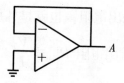

【解】

等效電路如下

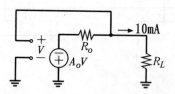

(1)無載時，無輸出電流，故

$$V = - A_o V \Rightarrow (1 + A_o) V = 0$$
$$\Rightarrow V = V_A = 0$$

(2)當輸出電流爲 10mA 時，

$$V_A = V = - A_o V - (10\text{mA}) R_o$$
$$\Rightarrow (1 + A_o) V = - (10\text{mA}) R_o$$

$$V = \frac{-10 \times 10^{-3} \times 10^3}{1001} = -10(\text{mV})$$

(3)等效閉迴路輸出電阻

$$R_o = \frac{V_A}{-I_o} = \frac{-10\text{mV}}{-10\text{mA}} = 1(\Omega)$$

五、轉換率（Slew rate）

將一步級輸入加於運算放大器之輸入端，此時輸出電壓之最大變化率稱爲轉換率。若輸入信號的頻率很小時，則週期很大，此時輸出電壓和輸入電壓同步，不會產生失眞現象；但如果頻率漸增，則週期漸減，當頻率超過某個值後，此時之輸出電壓無法跟上輸入的信號變化，即形成失眞的現象。

轉換率（Slew rate；SR）就是運算放大器輸出電壓的最大可能改變率，亦即

$$SR = \frac{dV_o}{dt}\bigg|_{\text{max}}$$

通常一個運算放大器的內部或外部至少會有一個電容器，以執行補償功能，而通過此電容器的電流由於電路的限制，必有一個最大值。

$$I_C = C\frac{dV_C}{dt}\bigg|_{\text{max}}$$

$$\frac{dV_C}{dt}\bigg|_{\text{max}} = \frac{I_C}{C}$$

此一最大電流與補償電容的比值即爲轉換率。

當輸入信號的頻率超過全功率頻帶寬 f_M 時，則輸出波形會發生失眞的現象。

以電壓隨耦器爲例，令輸入信號爲弦波，則

$$V_o = V_i = V_m\sin\omega t$$

取微分運算

$$\frac{dV_o}{dt} = \omega V_m \cos \omega t$$

$$而 \frac{dV_o}{dt}\bigg|_{\max} = \omega V_m$$

若以 SR 代表轉換率, 則

$$SR = \omega_M V_m \Rightarrow SR = 2\pi f_M V_m \Rightarrow f_M = \frac{SR}{2\pi V_m}$$

【例 14－23】

已知電源爲 ± 15V 的 μA741 運算放大器所能得到的最大輸出電壓爲 ± 13V, 此一電壓稱之爲全功率輸出, 若 μA741 的轉換率爲 0.5V/μsec, 試求其全功率頻帶寬?

【解】

$$f_M = \frac{SR}{2\pi V_m} = \frac{0.5}{6.28 \times 13} = 6(\text{KHz})$$

【例 14－24】

已知運算放大器的額定輸出電壓爲 ± 10V, $f_t = 1\text{MHz}$, $SR = 1\text{V}/\mu\text{sec}$, 今將其接成反相放大器, 且小信號頻帶寬和全功率頻帶寬相同, 試問其最大增益爲何?

【解】

$$小信號頻帶寬 = \frac{f_t}{1 + \frac{R_2}{R_1}}$$

$$全功率頻帶寬 = \frac{SR}{V_m} = \frac{10^6}{10} = 10^5$$

故

$$\frac{2\pi \times 10^6}{1 + \frac{R_2}{R_1}} = 10^5 \Rightarrow \frac{R_2}{R_1} = 61.8$$

得知最大增益為 61.8

【例 14－25】

已知運算放大器之轉換率為 $0.8V/\mu sec$，今以 $V_{P-P} = 10V$，$f = 1KHz$ 之方波輸入，試繪其轉出波形。

【解】

週期 $T = \dfrac{1}{f} = 10^3 \mu sec$

則

$$\frac{T}{2} = 5 \times 10^2 (\mu sec)$$

$$SR = \frac{0.8V}{1\mu sec} = \frac{10}{t_1} \Rightarrow t_1 = 12.5(\mu sec)$$

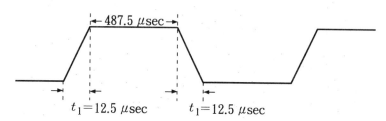

14－5　金氧半（MOS）運算放大器

圖 14－28 所示為一個基本的 MOS 差動對。它是由兩個匹配的增強型 MOSFET，即 Q_1 與 Q_2 組成且偏壓在定電流源 I。

如果我們忽略輸出電阻與本體效應的影響，汲極電流可表示如下：

$$I_{D1} = K(V_{GS1} - V_t)^2$$

$$I_{D2} = K(V_{GS2} - V_t)^2$$

圖 14-28 MOSFET 差動對

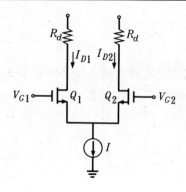

其中 $K = \dfrac{1}{2}\mu_n C_{ox}\dfrac{w}{l}$

令 $V_{GS1} - V_{GS2} = V_{iD}$

代入上二式整理可得

$$\sqrt{I_{D1}} - \sqrt{I_{D2}} = \sqrt{K}V_{iD} \qquad\qquad (14-1)$$

因爲 $I_{D1} + I_{D2} = I$ $\qquad\qquad (14-2)$

解 (14-1) 式和 (14-2) 式的聯立方程組，可得

$$I_{D1} = \frac{I}{2} + \sqrt{2KI}\left(\frac{V_{iD}}{2}\right)\sqrt{1 - \frac{\left(\dfrac{V_{iD}}{2}\right)^2}{\dfrac{I}{2K}}} \qquad (14-3)$$

$$I_{D2} = \frac{I}{2} - \sqrt{2KI}\left(\frac{V_{iD}}{2}\right)\sqrt{1 - \frac{\left(\dfrac{V_{iD}}{2}\right)^2}{\dfrac{I}{2K}}} \qquad (14-4)$$

若 $I_{D1} = I_{D2} = \dfrac{I}{2}$，則 $V_{GS1} = V_{GS2} = V_{GS}$，且 $\dfrac{I}{2} = K(V_{GS} - V_t)^2$

則 (14-3)式和 (14-4) 式可再改寫成

$$I_{D1} = \frac{I}{2} + \left(\frac{I}{V_{GS} - V_t}\right)\left(\frac{V_{iD}}{2}\right)\sqrt{1 - \left[\frac{\dfrac{V_{iD}}{2}}{V_{GS} - V_t}\right]^2} \qquad (14-5)$$

$$I_{D2} = \frac{I}{2} - \left(\frac{I}{V_{GS} - V_t}\right)\left(\frac{V_{iD}}{2}\right)\sqrt{1 - \left[\frac{\frac{V_{iD}}{2}}{V_{GS} - V_t}\right]^2} \quad (14-6)$$

若 $\frac{V_{iD}}{2} \ll V_{GS} - V_t$，則又可將（14-5）式和（14-6）式近似成

$$I_{D1} \doteqdot \frac{I}{2} + \left(\frac{I}{V_{GS} - V_t}\right)\left(\frac{V_{iD}}{2}\right) = \frac{I}{2} + I_D$$

$$I_{D2} \doteqdot \frac{I}{2} - \left(\frac{I}{V_{GS} - V_t}\right)\left(\frac{V_{iD}}{2}\right) = \frac{I}{2} - I_D$$

又 $g_m = \dfrac{2\left(\dfrac{I}{2}\right)}{V_{GS} - V_t} = \dfrac{I}{V_{GS} - V_t}$ 代入，可得

$$I_D = G_m\left(\frac{V_{iD}}{2}\right)$$

故

$$I_{D1} = \frac{I}{2} + G_m\frac{V_{iD}}{2}$$

$$I_{D2} = \frac{I}{2} - G_m\frac{V_{iD}}{2}$$

若為差動輸出時

$$V_o = (V_{DD} - I_{D1}R_D) - (V_{DD} - I_{D2}R_D) = -G_mR_DV_{iD}$$

故

$$A_v = \frac{V_o}{V_{iD}} = -G_mR_D$$

若為單端輸出，

$$V_{o2} = -\frac{1}{2}G_mR_DV_{iD}$$

$$\Rightarrow \frac{V_{o2}}{V_{iD}} = -\frac{1}{2}G_mR_D$$

注意，若 R_{D1} 和 R_{D2} 並不匹配，且分別為

$$R_{D1} = R_D + \frac{\Delta R_D}{2}$$

$$R_{D2} = R_D - \frac{\Delta R_D}{2}$$

則輸出電壓 V_o 為

$$V_o = (V_{DD} - I_{D2}R_{D2}) - (V_{DD} - I_{D1}R_{D1}) = \frac{I}{2}\Delta R_D$$

輸入抵補電壓是得自輸出電壓 V_o 除以增益 $G_m R_D$，

$$V_{OFF} = \frac{V_o}{G_m R_D} = \frac{\frac{I}{2}\Delta R_D}{G_m R_D} = \frac{\frac{I}{2}\Delta R_D}{\frac{I}{V_{GS} - V_t} R_D}$$

$$= \left(\frac{V_{GS} - V_t}{2}\right)\left(\frac{\Delta R_D}{R_D}\right)$$

若 Q_1 與 Q_2 的 $\frac{w}{l}$ 比例不相同時，則

$$\left(\frac{w}{l}\right)_1 = \frac{w}{l} + \frac{1}{2}\Delta\left(\frac{w}{l}\right)$$

$$\left(\frac{w}{l}\right)_2 = \frac{w}{l} - \frac{1}{2}\Delta\left(\frac{w}{l}\right)$$

因為這種不匹配情形會導致一個比例的誤差於導電參數

$$K = \frac{1}{2}\mu_n C_{ox}\frac{w}{l}$$

所以

$$K_1 = K + \frac{1}{2}\Delta K$$

$$K_2 = K - \frac{1}{2}\Delta K$$

此時之電流 I_1 和 I_2 不再相等，而成為

$$I_1 = \frac{I}{2} + \frac{I}{2}\frac{\Delta K}{2K}$$

$$I_2 = \frac{I}{2} - \frac{I}{2}\frac{\Delta K}{2K}$$

由於 G_m 給予一半的輸入抵補電壓（是由於 K 值的不一致所致），所以

$$V_{\text{OFF}} = \left(\frac{V_{GS} - V_t}{2}\right)\frac{\Delta K}{K}$$

當兩個臨限（Threshold）之間 ΔV_t 不一致所造成的影響，

$$V_{t1} = V_t + \frac{\Delta V_t}{2}$$

$$V_{t2} = V_t - \frac{\Delta V_t}{2}$$

故電流 I_1 爲

$$I_1 = K\left(V_{GS} - V_t - \frac{\Delta V_t}{2}\right)^2$$

$$= K(V_{GS} - V_t)^2\left[1 - \frac{\Delta V_t}{2(V_{GS} - V_t)}\right]^2$$

若 $\Delta V_t \ll 2(V_{GS} - V_t)$ 時，則 I_1 可近似爲

$$I_1 \doteqdot K(V_{GS} - V_t)^2\left(1 - \frac{\Delta V_t}{V_{GS} - V_t}\right) \qquad (14-7)$$

同理，

$$I_2 \doteqdot K(V_{GS} - V_t)^2\left(1 + \frac{\Delta V_t}{V_{GS} - V_t}\right) \qquad (14-8)$$

將（14-7）與（14-8）兩式相加

$$K(V_{GS} - V_t)^2 = \frac{I}{2}$$

故

$$I_1 = \frac{I}{2}\left(1 - \frac{\Delta V_t}{V_{GS} - V_t}\right) = \frac{I}{2} - \frac{I}{2}\frac{\Delta V_t}{V_{GS} - V_t} = \frac{I}{2} - \Delta I$$

$$I_2 = \frac{I}{2}\left(1 + \frac{\Delta V_t}{V_{GS} - V_t}\right) = \frac{I}{2} + \frac{I}{2}\frac{\Delta V_t}{V_{GS} - V_t} = \frac{I}{2} + \Delta I$$

因此

$$\Delta I = \frac{I}{2}\frac{\Delta V_t}{V_{GS} - V_t}$$

ΔI 除以 G_m 可得一半的輸入抵補電壓（由於 ΔV_t 之故），所以

$$V_{\text{OFF}} = \Delta V_t$$

整理所有可能的抵補電壓，可得下列不同的三式

1.負載電阻不匹配時

$$V_{\text{OFF}} = \left(\frac{V_{GS} - V_t}{2}\right)\left(\frac{\Delta R_D}{R_D}\right)$$

2.K 值不一致時

$$V_{\text{OFF}} = \left(\frac{V_{GS} - V_t}{2}\right)\frac{\Delta K}{K}$$

3.V_C 不同時

$$V_{\text{OFF}} = \Delta V_t$$

由上述的結果，可以觀察得知，若要保持較小的 V_{OFF} 值，其方法就是讓 Q_1 與 Q_2 工作在較低的（$V_{GS} - V_t$）的值。

14-6　運算放大器之頻率響應與補償

運算放大器的差額開迴路增益並非是無窮大，而是有限值的，並隨頻率而遞減。運算放大器內之 RC 落後（低通）網路，乃為使放大器當頻率增加時，增益反而降低的主要因素。

依基本電路理論，分析圖 14-29 的 RC 低通網路的電壓衰減率為：

圖 14-29　RC 低通網路

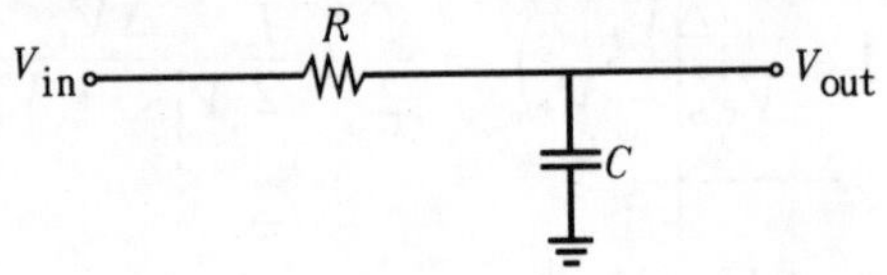

$$\frac{V_{\text{out}}}{V_{\text{in}}} = \frac{X_C}{\sqrt{R^2 + X_C{}^2}} = \frac{1}{\sqrt{1 + \dfrac{R^2}{X_C{}^2}}}$$

RC 低通網路的共振頻率爲

$$R = X_C = \frac{1}{2\pi f_c} \Rightarrow f_c = \frac{1}{2\pi RC}$$

故

$$\frac{f_c}{f} = \frac{1}{2\pi RCf} = \frac{1}{(2\pi f_c)R}$$

因爲 $X_C = \dfrac{1}{2\pi f_c}$

因此

$$\frac{f_c}{f} = \frac{X_C}{R}$$

故

$$\frac{V_{\text{out}}}{V_{\text{in}}} = \frac{1}{\sqrt{1 + \left(\dfrac{f}{f_c}\right)^2}}$$

　　若一運算放大器如圖 14－30 所示，包含電壓增益元件與 RC 低通網路，則整個電路的開迴路增益爲中頻開迴路增益 A_o 與 RC 網路衰減率之乘積，即：

$$A = \frac{A_o}{\sqrt{1 + \left(\dfrac{f}{f_c}\right)^2}}$$

圖 14－30　由增益元件與內部 RC 網路構成之運算放大器

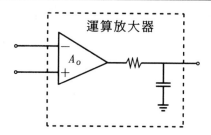

運算放大器的增益 $A(s)$ 為

$$A(s) = \frac{A_o}{1 + \dfrac{s}{\omega_b}}$$

式中

ω_b：轉折點頻率，即 3dB 頻率。

對實際頻率而言，$s = j\omega$，故

$$A(j\omega) = \frac{A_o}{1 + j\dfrac{\omega}{\omega_b}}$$

當角頻率 $\omega \gg \omega_b$，則增益又可化為

$$A(j\omega) \doteqdot \frac{A_o\,\omega_b}{j\omega}$$

假設在 $|A|$ 為單位增益（即 0dB）時之頻率記為 ω_t，如圖 14－31 所示，則

圖 14－31　典型運算放大器的開路增益

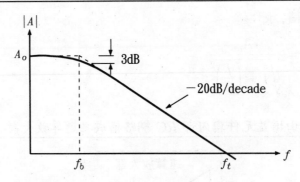

$$\omega_t = A_o\,\omega_b$$

故得

$$A(j\omega) \doteqdot \frac{\omega_t}{j\omega}$$

此時 ω_t 又稱為單位增益頻寬。

若 $\omega \gg \omega_b$ 時，開路增益變為

$$A(s) \doteqdot \frac{\omega_t}{s}$$

此時運算放大器即有如一具有時間常數 $\tau = \dfrac{1}{\omega_t}$ 的積分器。

一、負回授的頻率響應

$$I_i = \frac{V_i - \left(-\dfrac{V_o}{A}\right)}{R_1}$$

$$V_o = -\frac{V_o}{A} - I_i R_2 = -\frac{V_o}{A} - \frac{V_i + \dfrac{V_o}{A}}{R_1} R_2$$

可求得閉迴路增益為

$$G \equiv \frac{V_o}{V_i} = \frac{-\dfrac{R_2}{R_1}}{1 + \dfrac{1 + \dfrac{R_2}{R_1}}{A}}$$

因為 $A(s) = \dfrac{A_o}{1 + \dfrac{s}{\omega_b}}$

故

$$\frac{V_o(s)}{V_i(s)} = \frac{-\dfrac{R_2}{R_1}}{1 + \dfrac{1}{A_o}\left(1 + \dfrac{R_2}{R_1}\right) + \dfrac{s}{A_o \omega_b}\left(1 + \dfrac{R_2}{R_1}\right)}$$

$$\doteqdot \frac{-\dfrac{R_2}{R_1}}{1 + \dfrac{1}{A_o}\left(1 + \dfrac{R_2}{R_1}\right) + \dfrac{s}{\dfrac{\omega_t}{1 + \dfrac{R_2}{R_1}}}}$$

若 $A_o \gg 1 + \dfrac{R_2}{R_1}$, 則

$$\frac{V_o(s)}{V_i(s)} = \frac{-\dfrac{R_2}{R_1}}{1 + \dfrac{s}{\dfrac{\omega_t}{1 + \dfrac{R_2}{R_1}}}}$$

因此轉角頻率（3dB 頻率）如下：

$$\omega_{3\text{dB}} = \frac{\omega_t}{1 + \dfrac{R_2}{R_1}}$$

二、非反相放大器的頻率響應

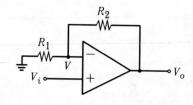

$$(V_i - V)A = V_o$$

$$\left(1 + \dfrac{R_2}{R_1}\right) V = V_o$$

因此可得

$$V_i - \dfrac{V_o}{1 + \dfrac{R_2}{R_1}} = \dfrac{V_o}{A}$$

經整理後，可得其電壓增益為

$$\frac{V_o}{V_i} = \frac{1 + \dfrac{R_2}{R_1}}{1 + \dfrac{1 + \dfrac{R_2}{R_1}}{A}}$$

因為 $A = \dfrac{A_o}{1 + \dfrac{s}{\omega_b}}$

因此

$$\frac{V_o}{V_i} = \frac{1 + \dfrac{R_2}{R_1}}{1 + \dfrac{1}{A_o}\left(1 + \dfrac{R_2}{R_1}\right) + \dfrac{s}{A_o\,\omega_b}\left(1 + \dfrac{R_2}{R_1}\right)}$$

$$\doteqdot \frac{1 + \dfrac{R_2}{R_1}}{1 + \dfrac{1}{A_o}\left(1 + \dfrac{R_2}{R_1}\right) + \dfrac{s}{\omega_t}\left(1 + \dfrac{R_2}{R_1}\right)}$$

若 $A_o \gg 1 + \dfrac{R_2}{R_1}$，則

$$\frac{V_o}{V_i} = \frac{1 + \dfrac{R_2}{R_1}}{1 + \dfrac{\dfrac{s}{\omega_t}}{1 + \dfrac{R_2}{R_1}}}$$

故轉角頻率（3dB 頻率）同樣等於

$$\omega_{3\text{dB}} = \frac{\omega_t}{1 + \dfrac{R_2}{R_1}}$$

三、相位移

　　RC 低通網路使輸入信號在輸出端發生延遲現象，亦即輸入與輸出端有相位移。

　　依基本電路理論，可得此電路的相角為

$$\phi = -\tan^{-1}\frac{R}{X_C} = -\tan^{-1}\frac{f}{f_c}$$

圖 14-32　相位移

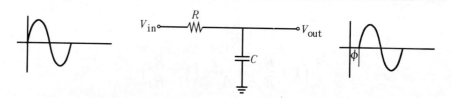

上式之負號表示輸出信號落後輸入信號，且頻率增加時，相角亦增加；若 $f \gg f_c$，則相角即為 $-90°$。

四、補償

　　運算放大器之響應曲線下降速率超過 $-20\text{dB}/\text{decade}$ 時，會發生不穩定現象。放大器之補償乃用來使其開迴路增益之下降速率不要超過 $-20\text{dB}/\text{decade}$，或使其以 $-20\text{dB}/\text{decade}$ 之下降曲線，延伸至較低的增益。

圖 14-33　基本補償網路工作原理

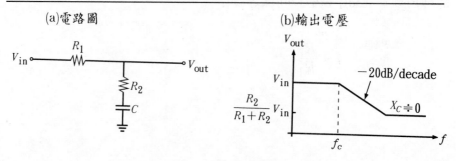

　　運算放大器有內部與外部補償等兩種方式。但不論用那一種，均須加上 RC 網路。

　　低頻時 X_C 之值非常大，此時輸出電壓約與輸入電壓相等。當輸入信號之頻率接近臨界頻率 $f_c = \dfrac{1}{2\pi(R_1 + R_2)C_c}$ 時，輸出電壓即以 $-20\mathrm{dB/decade}$ 之速率往下降，直到 $X_C \fallingdotseq 0$ 為止

圖 14-34　二級串聯之運算放大器的補償電路

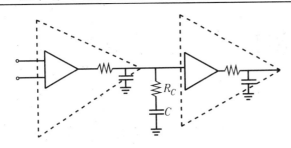

　　若補償電容夠大，補償後 $-20\mathrm{dB/decade}$ 下降斜線會延伸至單位增益處，使運算放大器無論在任何情況下，皆呈穩定狀態，此稱全補償，某些放大器在製造時即以此方式補償，例如 $\mu\mathrm{A741}$。

　　然而，運算放大器全補償時，也有其缺點，如頻寬變小，轉換率降低等，為避免此現象，若干放大器也使用外部補償，例如 LM101。

圖 14-35　運算放大器 LM101 接腳圖

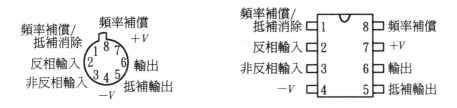

圖 14-36　LM101 之單電容補償

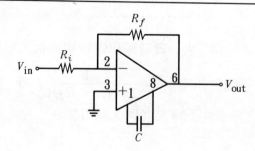

【自我評鑑】

1. 考慮一積分器電路係利用一理想的積分器且其輸入電阻為 10KΩ 以及回授電容器為 $0.1\mu F$。若在 $t=0$ 輸入步階波從 0 伏特至 1 伏特，此時電容器的壓降為零。試描述其輸出電壓，且在何時其輸出電壓達到 -10 伏特？

2. 某內部補償之運算放大器在 100Hz 之增益為 10^3，試求低頻增益 A_o，3dB 頻率 f_b 與單位增益頻寬 f_t。

3. 某運算放大器之迴轉率（Slew rate, SR）限制為 $10V/\mu s$。試問在輸出為(1)$1 V_p$，(2)$10 V_p$ 時所能複製的最高頻率之正弦波。

4. 某運算放大器之全功率頻率為 50KHz，以及輸出電壓比率為 $\pm 12V$。試問輸出為 100KHz 時，最大可能未失真正弦波。

5. 某運算放大器之輸入抵補電壓為 1mV 且連接具有 $R_2 = 100R_1$ 之閉迴路放大器，則其輸出直流抵補電壓是多少？

6. 若 $\mu A741$ 型運算放大器的最大電流在第一級可提供 $19\mu A$，且補償電容器 C 是 30pF，試求迴轉率？

$$\boxed{\textbf{習　題}}$$

1.設輸入電阻為 R_i，電壓增益 $A_V < 0$，輸出電阻 $R_o = 0$，且運算放大器是單向由輸入到輸出的，試證明

(1)沒有反饋時，此放大器之互阻是：

$$\frac{A_V A_I R R'}{RR' + (R_i + R_1)(R + R')}$$

(2) $\quad A_{Vf} \equiv \dfrac{V_o}{V_S} = \dfrac{A_V R_i R_i'}{RR' + (R_i + R_1)(R + R') - A_V R_i R}$

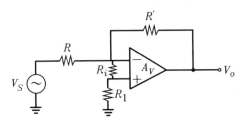

2.求電路之 I_1, I_2 及 V_o 之值。

3.(1)試求該電路之轉換增益。

(2)設輸入為一定值 V，證明輸出 V_o 可表為下式

$$C \frac{dV_o}{dt} + \frac{V_o}{R_3} + \frac{V}{R_1}\left(1 + \frac{R_2}{R_3}\right) = 0$$

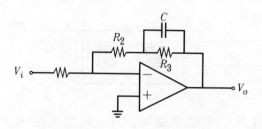

4.求下圖電路之 V_i 值？（已知 $R = 1\mathrm{K}\Omega$）

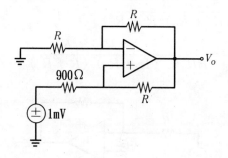

5.已知下圖為一理想之運算放大器，求 $\dfrac{V_o}{V_S}$。

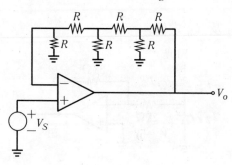

6.已知下圖為一理想之運算放大器，求 $\dfrac{V_o}{V_i}$。

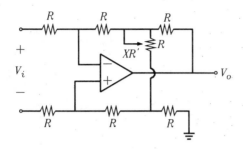

7.求 V_o 與 V_1，V_2 之關係。

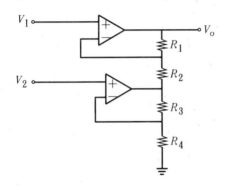

8.求下圖放大器電路之 $\dfrac{V_o}{V_S}$。

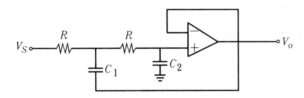

9.已知下圖之運算放大器爲理想狀態，(1)證明 $Z_{in} = \dfrac{R_1 R_2}{Z}$，(2)若 R_1

　＝R_2＝1KΩ，Z 爲何値可得到 1H 之電感效應。

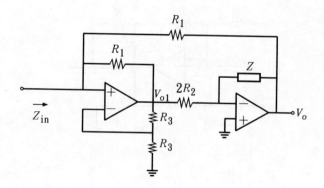

10.已知下圖運算放大器之 $CMRR = 80$dB，求 A_d 和 A_{cm}。

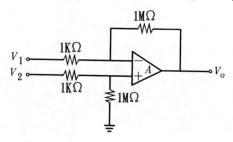

11.同習題 10.之電路，若 $V_{os} = 1$mV，$I_B = 100$nA，$I_{os} = 10$nA，求輸出偏移電壓。

12.已知下圖中之運算放大器爲理想，求(1) $V_o = K \int (V_1 - V_2)\, dt$ 之運算放大器 A_1 的極性，(2) K 值。

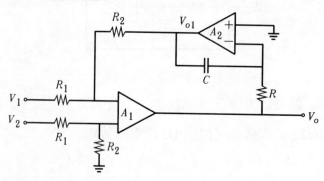

13.已知下圖爲一理想之運算放大器，求 $\dfrac{V_o}{V_i}$ 。

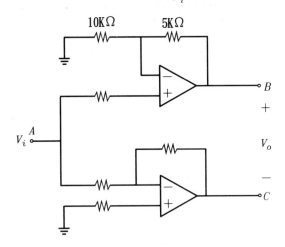

14.下圖之 I_{EE} 爲一理想電流源，且 Q_1 及 Q_2 完全相同，設 $V_{id} = V_{i1} - V_{i2}$ ，證明

$$V_o = -I_{EE}R_C\tanh\left(\dfrac{-V_{id}}{2V_T}\right)$$

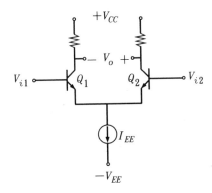

15.設 $V_S = mt$ ，試求 $V_o = ?$

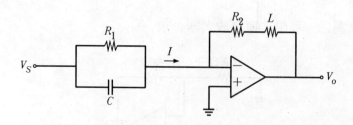

16. $A_V = \dfrac{V_o}{V_S}$，試求截止頻率及阻尼因數 K。

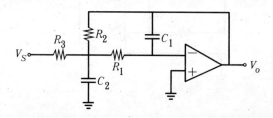

第十五章　運算放大器應用

15-1　反相放大器

　　運算放大器的目的是用來量取兩輸入電壓的差值，再乘上增益 A，而在輸出端產生 $V_o = A(V_2 - V_1)$ 的電壓，如圖 15-1 所示。

圖 15-1　解釋理想運算放大器的等效電路

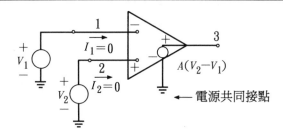

　　若將運算放大器的非反相輸入端（＋）接地，而將輸入信號加至反相輸入端（－），同時在輸出端與反相輸入端之間接上一個回授電阻 R_f，如此即形成一基本型態反相放大器，如圖 15-2 所示。

圖 15-2　反相放大器

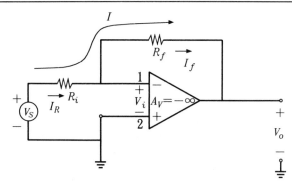

　　由於輸入端間為虛接地（Virtual ground）；若 $V_2 = 0$ 時，如同圖

15-2 的情形，則 V_1 也必定爲零，亦即此點的電壓爲零。由於輸入端間爲虛接地，即 $V_i=0$，$I_i=0$，如圖 15-3 所示。因此可知流經輸入電阻 R_i 的電流 I_R 亦是流經回授電阻 R_f 的電流 I_f，於是：

圖 15-3　反相放大器等效電路

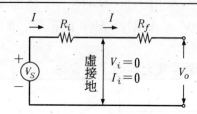

$$I_R = I_f = I$$

因接點 1 和接點 2 同相位，所以 $V_i=0$，兩端輸入的電阻值爲無窮大，$I_i=0$

$$I_R = \frac{V_S - V_i}{R_i} = \frac{V_S - 0}{R_i} = \frac{V_S}{R_i}$$

$$I_f = \frac{V_i - V_o}{R_f} = \frac{0 - V_o}{R_f} = \frac{-V_o}{R_f}$$

所以

$$\frac{V_S}{R_i} = -\frac{V_o}{R_f}$$

亦即

$$A_{Vf} = \frac{V_o}{V_f} = -\frac{R_f}{R_i} \tag{15-1}$$

由上式可知，運算放大器的閉環路增益爲 $\dfrac{R_f}{R_i}$，完全由回授電路決定，而與運算放大器之開環路增益無關，所以電壓增益相當穩定。

【例 15-1】

試設計一個增益爲 −100，輸入電阻爲 1KΩ 的簡單運算放大器。

【解】

電路設計如下圖，其中 $R_{in} = R_1 = 1K\Omega$, $A_V = \dfrac{V_o}{V_i} = \dfrac{-R_2}{R_1}$, $A_V = -100$，故得 $R_2 = 100K\Omega$。

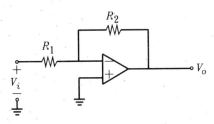

　　由圖 15－4 所示運算放大器電路，依據米勒定理（Miller's theorem）可知，放大器反饋部份的有效輸入阻抗為

$$R_{i1} = \frac{R_f}{1 + A}$$

而

$$R_{o1} = \left(\frac{A}{1 + A}\right)R_f$$

其中，R_{i1} 為輸入端看入之米勒電阻，R_{o1} 為輸出端看入之米勒電阻，A 為運算放大器開環路增益。

　　圖 15－5(a)所示為依米勒定理繪成之等效電路，另由圖 15－5(b)所示輸入阻抗等效電路可得，由反相端看進去的輸入阻抗為：

圖 15－4　反相運算放大器

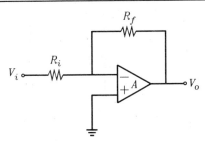

$$Z_{\text{in}} = R_i + R_{i1} /\!/ Z_i = R_i + \left(\frac{R_f}{1+A}\right) /\!/ Z_i$$

式中，$Z_i \gg \dfrac{R_f}{1+A}$，而 $A \gg 1$，故上式可改寫爲：

$$Z_{\text{in}} \doteqdot R_i + \frac{R_f}{A}$$

若 $R_i \gg \dfrac{R_f}{A}$，則

$$Z_{\text{in}} \doteqdot R_i \qquad\qquad (15-2)$$

因此由圖 15-5(a)所示之等效電路可知，米勒輸出阻抗與 Z_o 並聯，

$$Z_{\text{out}} = \left(\frac{A}{1+A}\right)R_f /\!/ Z_o$$

式中，因 $A \gg 1$，且 $R_f \gg Z_o$，故上式可簡化爲

$$Z_{\text{out}} \doteqdot Z_o \qquad\qquad (15-3)$$

圖 15-5　運算放大器阻抗等效電路

(a)輸入與輸出之米勒等效電路

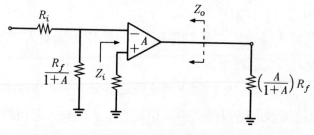

(b)輸入阻抗等效電路

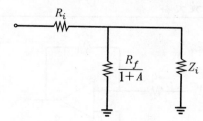

【例 15－2】

試求下圖的電壓增益$\dfrac{V_o}{V_i}$? 假設運算放大器為理想狀況。

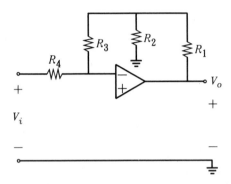

【解】

採用節點分析法

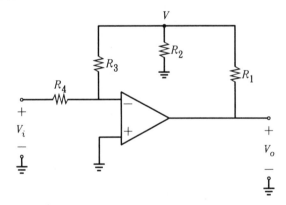

$$\frac{V-0}{R_3} + \frac{V}{R_2} + \frac{V-V_o}{R_1} = 0$$

$$V\left(\frac{1}{R_1} + \frac{1}{R_2} + \frac{1}{R_3}\right) = \frac{V_o}{R_1} \cdots\cdots ①$$

$$\frac{V_i}{R_4} = -\frac{V}{R_3} \Rightarrow V\left(\frac{1}{R_3}\right) = -\frac{V_i}{R_4} \cdots\cdots ②$$

將①式除以②式可消去 V

$$\frac{\dfrac{1}{R_1} + \dfrac{1}{R_2} + \dfrac{1}{R_3}}{\dfrac{1}{R_3}} = \frac{-\dfrac{V_o}{R_1}}{\dfrac{V_i}{R_4}}$$

故

$$\frac{V_o}{V_i} = -\frac{R_1 R_3}{R_4}\left(\frac{1}{R_1} + \frac{1}{R_2} + \frac{1}{R_3}\right)$$

圖 15-6 的積分組態亦稱為米勒積分器（Miller integrator），其輸出的時間響應為

圖 15-6　米勒積分器

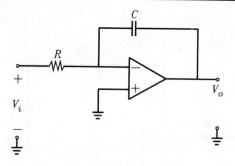

$$V_o(t) = V - \frac{1}{RC}\int_0^t V_i(t')dt'$$

其中 V 為 $t=0$ 時之電容電壓值

若以頻率響應表示，則

$$\frac{V_o}{V_i} = \frac{1}{j\omega RC}$$

其轉移函數的頻率響應，如圖 15-7 所示。

圖 15-8 的組態稱為微分器，其輸出的時間響應為

$$V_o(t) = -RC\frac{dV_i(t)}{dt}$$

若以頻率響應表示，則

圖 15-7　理想米勒積分器的頻率響應

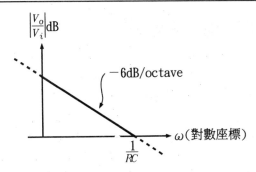

圖 15-8　微分器

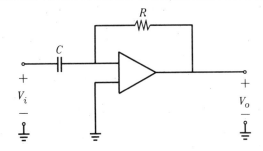

$$\frac{V_o}{V_i} = -j\omega RC$$

其轉移函數的頻率響應如圖 15-9 所示。我們亦可看出，圖 15-9 與具有無窮大轉折頻率的高通網路是相同的。

圖 15-9　微分器的頻率響應

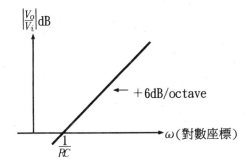

15-2　非反相放大器

　　圖 15-10 所示爲非反相放大器，信號由非反相輸入端 " + " 端輸入，輸出信號經由 R_f 與 R_i 所組合的回授網路回授到反相輸入端，所以輸出信號與輸入信號同相位。

圖 15-10　非反相放大器

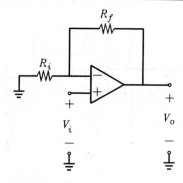

　　非反相組態電壓增益值有二種求法：

㈠採用理想運算放大器特性和分壓法則

$$\frac{V_o}{V_i} = \frac{R_i + R_f}{R_i} = 1 + \frac{R_f}{R_i}$$

㈡採用互補轉換（Complementary transformation）性質

　　已知反相組態之增益爲 $\dfrac{V_o}{V_i} = -\dfrac{R_f}{R_i}$，再根據互補轉換性質，其轉換性質如圖 15-11，則可證得非反相組態增益值。

　　圖 15-11(a)中網路的轉移函數爲 T_2，而(c)網路的轉移函數爲 T_1，根據網路定理 $T_1 = 1 - T_2$，將圖(a)代入圖(b)之網路 N 中，則得 $T_2 = -\dfrac{R_f}{R_i}$，將圖(a)代入圖(c)的網路中，則此時之圖(c)即爲圖 15-10

的非反相組態，其增益 $T_1 = 1 - T_2 = 1 + \dfrac{R_f}{R_i}$。

圖 15-11　互補轉換性質說明圖

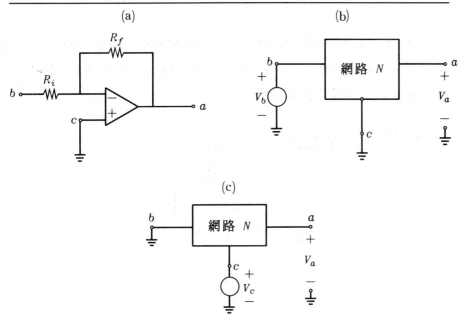

【例 15-3】

依下圖所示爲非反相放大器電路，試求其閉環路增益及輸出電壓。

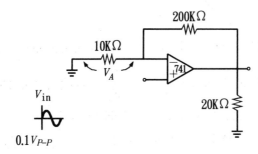

【解】

閉環路電壓增益：

$$A_{Vf} = 1 + \frac{R_f}{R_i} = 1 + \frac{200K}{10K} = 21$$

輸出電壓

$$V_o = \left(1 + \frac{R_f}{R_i}\right) \times V_{\text{in}} = \left(1 + \frac{200K}{10K}\right) \times 0.1 V_{P-P}$$
$$= 21 \times 0.1 V_{P-P} = 2.1 V_{P-P}$$

爲了方便解析起見，可將圖 15-12 所示非反相放大器之輸入阻抗視爲並非無限大，而輸入電流並非爲零，亦即兩輸入端間有一微小的電壓差 V_{diff} 存在，因此：

$$V_i = V_{\text{diff}} + V_f$$

因 $V_f = \dfrac{R_i}{R_i + R_f} V_o = \beta V_o$

令 $\beta = \dfrac{R_i}{R_i + R_f}$

所以

$$V_i = \beta V_o + V_{\text{diff}}$$

而 $V_o \doteqdot A \cdot V_{\text{diff}}$

$$\therefore V_i = \beta A V_{\text{diff}} + V_{\text{diff}} = (1 + \beta A) V_{\text{diff}}$$

由於 $V_{\text{diff}} = I_i Z_i$，其中 Z_i 表示開環路輸入阻抗，則

$$V_i = (1 + \beta A) I_i Z_i$$

圖 15-12

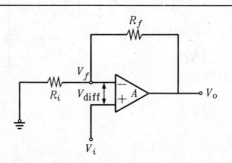

所以閉環路之總輸入阻抗為

$$\frac{V_i}{I_i} = (1 + \beta A)Z_i \qquad\qquad (15-4)$$

圖 15-10 非反相組態的閉迴路輸入阻抗為無窮大，故可作為隔離放大器（Isolation amplifier）或稱為緩衝器（Buffer），以匹配高阻抗信號源和低阻抗負載。在某些應用中，並不須隔離放大器提供電壓增益，而只是要求其作阻抗轉換器和功率放大器用。此時，令 $R_i =$ ∞，$R_f = 0$，則得到圖 15-13 的單位增益（增益為 1）放大器，我們又稱為電壓隨耦器（Voltage follower）。

圖 15-13　電壓隨耦器

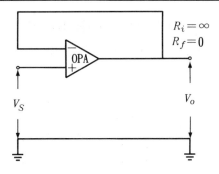

【例 15-4】
如下圖所示之運算放大器，設 $R_i = 10\text{K}\Omega$，$R_f = 100\text{K}\Omega$，$Z_i = 2\text{M}\Omega$，$A = 200000$，試求(1)此放大器輸入阻抗，(2)閉環路電壓增益為多少？

【解】

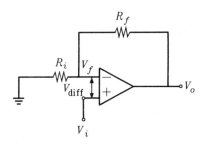

(1)由電路可知，反饋因數 β 為

$$\beta = \frac{R_i}{R_i + R_f} = \frac{10}{100 + 10} = \frac{1}{11}$$

輸入阻抗

$$Z_{\text{in}} = (1 + \beta A)Z_i = (1 + \frac{1}{11} \times 200000) \times 2M = 36365(M\Omega)$$

(2)　　　　$A = \frac{1}{\beta} = 11$

15-3　加法器

加權加法器（Weighted adder）的輸出電壓是由多個經加權後的輸入電壓和所產生，圖 15-14 為其電路組態。

圖 15-14 加權加法器

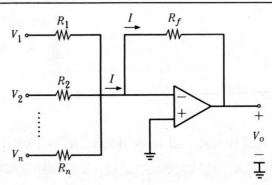

$$I = \frac{V_1}{R_1} + \frac{V_2}{R_2} + \cdots + \frac{V_n}{R_n} \tag{15-5}$$

又

$$I = -\frac{V_o}{R_f} \tag{15-6}$$

將 (15-5) ÷ (15-6) 式，得

$$V_o = -\left(\frac{R_f}{R_1}V_1 + \frac{R_f}{R_2}V_2 + \cdots + \frac{R_f}{R_n}V_n\right) \qquad (15-7)$$

其中，$\frac{R_f}{R_1}$，$\frac{R_f}{R_2}$，$\cdots$，$\frac{R_f}{R_n}$ 分別表示 V_1，V_2，$\cdots$，V_n 的加權值。

由上式可知：輸出電壓等於各輸入信號放大後相加而得，故稱之爲加法器，且各輸入信號可按任意比例相加。若 $R_1 = R_2 = \cdots = R_n = R$，則 (15-7) 式將爲

$$V_o = -\frac{R_f}{R}(V_1 + V_2 + \cdots + V_n) \qquad (15-8)$$

若 $R_f = R$，則

$$V_o = -(V_1 + V_2 + \cdots + V_n)$$

此即爲理想的反相加法器。

㈠增益大於 1 的加法器 (Summing amplifier with gain greater than unity)

在加法器電路中，若反饋電阻 R_f 比輸入電阻 R_i 大時，輸出電壓應爲：

$$V_o = -\frac{R_f}{R_i}(V_1 + V_2 + \cdots + V_n)$$

上式表示輸入電壓和的$\frac{R_f}{R_i}$倍即爲輸出電壓。

㈡平均加法器 (Average adder)

加法器電路中，若 R_f 與 R_i 之比值，等於放大器輸入端數之倒數時，輸出即爲輸入的平均值，此稱爲平均放大器。

㈢比例加法器 (Scaling adder)

如果改變各輸入電阻的大小，即可成爲一比例放大器，亦即輸出電壓爲各輸入信號按不同比例各自放大後電壓的總和，即：

$$V_o = -\left(\frac{R_f}{R_1}V_1 + \frac{R_f}{R_2}V_2 + \cdots + \frac{R_f}{R_n}V_n\right)$$

由上式可知：輸入信號的放大倍數爲 R_f 與各輸入電阻之比值。

【例 15−5】

試計算下圖所示比例加法器中，各輸入信號之放大倍數，並求總輸出電壓。

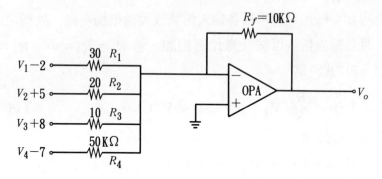

【解】

$$V_o = -\left(\frac{R_f}{R_1}V_1 + \frac{R_f}{R_2}V_2 + \frac{R_f}{R_3}V_3 + \frac{R_f}{R_4}V_4\right)$$

$$= -\left[\frac{10}{30} \times (-2) + \frac{10}{20} \times 5 + \frac{10}{10} \times 8 + \frac{10}{50} \times (-7)\right]$$

$$= -8.433(\text{V})$$

【例 15−6】

如下圖所示電路，若 $R_1 = 10\text{K}\Omega$，$R_2 = 10\text{K}\Omega$，$R_3 = 10\text{K}\Omega$，$R_f = 10\text{K}\Omega$，而 $V_1 = 1\text{V}$，$V_2 = 2\text{V}$，試計算輸出電壓 V_o 為多少?

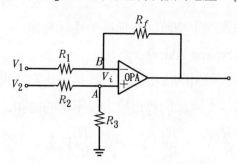

【解】

$$V_o = \left(\frac{R_3}{R_2 + R_3}\right)\left(\frac{R_1 + R_f}{R_1}\right) \cdot V_2 - \frac{R_f}{R_1} \cdot V_1$$

$$= \left(\frac{10}{10 + 10}\right)\left(\frac{10 + 10}{10}\right)2\text{V} - \left(\frac{10}{10}\right)1\text{V}$$

$$= 2\text{V} - 1\text{V} = 1(\text{V})$$

15-4　差額（儀表）放大器

圖 15-15 所示的電路是所謂的儀表放大器，具有高的差動輸入阻抗以及由單電阻（R_4）來控制增益，假設運算放大器是理想的。在圖 15-15 中運算放大器 A_1 和 A_2 為非反相放大器，其輸入阻抗與增益均非常高，A_3 則為單位增益之放大器。通常將此電路作為單一晶片來使用。在運算器 A_1 與 A_2 之反相輸入端外接一電阻 R_4，作為增益調整。由運算放大器 A_1 在非反相輸入端輸入一訊差信號 V_{i1}。由運算放大器 A_2 在非反相輸入端輸入一訊差信號 V_{i2}。

圖 15-15　外接增益調整電阻的儀表放大器

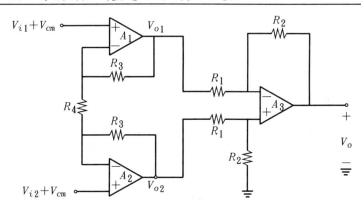

放大器 A_1 的總輸出電壓為：

$$V_{o1} = \left(1 + \frac{R_4}{R_3}\right) V_{i1} - \left(\frac{R_4}{R_3}\right) V_{i2} + V_{cm}$$

同理放大器 A_2 的總輸出電壓爲

$$V_{o2} = \left(1 + \frac{R_3}{R_4}\right) V_{i2} - \left(\frac{R_3}{R_4}\right) V_{i1} + V_{cm}$$

A_3 放大器的訊差輸入電壓爲（$V_{o2} - V_{o1}$），即

$$V_{o2} - V_{o1} = \left(1 + \frac{R_3}{R_4} + \frac{R_3}{R_4}\right) V_{i2} - \left(1 + \frac{R_3}{R_4} + \frac{R_3}{R_4}\right) V_{i1} +$$
$$V_{cm} - V_{cm}$$
$$= \left(1 + \frac{R_3}{R_4} + \frac{R_3}{R_4}\right) V_{i2} - \left(1 + \frac{R_3}{R_4} + \frac{R_3}{R_4}\right) V_{i1}$$
$$= \left(1 + \frac{2R_3}{R_4}\right) (V_{i2} - V_{i1})$$

因放大器 A_3 爲單位增益，輸出電壓爲

$$V_o = 1 \cdot (V_{o2} - V_{o1})$$

所以

$$V_o = \left(1 + \frac{2R_3}{R_4}\right) (V_{i2} - V_{i1}) \qquad (15-9)$$

故電路之閉環路增益爲

$$A = 1 + \frac{2R_3}{R_4} \qquad (15-10)$$

【例 15-7】

某一儀表放大器內 $R_3 = 30\text{K}\Omega$，欲使其閉環路增益爲 360，試求其外加電阻 R_G 值應爲多少？（參考圖 15-15）

【解】

通常 R_3 均製作於積體電路內，在製作時已成定值。由(15-10)式知，儀表放大器的增益，可由調整 R_G 大小來改變。

$$R_G = \frac{2R_3}{A_{cl} - 1} = \frac{2 \times 30}{360 - 1} \doteqdot 171.92\Omega$$

儀表放大器主要用於測量小量的訊差信號電壓。而此小訊差信號通常

比其上的共模電壓還小。

15－5　積分器與微分器

如圖 15－16 所示之電路其閉迴路轉移函數（Closed-loop transfer function）為

$$\frac{V_o}{V_i} = -\frac{Z_2}{Z_1}$$

圖 15－16　在回授路徑與輸入端之一般阻抗的反相組態

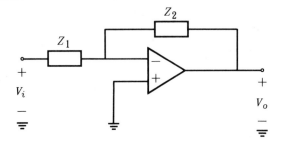

首先考慮以下的特殊情況

$$Z_1 = R \text{ 與 } Z_2 = \frac{1}{j\omega RC}$$

$$\frac{V_o}{V_i} = -\frac{1}{j\omega RC}$$

對實際頻率而言，$s = j\omega$，故

$$\frac{V_o}{V_i} = -\frac{1}{j\omega RC}$$

這轉移函數代表一個積分現象，亦即 $V_o(t)$ 是 $V_2(t)$ 的積分。從時域（Time domain）上來看，並參考圖 15－17 所示的電路，可以發現電流 I_1 為

$$I_1 = \frac{V_2(t)}{R}$$

若 $t=0$ 時電容器上電壓為 V_C（如圖示方向測量），則

$$V_o(t) = V_C - \frac{1}{C}\int_0^t I_1(t)dt$$

$$= V_C - \frac{1}{RC}\int_0^t V_2(t)dt \qquad (15-11)$$

圖 15－17 米勒積分器或反相積分器

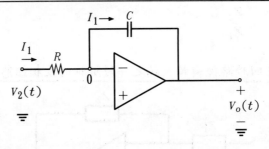

因此可看出，$V_o(t)$ 是 $V_2(t)$ 的時間積分，且 V_C 是積分式的初始條件（Initial condition），RC 值為積分時間常數（Integration time constant）。因為轉移函數帶有負號，故此積分器為反相，亦稱為米勒積分器（Miller integrator）。

若為多輸入端的積分器，如圖 15－18 所示，並設電容器上初始電壓為零，則

圖 15－18 多輸入端積分器電路

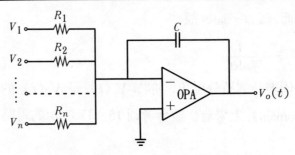

$$V_o(t) = -\left[\frac{1}{R_1 C}\int_0^t V_1(t)dt + \frac{1}{R_2 C}\int_0^t V_2(t)dt + \cdots + \right.$$

$$\left. \frac{1}{R_n C}\int_0^t V_n(t)dt \right] \qquad (15-12)$$

如果 $R_1 = R_2 = \cdots = R_n = R$ 時，則上式可改寫爲：

$$V_o(t) = -\frac{1}{RC}\left[\int_0^t V_1(t)dt + \int_0^t V_2(t)dt + \cdots + \int_0^t V_n(t)dt\right]$$

因此，一個信號經過積分器後，波形會改變。例如方波輸入變成三角波的輸出，而正弦波經積分可得餘弦波輸出。

【例 15-8】

如下圖所示的積分器電路，若輸入爲一脈衝，輸出電壓由 0 開始，求此積分器的輸出改變率。

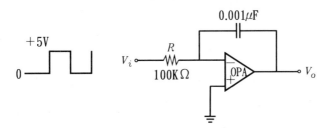

【解】

輸出電壓的改變率爲：

$$\frac{dV_o}{dt} = \frac{-V_i}{RC} = \frac{-5V}{(100K\Omega)(0.001\mu F)}$$

$$= -50KV/s = -50(mV/\mu s)$$

如考慮另一種情況，當

$$Z_1 = \frac{1}{sC} \quad 與 \quad Z_2 = R$$

則

$$\frac{V_o}{V_i} = -sRC$$

如以實際頻率代入

$$\frac{V_o}{V_i} = -j\omega RC$$

這代表一個微分（Differentiation）的操作，亦即

$$V_o(t) = -RC\frac{dV_i(t)}{dt}$$

如圖 15-19 所示，即是一微分器。

圖 15-19　微分器電路

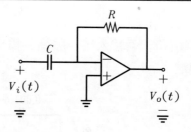

微分器對輸入信號 $V_i(t)$ 的急遽改變，輸出會產生尖脈波（Spikes）。這種現象稱「雜訊放大」（Noise magnification），將會造成干擾。而微分器所拾取（Picked up）之雜訊，更嚴重影響到系統的穩定，所以一般並不常應用微分器。

【例 15-9】

若下圖中 $R = 10K\Omega$，$C = 0.01\mu F$，輸入斜率爲 ± 10 伏特／秒之三角波，將產出方波的峰值爲多少？

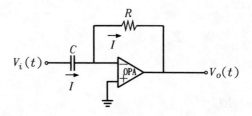

【解】

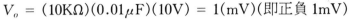

$$V_o = (10K\Omega)(0.01\mu F)(10V) = 1(mV)(即正負 1mV)$$

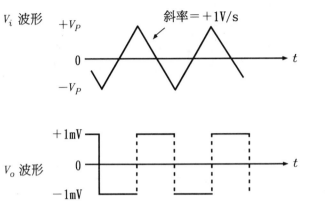

15-6　電子的類比計算

　　電子類比計算機主要用以分析和設計線性及非線性系統，運算放大器是構成類比計算機的基本單元。類比計算機通常能執行：總和、微積分及乘以常數（如分數、正負整數等）等基本線性的運算。此運算大多數皆可應用運算放大器予以完成。如圖 15-20 中，列示了類比計算機的方塊圖及相對的等效電路。圖(a)所示為乘以分數 α，此處 $0<\alpha<1$，可以分壓器達成。其餘如圖(b)(c)則可由單、多輸入反相運算放大器達成，(d)可由積分器達成。

　　此外，類比計算機可用來解微分方程式，考慮二階齊次方程式：

$$\frac{d^2x}{dt^2} + 3\frac{dx}{dt} + 6x = 10t, \ x(0)=2, \ \frac{dx(0)}{dt} = 1 \qquad (15-13)$$

式中 x 是 t 的函數。茲將類比計算機方塊圖組成步驟，敍述如下：

圖 15-20　類比計算機基本組件的電路等效和方塊圖

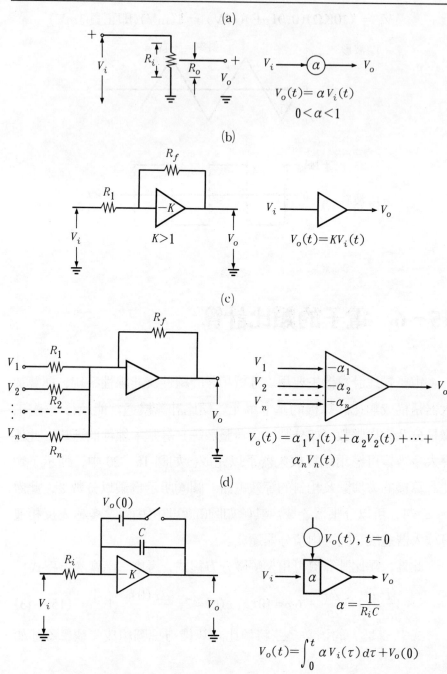

(a)

$V_o(t) = \alpha V_i(t)$

$0 < \alpha < 1$

(b)

$K > 1$

$V_o(t) = K V_i(t)$

(c)

$V_o(t) = \alpha_1 V_1(t) + \alpha_2 V_2(t) + \cdots +$
$\alpha_n V_n(t)$

(d)

$\alpha = \dfrac{1}{R_i C}$

$V_o(t) = \displaystyle\int_0^t \alpha V_i(\tau)\, d\tau + V_o(0)$

1. 將原式移項使最高階項$\left(\dfrac{d^2x}{dt^2}\right)$表示成其他各項的總和: 以 (15 − 12) 式爲例, 即得:

$$\frac{d^2x}{dt^2} = 10t - 6x - 3\frac{dx}{dt} \tag{15 − 14}$$

2. 第 $n-1$ 階項分別自第 n 階項後接一個積分器求得, 其間的比例常數則選取適當電阻 R 和電容 C 的值即可得出。

3. 根據等式, 將最高階項爲各個項以總加器相加, 所得出即爲最高階項, 並可繪出一個閉迴路系統的系統方塊圖。

4. 再適當引入初始條件後, 工作即告完成。

圖 15−21 *描述 (15−13) 式之類比方塊圖*

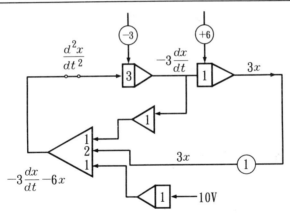

現以圖 15−21 所示的計算方塊圖來說明如何實現一個微分方程式求解問題: 如圖無輸入項$\dfrac{d^2x}{dt^2}$經積分器可得一項與$\dfrac{dx}{dt}$成比例的電壓, 再經積分器得出與 x 成比例的輸出; $10t$ 項可由輸入步階電壓 10 伏經積分器而得。最後將各項用總加器予以相加, 所得之輸出恰爲輸入$\dfrac{d^2x}{dt^2}$, 故連接起來即可。爲與已知條件 (初始值) 配合起見, 圖上引入之初始條件 (積分器方塊圖上引出的圓圈部份) 務必審愼。

【例 15-10】

試繪出利用運算放大器的計算機方塊圖，以解下列微分方程式：

$$\frac{d^2x(t)}{dt^2} + 3x = 0, \ x(0) = 1, \ \frac{dx(0)}{dt} = 30$$

【解】

$$\frac{d^2x(t)}{dt^2} = -3x$$

圖 15-22

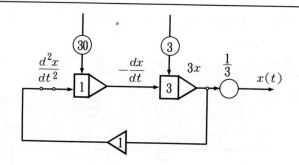

15-7 有功濾波器

製作濾波器最古老技術是利用電感和電容，稱爲被動 LC 濾波器 (Passive LC filters)。*LC* 濾波器所遭遇的困難就是低頻的應用上（直流至 100KHz），所需使用的電感太大且笨重，且它們的特性亦相當地不理想。再者，這些電感不可能製作成單一晶片的型式（Monolithic form），使目前的集成電子系統無法相容。因此尋求一不需要電感濾波器（Inductorless filters）。此節，我們將討論主動 *RC* 濾波器 (Active RC filters)。

主動 *RC* 濾波器是利用一個運算放大器和一個回授迴路中的 *RC*

網路所構成的，這樣的作法主要是希望將極點由負實軸（*RC* 網路的極點落在負實軸上）移至共軛複數的位置上，如此將可以得到具有高度選擇性的濾波器響應。因此主動 *RC* 濾波器可以說有效地利用了回授中的極點移動特性（Pole-shifting property）。

製作主動 *RC* 濾波器可使用分離（Discrete），混成薄膜（Hybrid thin-film），或混成厚膜（Hybrid thick-film）的技術。

一般的二階轉移函數可以寫成以下型式：

$$T(s) = -\frac{n_2s^2 + n_1s + n_0}{s^2 + s\left(\dfrac{\omega_o}{Q}\right) + \omega_0^2} \tag{15-15}$$

這裡的 ω_0 和 Q 代表決定極點位置所用的參數。圖 15-23 顯示一對共軛複數極點並且解釋 ω_0 和 Q 的定義。如圖所示，極點頻率 ω_0 代表極點至原點的徑向距離（Radial distance），而極點 Q 因子（Pole Q factor）則指向極點距 $j\omega$ 軸的遠近。此共軛複數極點位置在

$$P_1, P_2 = -\frac{\omega_0}{2Q}I \pm j\omega_0\sqrt{1 - \frac{1}{4Q^2}} \tag{15-16}$$

可看出 $Q < 0.5$ 代表極點在負實軸上，$Q = 0.5$ 代表極點互相重合，$Q > 0.5$ 代表兩極點為共軛複數，而 $Q = \infty$ 則代表極點位於 $j\omega$ 軸之上。

圖 15-23　一對共軛複數其參數 ω_0 和 Q 的定義

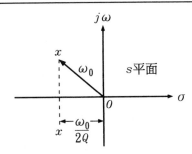

分子係數（n_0，n_1，n_2）決定了傳輸零點的位置、大小響應形

狀,以及濾波器的型式(低通,高通等)。現在我們將常見的二階濾波器轉換函數簡單介紹如下:

(一)低通濾波器(Low-pass Filter)

在此情況 $n_1 = n_2 = 0$,故轉換函數為

$$T(s) = \frac{n_0}{s^2 + s\left(\dfrac{\omega_0}{Q}\right) + \omega_0^2} \tag{15-17}$$

注意兩個傳輸零點是發生在 $s = \infty$。圖 15-24(a)顯示一個二階低通濾波器的大小響應 $20\log|T(j\omega)|$,且若 $n_0 = \omega_0^2$ 則此濾波器具有單一直流增益(Unity DC gain)。注意此響應有一尖峰顯現。

(二)高通濾波器(High-pass Filter)

在此情況 $n_0 = n_1 = 0$,故轉換函數為

$$T(s) = \frac{n_2 s^2}{s^2 + s\left(\dfrac{\omega_0}{Q}\right) + \omega_0^2} \tag{15-18}$$

注意兩個傳輸零點是發生在 $s = 0$ (DC)。圖 15-24(b)顯示二階高通濾波器的大小響應,且若 $n_2 = 1$ 則此濾波器具有單一高頻增益。Q 值對大小響應形狀上的效應與低通的情形類似。注意在低頻時增益衰減,其漸近斜率為 40dB/decade。

(三)帶通濾波器(Band-pass Filter)

在此情況 $n_0 = n_2 = 0$,故其轉換函數為

$$T(s) = \frac{n_1 s}{s^2 + s\left(\dfrac{\omega_0}{Q}\right) + \omega_0^2}$$

注意,一傳輸零點在 $s = 0$ (DC) 和另一零點在 $s = \infty$,圖 15-24(c)顯示二階帶通濾波器的大小響應,若 $n_1 = \dfrac{\omega_0}{Q}$,則此濾波器具有單一中心頻率增益(Unity center-frequency gain)。注意尖峰響應發生在 $\omega = \omega_0$ 處,因此 ω_0 也被稱為中心頻率(Center frequency)。Q 值

決定了帶通濾波器的選擇程度。如圖 15－24(c)所示，在頻率 ω_1 和 ω_2 的增益比中心頻率增益小 3dB，而 ω_1 和 ω_2 間的距離為 $\dfrac{\omega_0}{Q}$，比值即為 3dB 頻寬（3－dB bandwidth）。當 Q 增加時，頻寬下降，代表濾波器更具有選擇性。最後注意在非常低和非常高的頻率時，增益有衰減，其漸近線斜率分別為 20dB/decade 和－20dB/decade。

圖 15－24　二階濾波器響應

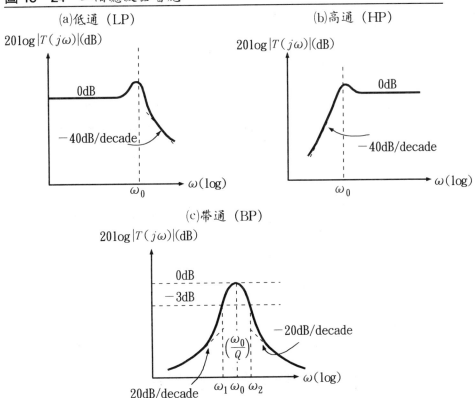

利用一個運算放大器來實現二階濾波器函數，稱為單一放大器二階濾波器（Single-Amplifier Biquad，簡稱 SAB）。而 SAB 的合成主要依據下列二步驟：

1.合成一回授迴路。此回授迴路可實現一對由 ω_0 和 Q 所描述的共軛複數極點。

2.注入輸入信號以實現想要的傳輸零點。

此處首先我們介紹回授迴路的合成（Synthesis of the Feedback Loop）。考慮圖 15−25(a)中的電路，注意在運算放大器的負回授路徑上置入一雙埠 RC 網路 N。假設此運算放大器除了其增益 A 爲有限值之外，在其他方面均爲理想。我們以 $t(s)$ 表示 RC 網路 N 的開迴路電壓轉換函數，其定義見圖 15−25(b)，此轉換函數一般可寫成兩個多項式 $N(s)$ 和 $D(s)$ 之比：

$$t(s) = \frac{N(s)}{D(s)}$$

圖 15−25　(a)在一個OP Amp 的回授路徑上置入雙埠 RC 網路 N 以形成回授網路，(b)RC 網路之開迴路轉移函數的定義

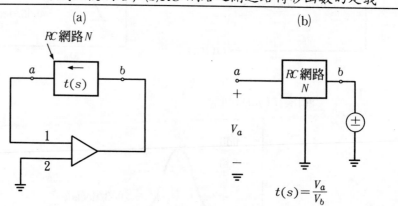

其中，$N(s)$ 的根爲 RC 網路的傳輸零點，而 $D(s)$ 的根爲其極點。圖 15−25(a)中回授電路的迴路增益 $L(s)$

$$L(s) = At(s)$$

將 $L(s)$ 代入特徵方程式（Characteristic equation）

$$1 + L(s) = 0$$

由此可知閉迴路的極點 s_p 即可由下式求得

$$t(s_p) = -\frac{1}{A}$$

在理想情況下，$A = \infty$，因此滿足極點 s_p。

$$N(s_p) = 0$$

也就是說，此極點與 RC 網路的零點完全一樣。

因為我們的目的是要實現一對共軛複數極點，所以我們必須選擇一個具有共軛複數傳輸零點（Complex conjugate transmission zeros）的 RC 網路，見圖 15-26。圖中並寫出此網路的轉換函數（a 點為開

圖 15-26 兩個具有複數傳輸零點的 RC 網路及其在 a 為開路狀態下由 b 至 a 的轉換函數

(a)

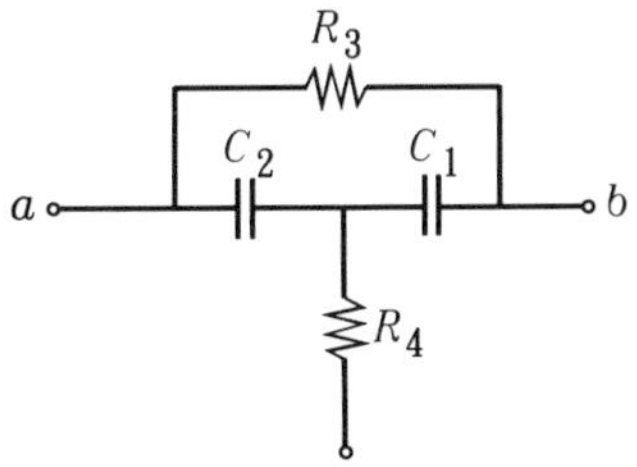

$$t(s) = \frac{s^2 + s\left(\dfrac{1}{C_1} + \dfrac{1}{C_2}\right)\dfrac{1}{R_3} + \dfrac{1}{C_1 C_2 R_3 R_4}}{s^2 + s\left(\dfrac{1}{C_1 R_3} + \dfrac{1}{C_2 R_3} + \dfrac{1}{C_1 R_4}\right) + \dfrac{1}{C_1 C_2 R_3 R_4}}$$

(b)

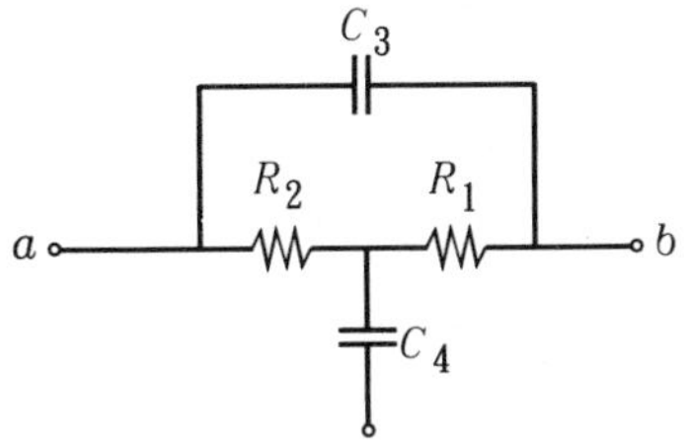

$$t(s) = \frac{s^2 + s\left(\dfrac{1}{R_1} + \dfrac{1}{R_2}\right)\dfrac{1}{C_4} + \dfrac{1}{C_3 C_4 R_1 R_2}}{s^2 + s\left(\dfrac{1}{C_4 R_1} + \dfrac{1}{C_4 R_2} + \dfrac{1}{C_3 R_2}\right) + \dfrac{1}{C_3 C_4 R_1 R_2}}$$

路)。

舉一例來說，如考慮將圖 15–26(a)的電路置於一運算放大器的負回授路徑上，如圖 15–27，則根據前面的結論得知此主動濾波器（Active filter）的極點多項式（Pole polynomial）將等於此橋式 T 型網路的分子多項式；因此

$$s^2 + s\,\frac{\omega_0}{Q} + \omega_0^2 = s^2 + s\left(\frac{1}{C_1} + \frac{1}{C_2}\right)\frac{1}{R_3} + \frac{1}{C_1 C_2 R_3 R_4}$$

圖 15–27 利用圖 15–26(a)中橋式 T 型網路所產生的一主動濾波器之回授迴路

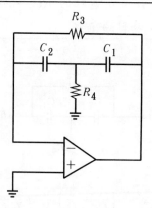

比較係數得

$$\omega_0 = \frac{1}{\sqrt{C_1 C_2 R_3 R_4}} \tag{15–19}$$

$$Q = \left[\frac{\sqrt{C_1 C_2 R_3 R_4}}{R_3}\left(\frac{1}{C_1} + \frac{1}{C_2}\right)\right]^{-1} \tag{15–20}$$

若我們想要設計這個電路，在 ω_0 和 Q 給定之後，即可利用（15–19）和（15–20）式來決定 C_1，C_2，R_3 和 R_4。然而此時仍存在兩個自由度，於是我們選擇 $C_1 = C_2 = C$ 並且令 $R_3 = R$ 和 $R_4 = \dfrac{R}{m}$。代入（15–19）和（15–20）式整理得

$$m = 4Q^2 \qquad\qquad (15-21)$$

$$CR = \frac{2Q_0}{\omega_0} \qquad\qquad (15-22)$$

因此若我們給定 Q 的值，則可利用（15–21）式決定出電阻 R_3 和 R_4 的比值。然後再將給定的 ω_0 和 Q 值代入（15–22）式即可決定時間常數 CR。現在還剩下一個自由度——C 或 R 的值則可任意選擇。

【例 15–11】

如下圖所示電路中，設 $R_1 = R_2 = 16K\Omega$，若欲使濾波器的臨界頻率為 1KHz，試求電容 C_1，C_2 各為多少？

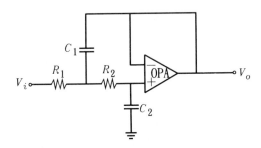

【解】

$$f_{cH} = \frac{1}{2\pi\sqrt{R_1 R_2 C_1 C_2}}$$

$$f_{cH}^2 = \frac{1}{4\pi^2 R_1 R_2 C_1 C_2}$$

當 $C_1 = 2C_2$，且 $R_1 = R_2$ 時，才能得到臨界頻率 f_{cH} 的增益為 $-3dB$ 的最平坦響應，所以

$$f_{cH}^2 = \frac{1}{4\pi^2 R^2 (2C_2^2)}$$

$$\therefore C_2 = \frac{1}{\sqrt{2}2\pi R f_{cH}} = \frac{0.707}{6.28(16K)(1K+R)} = 0.007(\mu F)$$

$$\therefore C_1 = 2C_2 = 0.14\mu\text{F}$$

【例 15－12】

如下圖所示的一階主動低通濾波器中，若 $R_{\text{in}} = 10\text{K}\Omega$，$R_f = 60\text{K}\Omega$，$R_1 = 2\text{K}\Omega$，$C_1 = 0.01\mu\text{F}$，則電路的電壓增益及截止頻率各為多少？

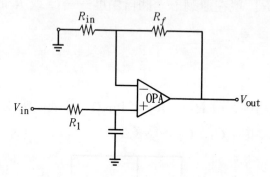

【解】

(1)電壓增益

$$A_V = 1 + \frac{R_f}{R_{\text{in}}} = 1 + \frac{60\text{K}\Omega}{5\text{K}\Omega} = 13$$

(2)臨界截止頻率為

$$f_{cH} = \frac{1}{2\pi R_1 C_1} = \frac{1}{6.28 \times 2.0 \times 10^3 \times 0.01 \times 10^{-6}}$$
$$= 7.962(\text{KHz})$$

15－8　有功諧振濾波器

　　如圖 15－28 所示之具有多重反饋網路之運算放大器。電路由 C_1 及 C_2 達成負反饋。其中 R_1 及 C_1 提供低通濾波，而 R_2 與 C_2 提供高通濾波。在諧振（中間）頻率 f_r 時，濾波器增益最大，其值可能大於 1。

圖 15-28　多重反饋帶通濾波器

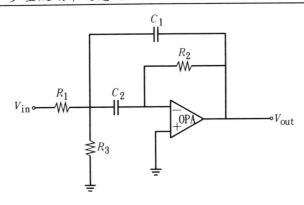

R_1，R_3 與反饋路徑 C_1 並聯。諧振頻率 f_r 可求得如下：

$$f_r = \frac{1}{2\pi \sqrt{(R_1 /\!/ R_3) R_2 C_1 C_2}}$$

若使 $C_1 = C_2 = C$，則

$$f_r = \frac{1}{2\pi \sqrt{(R_1 /\!/ R_3) \cdot R_2 C^2}} = \frac{1}{2\pi C \sqrt{(R_1 /\!/ R_3) \cdot R_2}}$$

$$= \frac{1}{2\pi C} \sqrt{\frac{1}{R_2(R_1 /\!/ R_3)}} = \frac{1}{2\pi C} \left[\frac{1}{R_2} \cdot \frac{1}{R_1 R_3 /\!/ (R_1 + R_3)} \right]^{\frac{1}{2}}$$

$$\therefore f_r = \frac{1}{2\pi C} \left[\frac{R_1 + R_3}{R_1 R_2 R_3} \right]^{\frac{1}{2}} \tag{15-23}$$

依上式，電容可先取一較方便的數值，再依 f_r、BW、A_r 的公式，即可求出其他三個電阻的值，已知 $Q = \dfrac{f_r}{BW}$，則三個電阻可求得如下：

$$R_1 = \frac{Q}{2\pi f_r C A_r} \tag{15-24}$$

$$R_2 = \frac{Q}{\pi f_r C} \tag{15-25}$$

$$R_3 = \frac{Q}{2\pi f_r C (2Q^2 - A_r)} \tag{15-26}$$

由（15-24）、（15-25）式，可得增益的大小為：

$$Q = 2\pi f_r A_r C R_1$$

$$Q = 2\pi f_r C R_2 \tag{15-27}$$

所以

$$2\pi f_r A_r C R_1 = \pi f_r C R_2 \Rightarrow 2A_r R_1 = R_2$$

$$\therefore A_r = \frac{R_2}{2R_1} \tag{15-28}$$

在（15-26）式中分母必須為正值，所以增益需限制如下：

$$A_r < 2Q^2$$

圖 15-29(a)所示為 LC 串並聯帶止濾波器，圖中並聯諧振電路排

圖 15-29 帶止濾波器

(a)LC 串並聯帶止濾波器

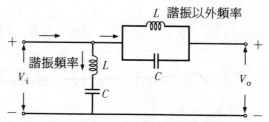

(b)多重反饋主動帶止濾波器

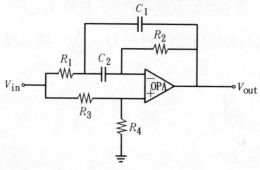

除諧振頻率周圍的信號通過，而在此窄波帶以外的信號則可以通過。串聯諧振電路作用是使諧振頻率周圍的信號可以通過形成旁路。

　　圖 15－29(b)所示為多重反饋的主動帶止濾波器。在電路中，V_{in} 加到運算放大器的兩個輸入端，R_1、R_2、C_1 及 C_2 形成一頻率反饋網路。R_3 和 R_4 的電壓分壓在運算放大器的輸入端產生電壓差。在輸入信號頻率 f_{in} 低於 f_r 時，電容抗 X_C 很高，只有少量回授，因此輸出最大。當 f_{in} 接近 f_r 時，電容抗與電阻形成適當的相角關係以產生負反饋，使得輸出減少。當 f_{in} 增加至超過 f_r 時，容抗 X_C 減少，反饋因數接近於 1，或電壓隨耦的增益，其諧振頻率 f_r 可表示為：

$$f_r = \frac{1}{2\pi \sqrt{R_1 R_2 C_1 C_2}} \qquad\qquad (15-29)$$

當 $C_1 = C_2 = C$ 時，

$$f_r = \frac{1}{2\pi \cdot C \sqrt{R_1 R_2}}$$

而頻寬：

$$BW = \frac{1}{\pi R_2 C} \qquad\qquad (15-30)$$

品質因數 Q 值為：

$$Q = \frac{f_r}{BW} = \frac{\dfrac{1}{2\pi C \sqrt{R_1 R_2}}}{\dfrac{1}{\pi R_2 C}} = \frac{R_2}{2\sqrt{R_1 R_2}} = 0.5\sqrt{\frac{R_2}{R_1}} \quad (15-31)$$

　　圖 15－30 所示為主動諧振帶通濾波器，一般理想帶通濾波器在 $f_{cL} < f < f_{cH}$ 的頻率範圍內有一定值的響應，而此範圍外之增益等於零。當利用單一 LC 諧振電路時，即可得窄帶（Narrow band）的響應特性。此種諧振帶通濾波器的響應，在某一中央頻率（或諧振頻率）f_r 處有尖峰出現，在 f_r 之兩旁隨頻率變化而衰減降低。

圖 15 - 30 主動諧振濾波器

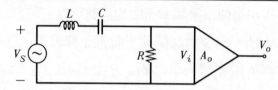

設放大器有一增益 $A_o = \dfrac{V_o}{V_i}$ 不隨頻率變化, 則可得:

$$A_V(j\omega) = \frac{V_o}{V_S} = \frac{V_o}{V_i}\frac{V_i}{V_S} = A_o \cdot \frac{R}{R + j\left(\omega L - \dfrac{1}{\omega C}\right)}$$

$$(15 - 32)$$

在串聯諧振電路中, 當電感抗與電容抗相當時的頻率, 即為諧振頻率 f_r, 可表示為:

$$\omega_r L = \frac{1}{\omega_r C}$$

即

$$\omega_r = \frac{1}{\sqrt{LC}}, \quad f_r = \frac{1}{2\pi\sqrt{LC}} \qquad (15 - 33)$$

電路的品質因數 Q 可表示為:

$$Q = \frac{\omega_r L}{R} = \frac{1}{\omega_r R_C} = \frac{1}{R}\sqrt{\frac{L}{C}} \qquad (15 - 34)$$

將 (15 - 34) 式代入 (15 - 33) 式可得主動諧振帶通濾波器 RLC 電路的頻率響應如下:

$$|A_V(j\omega)| = \frac{A_o}{\left[1 + Q^2\left(\dfrac{\omega}{\omega_r} - \dfrac{\omega_r}{\omega}\right)\right]^{\frac{1}{2}}} \Rightarrow 大小 \qquad (15 - 35)$$

$$Q(\omega) = -\tan^{-1}Q\left(\frac{\omega}{\omega_r} - \frac{\omega_r}{\omega}\right) \Rightarrow 相角 \qquad (15 - 36)$$

設 $\omega_1 < \omega_r$, 且 $\omega_2 > \omega_r$ 表示 ω_r 兩側的頻率, 在 ω_1 及 ω_2 時, A_V 由

ω_r 時的 A_o 值降低 3dB，即 $|A_V(j\omega_1)| = |A_V(j\omega_2)| = \dfrac{A_o}{\sqrt{2}}$，因此由 (15–35) 式可得：

$$\left(\frac{\omega}{\omega_r} - \frac{\omega_r}{\omega_1}\right)^2 = \left(\frac{\omega_2}{\omega_r} - \frac{\omega_r}{\omega_2}\right)^2$$

或

$$\frac{\omega_r}{\omega_1} - \frac{\omega_1}{\omega_r} = \frac{\omega_2}{\omega_r} - \frac{\omega_r}{\omega_2}$$

即

$$\omega_r{}^2 = \omega_1\omega_2$$

亦即

$$f_r = \sqrt{f_1 f_2} \qquad\qquad (15 - 37)$$

至於頻帶寬度 BW 可由下式計算。

因 $|A_V(j\omega_2)| = \dfrac{1}{\sqrt{2}} A_o$，故由 (15 – 35) 式得

$$Q^2\left(\frac{\omega_2}{\omega_r} - \frac{\omega_r}{\omega_2}\right)^2 = 1, \quad Q\left(\frac{\omega_2}{\omega_r} - \frac{\omega_r}{\omega_2}\right) = 1$$

或

$$\frac{Q}{\omega_r}\left(\omega_2 - \frac{\omega_r{}^2}{\omega_2}\right) = 1$$

$$\omega_2 - \frac{\omega_r{}^2}{\omega_2} = \frac{\omega_r}{Q}$$

代入 (15–37) 式得

頻帶寬度 $BW = \dfrac{1}{2\pi} \cdot \dfrac{\omega_r}{Q} = \dfrac{f_r}{Q} \qquad\qquad (15-38)$

將 (15–33) 式及 (15–34) 式代入 (15–38) 式可得：

$$BW = \frac{1}{2\pi}\frac{R}{L} \qquad\qquad (15 - 39)$$

【例 15–13】

下圖之電路中, $R = 2K\Omega$, $L = 1mH$, $C = 0.01\mu F$。試求諧振頻率 f_r, BW 及 Q 值?

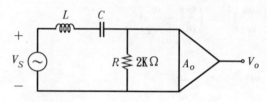

【解】

$$f_r = \frac{1}{2\pi\sqrt{LC}} = \frac{1}{2\pi \times \sqrt{1 \times 10^{-3} \times 0.01 \times 10^{-6}}}$$
$$= 50329(\text{Hz})$$

$$BW = \frac{f_r}{Q} = \frac{50329}{0.158} = 318538$$

$$Q = \frac{1}{R}\sqrt{\frac{L}{C}} = \frac{1}{2 \times 10^3}\sqrt{\frac{10^{-3}}{0.01 \times 10^{-6}}} = 0.158$$

15–9 精密交流/直流變換器

考慮圖 15–31 所示的電路, 當 V_i 為正時, 二極體 D_1 截止而 D_2 導電, 由於經 D_2 之回授, 且輸入端為虛接地, 故 $V_o \doteqdot 0$。當 V_i 為負時, 則 D_1 導通而 D_2 截止, 故 $\frac{V_o}{V_i} = -\frac{R_2}{R_1}$。圖 15–32(a)為輸入與輸出波形, 15–32(b)為 $R_2 = R_1$ 時之轉移特性曲線。

將改良型精密半波整流器和一低通濾波器串接, 即可完成一個簡單的交流伏特計, 如圖 15–33 所示。

圖 15-31　改良型精密半波整流器

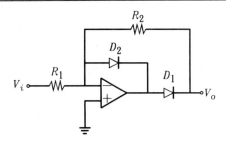

圖 15-32　(a)輸入與輸出波形，(b)$R_2 = R_1$ 時之轉移特性曲線

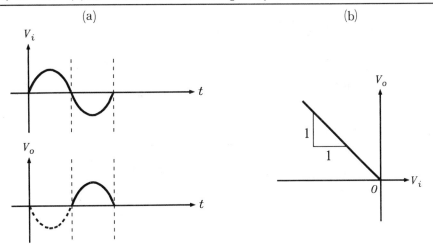

圖 15-33　簡單交流伏特計

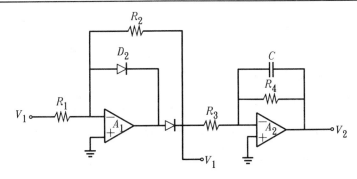

若輸入為峰值V_P的弦波，則整流器的輸出V_1是半週期的弦波，其峰值為$V_P \dfrac{R_2}{R_1}$。將V_1的波形以傅立葉級數展開，則可得平均值$\left(\dfrac{V_P}{\pi}\right)\left(\dfrac{R_2}{R_1}\right)$和一連串頻率為輸入信號頻率 N 倍的諧波，再將其通過低通濾波器；若適當的選取$\dfrac{1}{R_4 C} \ll \omega_{\min}$，其 $\omega_{\min}$為輸入信號的可能最低頻率，則輸出電壓 V_2 就只剩下平均值項，其值為：

$$V_2 = -\frac{V_P}{\pi}\frac{R_2}{R_1}\frac{R_4}{R_3}$$

其中，$\dfrac{R_4}{R_3}$為低通濾波器的直流增益。

將上述所量得之平均值（直流值），經適當比例的轉換後，就可得到輸入弦波的均方根值。

圖 15-34　全波整流器

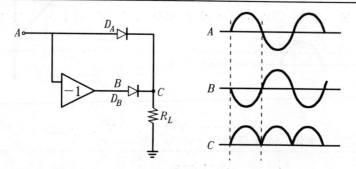

將運算放大器和二極體適當的組合，即為一精密全波整流器，如圖 15-34；當 A 點電壓為正時，B 點電壓為負，使得 D_A 導通，D_B 截止，故 C 點電壓等於 A 點電壓；若 A 點電壓為負，則 B 點電壓為正，使得 D_B 導通，D_A 截止，故 C 點電壓為 A 點電壓的反相。

在此我們另提出兩種不同的放大器耦合全波整流器，並討論其整流情形。

第一種電路如圖 15－35(a)，當 $V_i < 0$ 時，E 點電壓爲負，F 點

電壓爲正，使得 D_1 導通，D_2 截止，故 $V_o = -\dfrac{R_2}{R_L}V_i$；若 $V_2 > 0$ 時，

圖 15－35　放大器耦合全波整流器之(a)電路，(b)轉移曲線

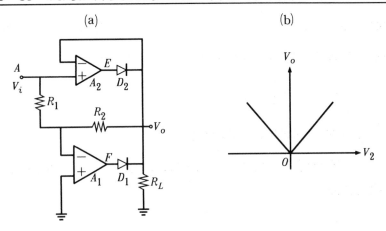

圖 15－36　放大器耦合全波整流電路之二(a)電路，(b)工作方塊圖，

(c)轉移曲線

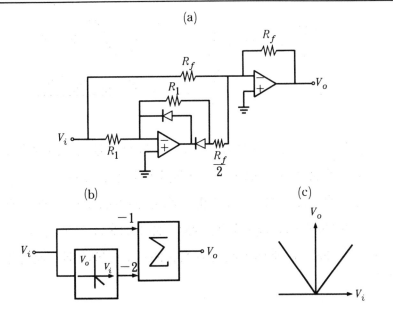

E 點電壓爲正, F 點電壓爲負, 使得 D_2 導通, D_1 截止, 故 $V_o =$ V_i。若 $R_2 = R_1$, 則 $V_o = -V_i$。將上述的分析結果繪製成圖, 即爲圖 15-35(b)的轉移曲線。

凡是具有圖 15-35(b)轉移曲線的電路均可稱全波整流器 (Fullwave rectifier) 或稱絕對值電路 (Absolute-value circuit)。

第二種電路如圖 15-36(a), 其整流情形可由圖 15-36(b)的方塊圖說明, 其轉移曲線如圖 15-36(c)。

【例 15-14】

試求下圖的 V_o 對 V_i 轉移特性曲線

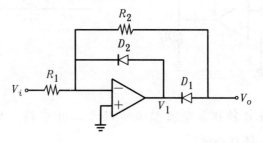

【解】

(1)當 $V_i > 0$ 時, D_2 截止, D_1 導通, 故 $V_o = -\dfrac{R_2}{R_1}V_i$。

(2)當 $V_i < 0$ 時, D_2 導通, D_1 截止, 故 $V_i = 0.7V$, $V_o = 0$。繪其轉移曲線如下:

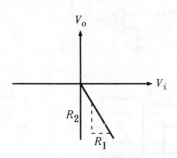

【例 15－15】

試求出下圖電路的轉移曲線。

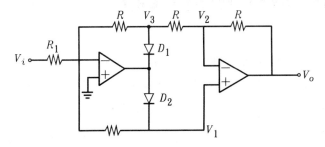

【解】

(1) $V_i < 0$，D_2 導通，而 D_1 截止，利用節點分析法得

$$\frac{V_2}{2R} + \frac{V_1}{R} + \frac{V_i}{R_1} = 0$$

因 $V_2 = V_1$，故 $V_1 = -\frac{2}{3}\frac{R}{R_1}V_i$

$$V_o = V_i \times \frac{2R + R}{2R} = \frac{3}{2}V_i$$

(2) 當 $V_i > 0$ 時，D_1 導通，D_2 截止，使得 $V_3 = -\frac{R}{R_1}V_i$

又 $V_o = -\frac{R}{R}V_3 = -V_3$，故 $V_3 = \frac{R}{R_1}V_i$

得證　　$V_o = \frac{R}{R_1}\left| V_i \right|$

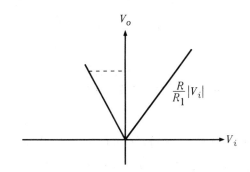

15-10 取樣與保持電路

　　取樣與保持電路係一種類比記憶（Analog memory），常用以測量變化顯著的信號在某一瞬時的波形振幅值的應用中。取樣保持即將類比信號保存於電容器中，依時序控制儲存信號。在圖 15-37 中用了一個運算放大器，其目的是作爲輸入信號的緩衝以及提高精密度。其中又用到了 JFET Q_1 作開關用，和 JFET Q_2 作源極隨耦器，共置於運算放大器的負回授迴路上，以達到精密度的提高。控制信號在 +15 伏特的準位時，二極體被截斷，故電阻 R_1 使 Q_1 的閘極對源極間電壓降至零，因此 Q_1 導通，使運算放大器和電容 C 之間呈現低的串聯電阻，並在負回授的路徑形成閉路，使電容器充電，直到輸出電壓 V_o 完全等於（除非運算放大器有抵補電壓）取樣信號 V_i。

圖 15-37 取樣和保持電路

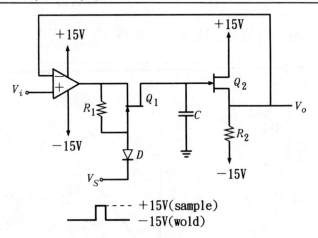

當 V_S 在 -15 伏特時，具有保持功能，在此時二極體導通且 Q_1 的閘極電壓約爲 -14.3 伏特，會使 Q_1 截止，而電容 C 會維持其電

荷電壓。Q_2 擔任源極隨耦器，作為電容 C 的緩衝，並減少輸出電壓的大幅下降，如此輸出電壓 V_o 會維持在 V_S 交換前之電壓。在經過正確的設計後，可使電路的電壓下降率低於 1 毫伏特/秒。

圖 15-38　取樣與保持的電路

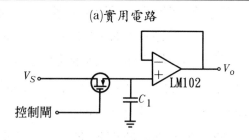

(a)實用電路

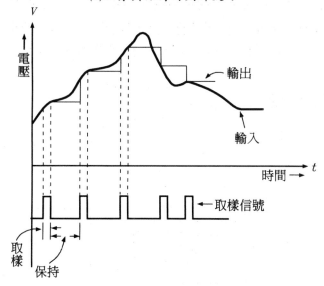

(b)取樣與保持的動作波形

再討論圖 15-38 所示之取樣/保持電路。當閘極施加負脈波時，MOSFET 導通，此時使保持電容器充電至輸入電壓的瞬時值，其充電時間常數為 $R_{ON}C_1$，通常 $R_{ON}C_1$，極小（亦即快速充電），以致輸出電壓 V_o 追隨 V_S 變化，完成取樣工作，並由輸入信號抽取波形。當閘極無負脈波時，MOSFET 則不導通，以致電容器經 LM102 運算

放大器而與任一負載隔離，於是電容器維持在使 MOSFET 爲截止
(OFF) 的瞬時電壓，此乃爲保持的工作情形。

15-11 類比多工器與解多工器

多工器 (Multiplexer) 的功能是：它由控制信號作選擇，從多條
輸入線中選出一條，使該條輸入線的資料能送到唯一的資料輸出線。
圖 15-39 爲多工器的方塊圖。

圖 15-39 多工器的方塊圖

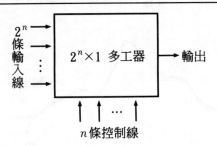

類比式多工器其輸入信號爲類比（連續性的變化），如圖 15-40

圖 15-40 類比多工器動作方塊圖

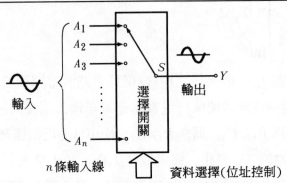

所示，即如同一只單刀多擲開關。

現以不同輸入之多工器工作情形說明如下：

(一)雙輸入多工器

圖 15－41 所示爲一具有兩個資料輸入端 I_0、I_1 和一個資料輸出端 Y 的多工器。多工器的第一級是 AND 閘，第二級是 OR 閘，因此很適合以積之和（Sum of Product；SOP）的方法完成組合邏輯的建立。

圖 15－41 雙輸入多工器（二線對一線多工器）

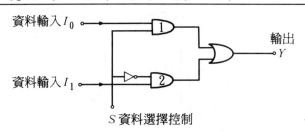

此由電路的結構可知輸出端 Y 的布林代數（Boolean algebra）等式爲：

$$Y = I_o S + I_1 \overline{S}$$

即

1. 當 $S = 0$ 時，則 $Y = I_0 \cdot 0 + I_1 \cdot 1 = I_1$，選擇 I_1 信號送到輸出端。

2. 當 $S = 1$ 時，則 $Y = I_0 \cdot 1 + I_1 \cdot 0 = I_0$，選擇 I_0 信號送到輸出端。

因爲要選擇 I_1 時，S 就要輸入 0；要選擇 I_0 時，S 就要輸入 1，故 0 與 1 就如同 I_1、I_0 信號的位址編號一般，所以稱 S 爲位址線。

(二)四輸入多工器

圖 15－42 所示爲一具有四個資料輸入多工器，亦稱爲四線對一

線多工器，含有四個資料端 I_0、I_1、I_2、I_3，分別由二條資料選擇控制端 S_0、S_1 來控制。S_0、S_1 兩種輸入端有 $2^2 = 4$ 種組合狀態下，可選擇 4 個輸入之一使其相應的及閘（AND）進入有效狀態，並經由或閘（OR）傳送到輸出端。例如，當 $S_0 = 0$、$S_1 = 1$ 時，及閘 D_0, D_2, D_3 之輸出皆為零，僅及閘 D_1 的輸出信號有 B 資料載入，亦即 $Y = B$。若輸出 Y 之布林代數等式表示為：

$$Y = \overline{S_1}\,\overline{S_0} + I_1 \overline{S_1}\,\overline{S_0} + I_2 S_1 \overline{S_0} + I_3 S_1 \overline{S_0} \qquad (15-40)$$

圖 15-42　四輸入多工器

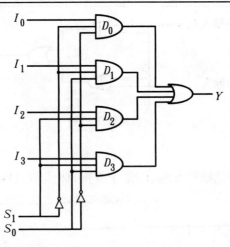

1. 當 $S_1 = 0$，$S_0 = 0$ 時，則

$$Y = I_0 \cdot \overline{0} \cdot \overline{0} + I_1 \cdot \overline{0} \cdot 0 + 0 \cdot 0 \cdot \overline{0} + D \cdot 0 \cdot 0$$
$$= I_0 \cdot 1 \cdot 1 = I_0$$

選擇 I_0 信號送到輸出端。

2. 當 $S_1 = 0$，$S_0 = 1$ 時，則

$$Y = I_0 \cdot \overline{0} \cdot \overline{1} + I_1 \cdot \overline{0} \cdot 1 + I_2 \cdot 0 \cdot \overline{1} + I_3 \cdot 0 \cdot 1 = I_1$$

選擇 I_1 信號送到輸出端。

3.當 $S_1 = 1$, $S_0 = 0$ 時，則

$$Y = I_0 \cdot \bar{1} \cdot \bar{0} + I_1 \cdot \bar{1} \cdot 0 + I_2 \cdot 1 \cdot \bar{0} + I_3 \cdot 1 \cdot 0 = I_2$$

選擇 I_2 信號送到輸出端。

4.當 $S_1 = 1$, $S_0 = 1$ 時，則

$$Y = I_0 \cdot \bar{1} \cdot \bar{1} + I_1 \cdot \bar{1} \cdot 1 + I_2 \cdot 1 \cdot \bar{1} + I_3 \cdot 1 \cdot 1 = I_3$$

選擇 I_3 信號送到輸出端。

解多工器 (Demultiplexer) 的功能恰好與多工器相反。解多工器的電路和解碼器相同，都是 AND 閘組成的，只是用法不同，解多工器的控制輸入線是解碼器的資料輸入線，而解多工器的資料輸入線則是解碼器的控制線。圖 15－43 是解多工器的方塊圖。

圖 15－43 解多工器的方塊圖

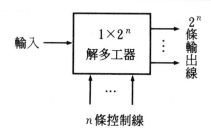

圖 15－44 電路中，當做為解碼時，A 及 B 為資料線，E 是控制

圖 15－44 解釋解碼器與解多工器的電路

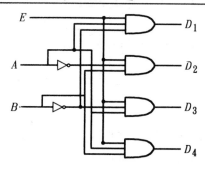

線。當做爲解多工器時，E 是資料線，A 和 B 爲控制線（由 A、B 選擇輸出資料的輸出線）。

解多工器的種類一如多工器一般。以下我們對一對二與一對四的解多工器加以說明。

圖 15-45 中，所示爲一對二之解多工器，它的動作原理如下：

1.當 $S=0$，輸出爲 $Y_1=0$，$Y_0=A$。

2.當 $S=1$，輸出爲 $Y_1=A$，$Y_0=0$。

圖 15-45 一對二解多工器

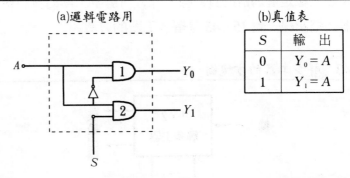

(a)邏輯電路用　　　　　　　　(b)真值表

S	輸　出
0	$Y_0=A$
1	$Y_1=A$

另外圖 15-46 所示爲一對四之解多工器，它的動作原理如下：

圖 15-46 一對四解多工器

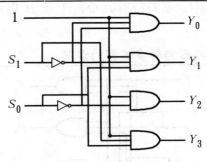

1.當 $S_1=0$，$S_0=0$，輸入資料 I 由 Y_0 送出。

2.當 $S_1=0$，$S_0=1$，輸入資料 I 由 Y_1 送出。

3.當 $S_1 = 1$，$S_0 = 0$，輸入資料 I 由 Y_2 送出。

4.當 $S_1 = 1$，$S_0 = 1$，輸入資料 I 由 Y_3 送出。

【例 15－16】

繪出具有 32 個輸出的解多工器電路，僅允許採用 $N_1 = 8$，$N_2 = 4$ 的閘。

【解】

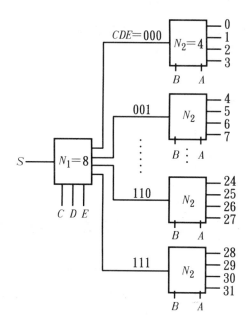

15－12　數位到類比轉換器

　　能將數位信號轉換成類比信號輸出之裝置稱之為數位到類比轉換器（Digital-to analog converter），簡稱為 D/A 轉換器，或稱為 DAC。D/A 轉換裝置通常是利用電阻網路將每個數位信號位準（Level）轉換成等值的二進位加權值（Binary weight）。

表 15-1 為二位元（2-bit）二進位信號的真值表。今以此真值表來說明等值二進位加權數。

若以 A 代表為最高位元（MSB），而 B 代表最低位元（LSB）。因 A，B 為二進位變數，所以二進位的最小數目為 00，若轉變成十進位制則等於 0，而最大數目 11，若轉換成十進制則為 3。因此可知此二位元可以組成四種狀態，即：

表 15-1 二位元二進位與十進位之數值關係表

十進位數值	2^1	2^0	←加權數
	A	B	←二進位數
0	0	0	
1	0	1	
2	1	0	
3	1	1	

$$2^0 = V \times \frac{1}{3} = \frac{V}{3} \cdots \quad \frac{1}{3}$$ 為最低位元等值二進位加權數

$$2^1 = V \times \frac{2}{3} = \frac{2V}{3} \cdots \quad \frac{2}{3}$$ 為第二高位元等值二進位加權數

不論有多少位元，其加權數的總和必定為 1，若以二個位元 D/A 轉換器為例，則加權相加 $\frac{1}{3} + \frac{2}{3} = 1$。

數位到類比（D/A）轉換器大致可分二種：(1)二進制加權電阻 D/A 轉換器，及(2) $R-2R$ 梯形電阻 D/A 轉換器。

一、二進制加權電阻 D/A 轉換器

圖 15-47 所示為基本二進制加權電阻 D/A 轉換器電路，由 n 個並聯電阻器組成，電阻器一端由數位信號可控制參考電源或接地，而電阻器另一端連接一起而輸出。由圖 15-47 所示電路可得輸出電流

I_o 為：

$$I_o = \frac{V_{ref}}{R}B_1 + \frac{V_{ref}}{2R}B_2 + \frac{V_{ref}}{4R}B_3 + \cdots + \cdots + \frac{V_{ref}}{2^{(n-1)}R}B_n$$

$$= V_{ref}\left[\frac{B_1}{R} + \frac{B_2}{2R} + \frac{B_3}{4R} + \cdots + \cdots + \frac{B_n}{2^{(n-1)}R}\right] \quad (15-41)$$

式中 B_n 表示第 n 位元（bit）的二進制狀態（1 或 0），R 表示電路上第一個電阻。

圖 15-47 二進制加權電阻 D/A 轉換器電路

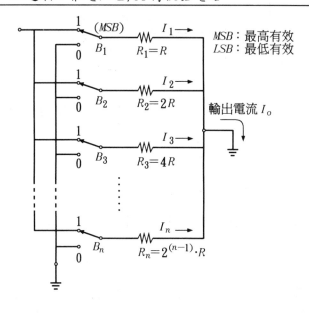

若圖 15-47 所示電路為一個 4 位元（4-bit）的 D/A 轉換器電路，則

$$I_o = V_{ref}\left(\frac{B_1}{R} + \frac{B_2}{2R} + \frac{B_3}{4R} + \frac{B_4}{8R}\right)$$

$$= \frac{V_{ref}}{R}(B_1 + 0.5B_2 + 0.25B_3 + 0.125B_4)$$

設 $V_{ref}=5V$，$R=5K\Omega$，且 B_1、B_2、B_3 皆為 1，$B_4=0$，則輸出電流為：

$$I_o = \frac{5}{5 \times 10^3}(1 + 0.5 \times 1 + 0.25 \times 1) = 1.75(\text{mA})$$

如圖 15-48 所示，因電路爲一運算放大加法器型式，所以其輸出電壓爲 V_o：

圖 15-48 電壓輸出的 D/A 轉換器

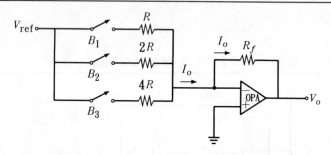

$$V_o = -I_o R_f = -\left(\frac{V_{\text{ref}}}{R}B_1 + \frac{V_{\text{ref}}}{2R}B_2 + \frac{V_{\text{ref}}}{4R}B_3\right)R_f$$

若 $R = R_f$ 則 $V_{\text{ref}} = 2$

$$V_o = -V_{\text{ref}}\left(B_1 + \frac{B_2}{2} + \frac{B_3}{4}\right)$$

二、$R-2R$ 梯形電阻 A/D 轉換器

圖 15-49 所示爲 $R-2R$ 梯形電阻 A/D 轉換器，亦是一種二進

圖 15-49 $R-2R$ 梯形電阻 D/A 轉換器電路

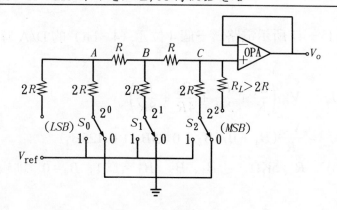

位階梯網路，是一種類比輸出電壓等於數位輸入信號加權數之和的電阻網路。這種梯形網路只使用兩種電阻 R 和 $2R$，具有 3 個輸入端，即 S_0、S_1、S_2 位元。網路左端為最低位元（LSB）即 S_0，右端為最高位元（MSB）即 S_2，作為輸出端。

今假設所有數位輸入電壓為零，並在各數位輸入端利用開關控制其輸入為 "0"（＝0V，接地）或 "1"（接參考電位 V_{ref}）。茲分析網路中電阻特性如下：

㈠從節點 A 開始電路化簡，終端電阻 $2R$ 與 $2^0(S_0)$ 輸入電阻 $2R$

圖 15－50

二進位梯形網路

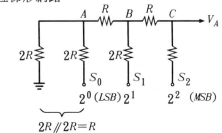

(a)節點 A 簡化

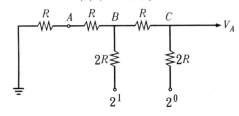

(b)節點 B 簡化　　　(c)節點 C 簡化

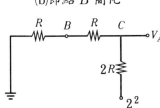
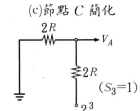

並聯，其並聯結果等於 R 值，如圖 15－50(a)所示。

㈡其次由節點 B 的左右端兩側電阻 R 串聯再與右端 $2(S_1)$ 輸入電阻 $2R$ 並聯，其結果等於一個 R 值，如圖 15－50(b)所示。

㈢其餘節點 C 電阻網路的簡化與上述雷同，如圖 15－50(c)所示。

由上述各節點看入的電阻值可得一結論：由各節點的左端看入可獲得 R 值的等效電阻電路。另外由各節點的右端看入時，可獲得 $2R$ 值的等效電阻電路，如圖 15－51 所示。不過此時必須先假設所有電壓源均爲理想電壓源，方能成立。

利用二進位梯形網路的電阻特性，能夠將數位輸入信號轉換成類比輸出電壓。若假設數位輸入信號 $S_2\,S_1\,S_0 = 1\,0\,0$，此時二進位梯形網路如圖 15－50(a)所示，將其簡化成圖 15－50(c)所示電阻網路，可得類比輸出電壓 V_A，即

$$V_A(S_a) = V_{\text{ref}} \cdot \frac{2R}{2R + 2R} = \frac{V_{\text{ref}}}{2}$$

亦即最高位元（MSB）的數位輸入信號爲邏輯“1”時，則類比輸出電壓爲 $\frac{1}{2}V_{\text{ref}}$。

圖 15－51 $R-2R$ 梯形電阻網路的各點阻抗

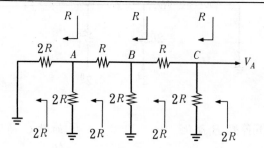

【例 15－17】

設有一個五位元 $R-2R$ 梯形網路，若輸入位準爲“0”態 ＝ 0V，“1”態

= + 10V，試求每一位元所產生之類比輸出電壓各爲多少伏特？

【解】

$$MSB \quad V_A = \frac{1}{2} V_{\text{ref}} = \frac{1}{2} \times 10 = 5(\text{V})$$

$$2SB \quad V_A = \frac{1}{4} V_{\text{ref}} = \frac{1}{4} \times 10 = 2.5(\text{V})$$

$$3SB \quad V_A = \frac{1}{8} V_{\text{ref}} = \frac{1}{8} \times 10 = 1.25(\text{V})$$

$$4SB \quad V_A = \frac{1}{16} V_{\text{ref}} = \frac{1}{16} \times 10 = 0.625(\text{V})$$

$$LSB \quad V_A = \frac{1}{32} V_{\text{ref}} = \frac{1}{32} \times 10 = 0.3125(\text{V})$$

【例 15 - 18】

在下圖電路中，設 $V_{\text{ref}} = 10\text{V}$，$R = 4\text{K}\Omega$，$R_f = 2\text{K}\Omega$，若輸入數位信號爲 1 1 1 0，試求輸出電壓應爲若干？

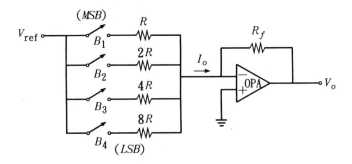

【解】

$$V_o = - I_o R_f$$

$$= - \left(\frac{V_{\text{ref}}}{R} B_1 + \frac{V_{\text{ref}}}{2R} B_2 + \frac{V_{\text{ref}}}{4R} B_3 + \frac{V_{\text{ref}}}{8R} B_4 \right) \cdot R_f$$

$$= - \left(\frac{10}{4} \times 1 + \frac{10}{8} \times 1 + \frac{10}{16} \times 1 + \frac{10}{32} \times 0 \right) \cdot 2 = 8.75(\text{V})$$

15-13 類比到數位轉換器

　　將類比信號轉換成等值數位信號的電路或裝置，稱為類比到數位轉換器，亦稱為 A/D 轉換器，或 ADC（Analog-to digital converter）。一般常用的類比至數位（A/D）轉換器可分為下列幾種：

一、計數式 A/D 轉換器（Counting A/D converter）

圖 15-52　計數式 A/D 轉換器

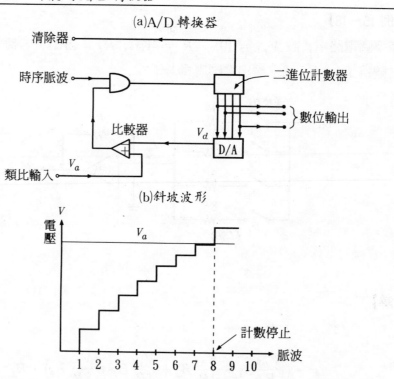

(a)A/D 轉換器

(b)斜坡波形

　　如圖 15-52(a)所示。它的計數轉換器的轉換速度較慢，圖中清除（Clear）脈波將二進位計數器先重置（Reset）在計數零的位置上，然後計數器以二進位的方式記下從 AND 閘送過來的時序脈衝。由於脈波數是隨著時間線性地增加，因此將此計數器的輸出當作 D/A 轉換器的輸入，只要類比輸入電壓 V_a 一直大於 D/A 轉換器的輸出電壓 V_d，則比較器的輸出為高電位，使 AND 閘工作，並使時序脈波一直傳輸至計數中計數。因計數器的輸出會隨時序脈波輸入而逐漸增大，所以 D/A 轉換器的輸出電壓 V_d 愈來愈大。當 $V_d > V_a$ 時，比較器的輸出變成低電位，而及閘不工作，並且阻止時序脈波輸出至計數器，計數器停止計數，V_d 保持原來電壓。因此從計數器上，就能讀出代表類比輸入電壓的數字。圖 15-52(b)所示為計數器的斜坡波形。

綜合上述，計數式 A/D 轉換器的優點是能將類比輸入信號分解成高解析度的數位信號輸出，而其缺點在於轉換時間的計數器必須由零開始計數的情形下，因此所需轉換時間較長。

二、追踪或伺服計數式 A/D 轉換器

圖 15-53　追踪 A/D 轉換器

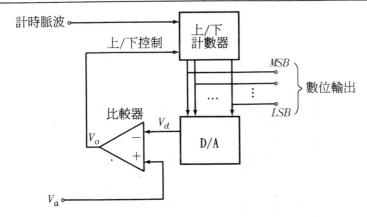

圖 15-53 所示為追踪或伺服計數式 A/D 轉換器（Tracking or servo A/D converter），它是一種計數式 A/D 轉換器的改良型，不必

使用清除脈波與及閘，而需外加一個上/下計數器（即進數/退數計數器），且比較器的輸出送到計數器上/下控制端上。假設開始時 D/A 轉換器的輸出小於類比輸入 V_a，則正的比較器輸出使計數器往上數，亦即 D/A 轉換器輸出隨每一個計時脈波而增加，直至超過 V_a 為止。如果上/下控制改變狀態，使得它開始向下計數，但是只往下計數了一位 [LSB （最小位元）]，比較器又變成高電位輸出，使計數器往上數，數了一位又變成往下數，此一過程一再重覆。而數位輸出來回變化，在 LSB 正確值 ±1 的範圍內對於取樣類比信號有小改變時，轉換時間很小。因此，此系統可有效地當作一種追踪 A/D 轉換器。

三、並聯比較式 A/D 轉換器

圖 15－54 三位元並聯比較式 A/D 轉換器

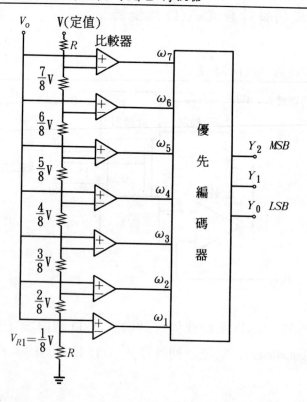

　　圖 15–54 所示爲三位元並聯比較器 A/D 轉換器。類比電壓 V_a，同時加到一組比較器上，使具有相同的臨界電壓（參考電壓 $V_{R1}=\dfrac{V}{8}$，$V_{R2}=\dfrac{2V}{8}$等），因爲類比輸入是在一已知電壓範圍或電壓箱內尋找，此由相鄰比較器間的臨界電壓所決定的，然而比較器輸出 ω 具有特殊形式，若臨界電壓超過輸入電壓的所有比較器，其輸出爲低狀態 "0"，在臨界電壓低於類比信號輸入時，每一比較器的輸出爲高狀態 "1"。例如當 $\dfrac{2}{8}V<V_a<\dfrac{3}{8}V$，則 $\omega_1=1$，$\omega_2=1$，而其餘 ω 均爲 0。在此情況下，數位輸出爲 2（$Y_2=0$，$Y_1=1$，$Y_0=0$），此即表示有一個輸入類比電壓位於 $\dfrac{2}{8}V$ 與 $\dfrac{3}{8}V$ 之間。此電路之輸入 ω 與輸出 Y 的眞值表，如表 15–2 所示。

表 15–2　三位元並聯比較式 A/D 轉換器眞值表

輸入類比信號 V_a	比較器輸出							輸出		
	ω_7	ω_6	ω_5	ω_4	ω_3	ω_2	ω_1	Y_2	Y_1	Y_0
$0V\sim\dfrac{1}{8}V$	0	0	0	0	0	0	0	0	0	0
$\dfrac{1}{8}V\sim\dfrac{1}{4}V$	0	0	0	0	0	0	1	0	0	1
$\dfrac{1}{4}V\sim\dfrac{3}{8}V$	0	0	0	0	0	1	1	0	1	0
$\dfrac{3}{8}V\sim\dfrac{1}{2}V$	0	0	0	0	1	1	1	0	1	1
$\dfrac{1}{2}V\sim\dfrac{5}{8}V$	0	0	0	1	1	1	1	1	0	0
$\dfrac{5}{8}V\sim\dfrac{3}{4}V$	0	0	1	1	1	1	1	1	0	1
$\dfrac{3}{4}V\sim\dfrac{7}{8}V$	0	1	1	1	1	1	1	1	1	0
$\dfrac{7}{8}V\sim V$	1	1	1	1	1	1	1	1	1	1

【自我評鑑】

1.如下圖所示電路，運算放大器之參數如下：$A = 50000$，$Z_i = 4.5\text{M}\Omega$，$Z_o = 60\Omega$，試求此電路之輸入與輸出阻抗，並計算其閉環路電壓增益。

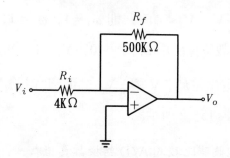

2.如下圖所示加法器電路的輸出電壓。

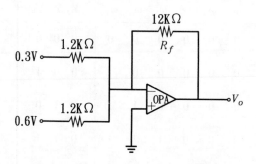

3.試證下圖所示電路之輸出大小，爲各輸入值平均之負值。

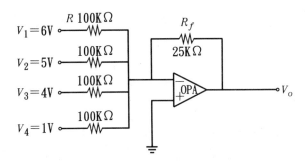

4.如下圖所示爲一非反相加法器，設 $R_1 = R_2 = R_3 = 4K\Omega$, $R_N = 8K\Omega$, $R_f = 80K\Omega$, 且 $V_1 = 6mV$, $V_2 = 4mV$, $V_3 = 2mV$, 試求其輸出電壓 V_o 爲多少?

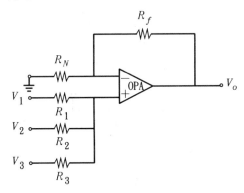

5.如下圖所示電路，若 $R_1 = 5K\Omega$, $R_2 = 10K\Omega$, $R_3 = 5K\Omega$, $R_f = 10K\Omega$, 而 $V_1 = 5mV$, $V_2 = 15mV$, 試求輸出電壓 V_o 爲多少?

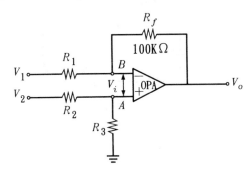

6.如下圖所示電路，若 $V_1 = 10\text{mV}$，$V_2 = 20\text{mV}$，$V_3 = 5\text{mV}$，試求其輸出電壓 V_o 為多少?

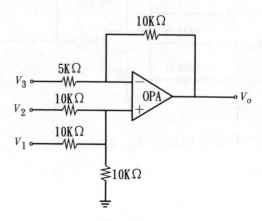

7.如果送一峰值 1V，頻率 1KHz 的弦波至一反相微分器，其 $R = 1\text{K}\Omega$，$C = 0.1\mu\text{F}$，則輸出弦波為何?

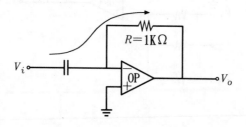

8.如下圖所示低通濾波電路中，設 $R_1 = R_2 = 10\text{K}\Omega$，$C_1 = 0.1\mu\text{F}$，$C_2 = 0.01\mu\text{F}$，則其上限臨界頻率應為多少?

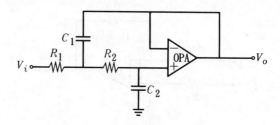

9.如下圖所示一階 RC 高通濾波器中，若 $R = 10\text{K}\Omega$，$C = 0.02\mu\text{F}$，

則電路之下限臨界頻率應爲多少?

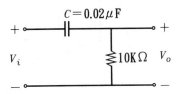

10.如下圖所示電路中，設 $C_1 = C_2 = 0.0159\mu F$，$R_1 = 7.07K\Omega$，$R_2 =$ 14.14$K\Omega$，則欲得最平坦響應時之臨界頻率爲多少?

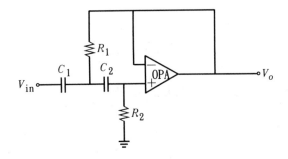

11.求下圖之理想運算放大器之電壓增益。

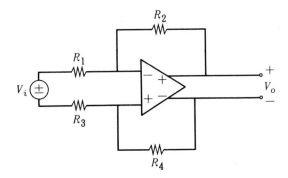

12.如下圖所示，$R_1 = 1K\Omega$，$R_2 = 100K\Omega$，$C_2 = 100pF$，求直流增益和 3dB 頻率。

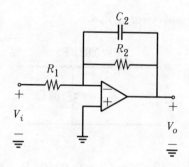

13.如下圖之理想運算放大器，$R_1 = 1K\Omega$，$R_2 = R_4 = 10K\Omega$，$R_3 = 100\Omega$，求電壓增益。

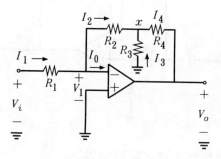

14.將一方波信號，振幅大小 $\pm 10V$，週期為 1ms，送進如下圖之電路中，結果輸出電壓波形如圖所示，求時間常數 RC?

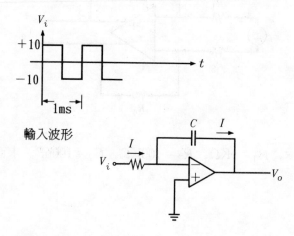

輸入波形

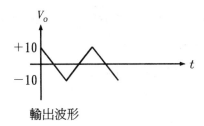

輸出波形

15.如下圖之電路，求其輸入電阻 R_{in} 為多少？

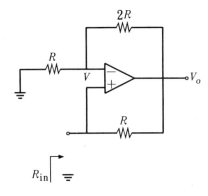

16.試以兩個運算放大器，其輸入電阻均為 100KΩ，設計輸出 $V_o = V_1$ $-10V_2$ 的電路。

17.如下圖所示電路中，設 $R_1 = 2KΩ$，$R_2 = 200KΩ$，$C_1 = 0.01\mu F$，$C_2 = 0.01\mu F$，$R_3 = 1.6KΩ$，$R_4 = 90KΩ$，試求帶止濾波器的 f_r，BW 及 Q 值多少？

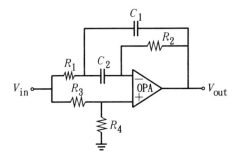

18.試述並聯比較式 A/D 轉換器的特點。

19.試設計組合類比計算機系統方塊圖以求解正弦函數：

$$x(t) = 10\sin 3t$$

20.試繪出平均檢波（Average detector）器，並說明之。

習 題

1. 試利用下圖的電路，設計一個增益－100，輸入電阻為 1MΩ 的運算放大器電路，但必須每一電阻值不得超過 1MΩ。

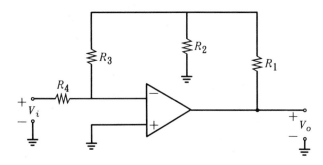

2. (1)試求下圖的轉移函數。

(2)若輸入 V_i 為定值 V，試證明輸出 $V_o(t)$ 由下式決定

$$C\frac{dV_o(t)}{dt} + \frac{V_o(t)}{R_3} + \frac{V}{R_1}\left(1 + \frac{R_2}{R_3}\right) = 0$$

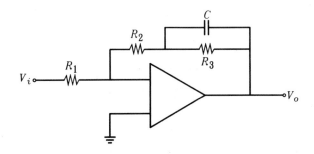

3. 已知一理想差動放大器如下圖，若 $R_1R_4 = R_2R_3$，則證明輸出

$$V_o = \frac{R_2}{R_1}(V_1 - V_2)$$

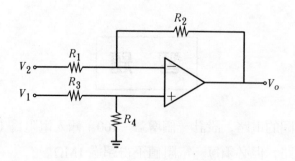

4.試求下圖的輸入電阻 R_{in}。

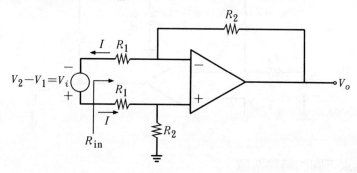

5.試利用運算放大器設計類比計算機以求解下列微分方程式$\dfrac{d^2y}{dt^2}+3$ $\dfrac{dy}{dt}-2y=x(t)$，其中 $y(0^-)=-1$，$\dfrac{dy}{dt}(0^-)=2$，並假設有一振盪器能供給信號 $x(t)$。

6.試求下圖運算放大器之輸出 V_o。

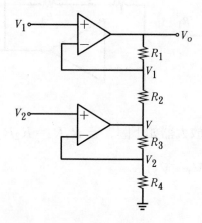

7.試設計一個直流增益為 100 的非反相放大器，並求其閉迴路增益 3dB 頻率，若以步級信號輸入，試求輸出波形的上升時間，已知 f_t ＝2MHz。

8.試求下列差動放大器的頻帶寬。

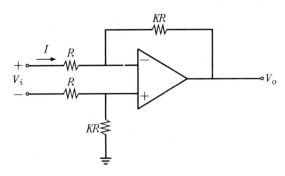

9.下圖為儀表放大器，具有高阻抗差動輸入端，其增益是以電阻 R_4 控制，假設為理想運算放大器，試求輸出 V_o?

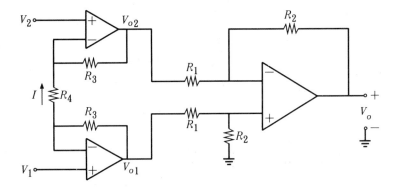

10.(1)求下圖的轉移增益$|A|$，及當 R 由 0 變化至∞時，相位之變化情形。

(2)若 B、C 互調，則轉移增益為(1)之負值，此時 R 由 0 變化至∞，試問 ϕ 之變化情形。

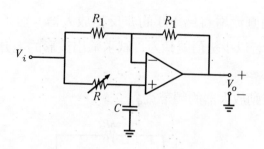

11.試求下圖理想運算放大器的 V_o?

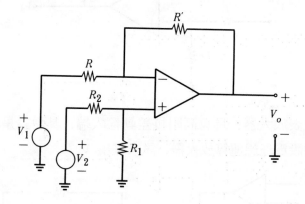

12.若於下圖電路中，設 $R_i = 2K\Omega$, $R_f = 100K\Omega$，當輸入信號爲 $V_S = -1mV$ 及 $V_S = 2mV$ 時，試分別求其輸出電壓爲多少?

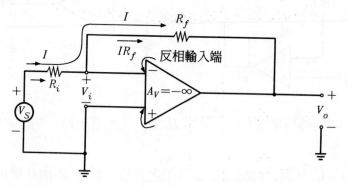

13.如下圖所示電路中，設 $R_i = 200K\Omega$, $R_f = 600K\Omega$，當輸入電壓 $V_i = 1V$，試計算輸出電壓 V_o 爲多少?

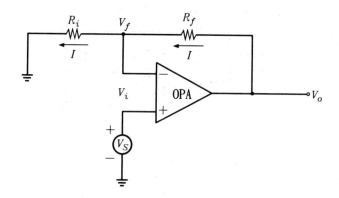

14.試計算下圖所示加法器電路的輸出電壓。

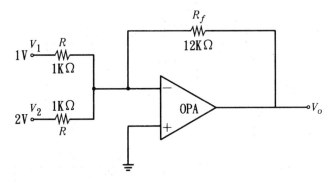

15.如下圖所示電路，若 $V_1 = 1\text{mV}$， $V_2 = 2\text{mV}$，而 $R_1 = R_2 = 2\text{K}\Omega$，

$R_3 = R_f = 100\text{K}\Omega$，試計算輸出電壓 V_o 為多少?

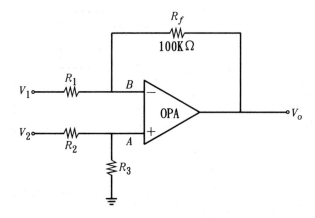

16.某一 IC 儀表放大器內 $R_{f1} = R_{f2} = 25K\Omega$，欲使其閉環路增益為 300，試求其外加電阻 R_G 值應為多少？

17.如下圖所示積分器電路，若輸入為一脈衝，輸出電壓由 0 開始，(1)求此積分器的輸出改變率，(2)繪出輸出波形。

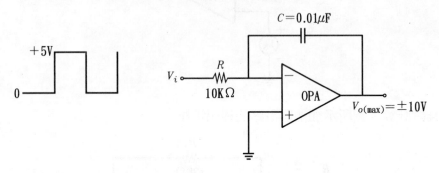

18.如下圖中的 $R = 10K\Omega$，$C = 0.1\mu F$，則輸入斜率為 ± 1 伏特/秒之三角波，將產生輸出方波的峰值為何？

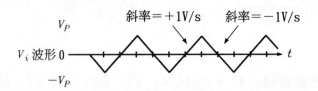

19.如下圖所示之微分器，(1)當 $V_i = V_m \sin\omega t$ 時，則輸出電壓 V_o？ (2)設 $R = 1M\Omega$，$C = 1\mu F$，而 $V_i = 5\sin 5t$ 時，其輸出電壓 V_o 為多少？

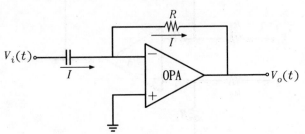

20.繪一個利用運算放大器的計算機方塊圖，以解下列微分方程式：

$$\frac{dx}{dt}+0.5x+0.1\sin\omega t=0$$

假設有一個現成的振盪器，它能供應 $\sin\omega t$ 的信號，且此計算機設計只限用電容器和電阻器。

21.如下圖所示之三階（三極）的電容，而 $R_1=R_2=R_3$，若欲使臨界頻率均為 2KHz，試求各電阻值為多少？

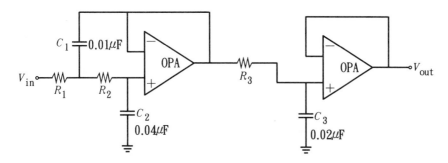

22.如下圖所示一階主動高通濾波電路，設 $R_f=150\mathrm{K}\Omega$，$R_{in}=15\mathrm{K}\Omega$，$R_1=12\mathrm{K}\Omega$，$C_1=0.01\mu\mathrm{F}$，則電壓增益及下限臨界頻率各為多少？

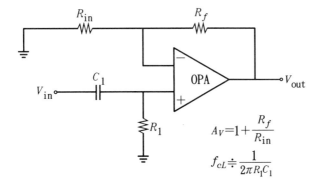

23.若欲使下圖所示主動高通濾波器的臨界頻率 500Hz，試求各電阻值多少？

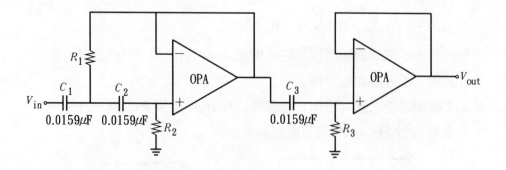

24.在下圖濾波電路中，設 $R_1 = 25\text{K}\Omega$，$R_2 = 50\text{K}\Omega$，$C_1 = C_2 = 0.01\mu\text{F}$，$R_3 = R_4 = 15\Omega$，$C_3 = 0.01\mu\text{F}$，$C_4 = 0.005\mu\text{F}$，試求頻帶寬度及諧振頻率，並繪出其頻率響應。

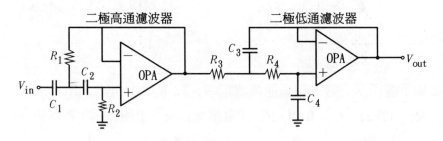

第十六章

波形整形與
產生器

16-1　史密特觸發器

　　討論史密特觸發器之前，首先必須先討論比較器，因為史密特觸發器是改良比較器或緩衝器而來的，至於一般比較器的電路則是以運算放大器來製作而成，其電路可表示如下：

圖 16-1　比較器之基本電路

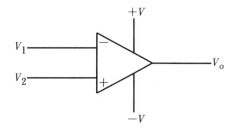

$$\begin{cases} 1.\ \text{當}\ V_1 < V_2\ \text{時，則}\ V_o = + V \\ 2.\ \text{當}\ V_1 > V_2\ \text{時，則}\ V_o = - V \end{cases}$$

　　但比較器有一缺點，就是電壓若在臨界點上抖動時，其根本就是一種很差的電路了，因為如此若做為開關電路是並不理想，且會形成只因稍低於臨界點，立即就轉態的情形。

圖 16-2　波形圖

設　$V_R = 2V$

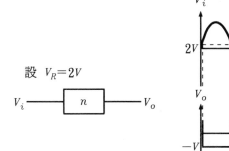

比較器是具有兩輸入（有一個是定值參考電壓，另一個輸入是隨時間變化的信號 V_i）和一個輸出 V_o。若 $V_i > V_R$，則輸出為一低準位之電壓值 $V_o = V(0)$，若 $V_i < V_R$，則輸出為一高準位之電壓值 $V_o = V(1)$，換句話說：比較器為一類比轉換為數位的轉換器，所以在一般的數位電路上，其用途就是在轉態電路。但因為比較器的輸出波形與輸入波形不類似，所以比較器是處理非線性的裝置。它可用來把一隨時間緩慢變化的信號 V_i 轉換成另一信號 V_o，而當 V_i 達到一定的大小 V_R 時，其輸出 V_o 即可轉態。

如以比較器與差動放大器作比較，因為差動放大器，本身就是我們所熟知的運算放大器的內部結構，理想之差動放大器之輸入—輸出曲線大致上與理想比較器之特性曲線類似，若將差動放大器與其他高增益級相串接，就可以把它類似於比較器使用（使用開迴路），由於比較器是使用於正回授型式下操作，其頻率補償元件可以省略，所以會比運算放大器獲得更佳之頻率響應，但是為了不使其在暫態輸入時發生誤動作，常會在其電路加裝二個稽納二極體（Zener diode），以使輸出固定位於某一定值。

圖 16-3　比較器的轉移特性曲線

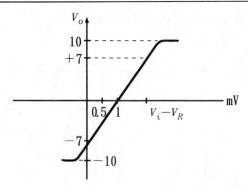

由上圖 16-3 所示，當輸入電壓大約有 1 毫伏的擺動時，會使輸

出電壓發生嚴重的變動，所以即有史密特觸發器（Schmitt trigger）之研究發展。

㈠等效電路圖：如圖 16－4 所示。

圖 16－4 史密特觸發電路

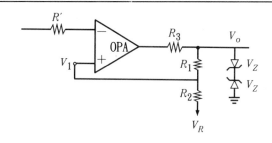

㈡元件解說：

R_1，R_2：回授電阻

R'，R_3：限流電阻

OPA：比較器

稽納二極體：改變輸出端之電壓準位

史密特觸發器（Schmitt trigger）又名再生式比較器，如圖 16－4 所示，即在一般比較器上加入正回授電路，使其操作之下，有了二個準位之檢測轉換其間之基準電壓值，其中 V_R 為固定之電壓值。

㈢電路分析與操作：

設 $V_i < V_1$ 時，則 $V_o = + V_o$

此時

$$V_1 = V_o\left(\frac{R_2}{R_1 + R_2}\right) + V_R\left(\frac{R_1}{R_1 + R_2}\right) \equiv V_{max}$$

所以，只要 $V_i < V_{max}$ 時，$V_1 = V_{max}$

當 $V_i < V_1$ 時，則 $V_o = - V_o$

此時

$$V_1 = - V_o\left(\frac{R_2}{R_1 + R_2}\right) + V_R\left(\frac{R_1}{R_1 + R_2}\right) \equiv V_{\min}$$

所以只要當: $V_i > V_1$ 時, $V_1 = V_{\min}$

我們可發現到一件事, 在史密特電路所產生之波形峰值, 即等於如下之式子:

$$V_H = V_{\max} - V_{\min} = \frac{2R_2}{R_1 + R_2}V_o$$

其中 V_H 稱爲史密特電路的磁滯電壓 (Hysteresis voltage)。

圖 16-5 V_H 分析圖

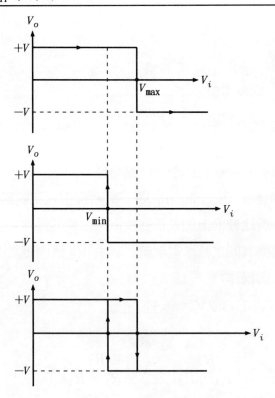

還有一點必須留意的是, 史密特觸發器之用途乃是將一個變動極慢之輸入電壓轉換成一個具有突變式波形的輸出。

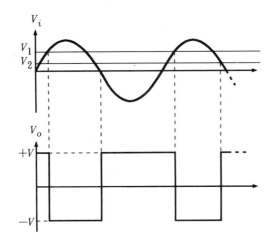

目前史密特觸發器用得最廣的乃是電晶體型態的史密特觸發器。以下再對下圖做一簡單的介紹:

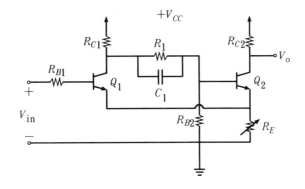

其中 C_1 是加速電容器。

一般在設計時,都設計成 $R_{C1} > R_{C2}$, 因此 $I_{E1} < I_{E2}$,

且其電壓上限 $= V_1 = V_{BE1} + I_{E2} \cdot R_E$

下限 $= V_2 = V_{BE1} + I_{E1} \cdot R_E$

㈠觀念

當信號 V_i 上升, 且超過 V_1 時, V_o 將變態。

當信號 V_i 下降, 且低於 V_2 時, V_o 將變態。

㈡原理

1. 開始時，Q_1 為 OFF 之狀態，Q_2 為 ON 之狀態，此時 $V_o = I_{1(sat)}R_{E1} + V_{CE(sat)}$ 並在 R_E 上產生 $I_{2(sat)}R_E$ 之壓降。

2. 當 V_{in} 昇高至 $I_{E1} \cdot R_E + V_{BE}$ 時，Q_1 開始導通，則 Q_1 之集極電位下降使得 Q_2 OFF，在此時 $V_o = + V_{CC}$，且流經 R_E 之電流為 I_1。

3. V_{in} 必需降至 $V_{OFF} = I_1 \cdot R_E + V_{BE}$ 以下時，方可使得 Q_1 立即 OFF，回到第一步驟，如此就可描繪全部的波形，如下所示。

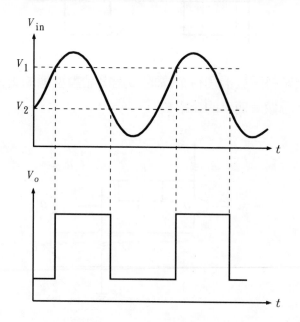

16-2 方波及三角波產生器

首先，定義一個名詞，工作週期（Duty cycle）。

$$工作週期\ \delta = \frac{T_1}{T} \times 100\%$$

其中 T_1 為導通時間，T 為一週期。

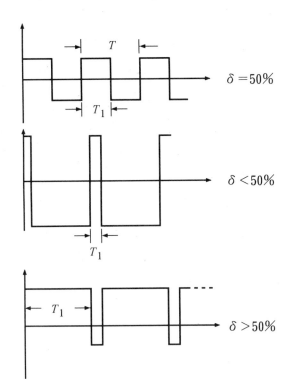

方波產生器 (Square-wave generator)

㊀屬於無穩態多諧振盪器 (Astable multivibrator) 之一種，是利用史密特比較器加以改良，只需加一個 RC 電路，即可完成一般的方波產生器。

㊁解釋電路：

R_3：限流電阻

R_1, R_2：回授電阻

OPA：比較器

R 與 C：當作充放電用途

稽納二極體：改變輸出準位用

設 $V_o = V_Z + V_D$，

$$\beta = \frac{R_2}{R_1 + R_2}$$

圖 16-6　方波產生器電路圖及其波形

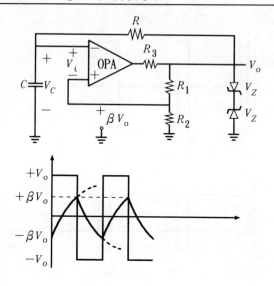

㈢電路分析：

　1.當 $V_C < V_i$ 時，$V_o = + V_o$

　　　$V_1 = \beta V_o$

　此時 $V_o = + V_o$，經由 R 向 C 充電，使得 V_C 開始往上爬昇，一直到 $V_C = \beta V_o$ 才停住。如用一簡單電路可表示如下：

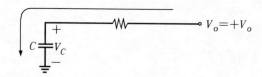

　2.當 $V_C > V_i$ 時，$V_o = - V_o$，$V_1 = - \beta V_o$，此時 V_C 經由 R 向 V_o 放電，使得 V_C 開始下降，一直到 $V_C = - \beta V_o$ 才停止。用簡單的電路表示如下圖：

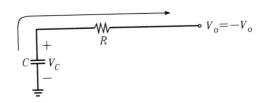

以上之分析電路如以電路學的暫態電路表示，其一階 RC 電路之暫態公式可表示成:

$$f(t) = f(\infty) + (f(0) - f(\infty))e^{\frac{-t}{RC}}$$

1.充電時:

$$V_C(t) = V_o - (1 + \beta)V_o e^{\frac{-t}{RC}}$$

其中 $V_C(0^+) = -\beta V_o$, $V(\infty) = +V_o$

所以

$$V_C(T_1) = \beta V_o = V_o - (1 + \beta)V_o e^{\frac{-t}{RC}}$$

經過計算可得 T_1 之通式:

$$T_1 = RC\ln\left(\frac{1 + \beta}{1 - \beta}\right)$$

2.放電時:

$$V_C(t) = -V_o + (1 + \beta)V_o e^{\frac{-t}{RC}}$$

其中 $V_C(0^+) = \beta V_o$, $V_C(\infty) = -V_o$

所以

$$V_C(T_2) = -\beta V_o = -V_o + (1 + \beta)V_o e^{\frac{-t}{RC}}$$

經過計算可得以下之通式:

$$T_2 = RC\ln\left(\frac{1 + \beta}{1 - \beta}\right)$$

所以由上述二種情況可得 $T_1 = T_2$，故此電路為一方波產生器。又因為 $T_1 = T_2$，所以其工作週期等於百分之五十。

一般改善工作週期的方法有二種:

第一種方法: 利用稽納二極體之耐壓不同而予以改善工作週期,

$$V_{o1} = V_{Z1} + V_D$$

$$V_{o2} = V_{Z2} + V_D$$

1.當 $V_C < V_1$ 時

$$V_o = + V_{o1}, \quad V_1 = \beta V_{o1}$$

此時 C 是屬於充電的狀態, 且 V_C 一直漸增, 直至 $V_C = \beta V_{o1}$ 為止。

2.當 $V_C > V_1$, $V_o = - V_{o2}$

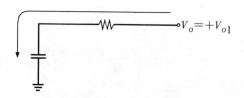

此時 $V_1 = - \beta V_{o2}$, 電容 C 的這時候狀況是放電, 一直到 $V_C = - \beta V_{o2}$ 時才停止放電。

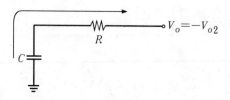

所以輸出波形可能變成如下圖

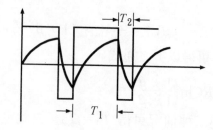

(1) $V_C(0^+) = -\beta V_{o2}$,　$V_C(\infty) = V_{o1}$

$$V_C(t) = -\beta V_{o2}e^{\frac{-t}{RC}} + V_{o1}(1 - e^{\frac{-t}{RC}})$$

$$= V_{o1} - (V_{o1} + \beta V_{o2})e^{\frac{-t}{RC}}$$

$$V_C(T_1) = V_{o1} - (V_{o1} + \beta V_{o2})e^{\frac{-t}{RC}} = +\beta V_o$$

或者 $T_1 = RC\ln\left[\dfrac{1 + \beta\left(\dfrac{V_{o2}}{V_{o1}}\right)}{1 - \beta}\right]$

(2) $V_C(0^+) = +\beta V_{o1}$,　$V_C(\infty) = -V_{o2}$

$$V_C(t) = \beta V_{o1}e^{\frac{-t}{RC}} - V_{o2}(1 - e^{\frac{-t}{RC}})$$

$$= -V_{o2} + (\beta V_{o1} + V_{o2})e^{\frac{-t}{RC}}$$

或 $T_2 = RC\ln\left[\dfrac{1 + \beta\left(\dfrac{V_{o1}}{V_{o2}}\right)}{1 - \beta}\right]$

所以全部週期 $T = T_1 + T_2$

此時，工作週期為

$$\delta = \frac{T_1}{T} \times 100\%$$

可能等於 50％，小於 50％，或大於 50％，需視稽納二極體之耐壓設計而定。

　　第二種改善工作週期的方法：其原理是利用 RC 充放電路徑上加以變化，我們可使用在電阻 R 上加上二極體，因為原先的電阻 R 是放電路徑，如充電路徑再多並接一組不同數值的電阻值與二極體，如此就可改變工作週期。等效電路顯示於圖 16–7 中：

　　分析電路：

$$V_o = V_Z + V_D$$

圖 16-7 改良型之方波產生器

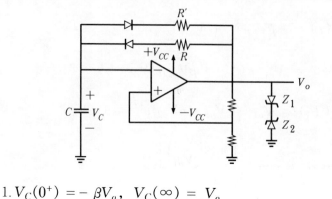

1. $V_C(0^+) = -\beta V_o$, $V_C(\infty) = V_o$

$$V_C(t) = -\beta V_o e^{\frac{-t}{RC}} + V_o(1 - e^{\frac{-t}{RC}}) = V_o - (1 + \beta)V_o e^{\frac{-t}{RC}}$$

$$V_C(t = T_1) = +\beta V_o = V_o - (1 + \beta)V_o e^{\frac{-T_1}{RC}}$$

或者 $T_1 = R \cdot C \cdot \ln\left(\dfrac{1 + \beta}{1 - \beta}\right)$

2. $V_C(0^+) = +\beta V_o$, $V_C(0^-) = -V_o$

$$V_C(t) = \beta V_o e^{\frac{-t}{RC}} - V_o(1 - e^{\frac{-t}{RC}}) = -V_o + (1 + \beta)V_o e^{\frac{-t}{RC}}$$

$$V_C(t = T_2) = -\beta V_o = -V_o + (1 + \beta)V_o e^{\frac{-T_2}{RC}}$$

或者 $T_2 = R'C\ln\left(\dfrac{1 + \beta}{1 - \beta}\right)$

　　所以其工作週期就可由 R 或 R' 加以控制，但需注意一點，二條路徑上的二極體，規格必須相同。

　　以上我們談到了方波產生器，我們並觀測其 V_C 具有一個三角形的波形，不過它是指數而不是直線，如果要成為直線就要使電容為線性充放電。至於要線性充電，首先必須以一定的電流來充電，圖 16-8 就是改良方波產生器而成三角波產生器，其中積分器被用來為電容供應定值的電流以使輸出是線性的。由於積分器已反相過一次，所

以回授接回非反相端。這比較器的作用類似一個不反相的史密特觸發
器。

圖 16−8　三角波產生器

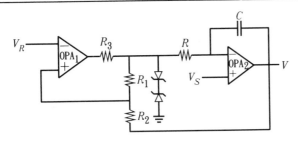

其中OPA₁: 比較器

　　R_1、R_2: 回授電阻

　　R_3: 限流電阻

　　OPA₂: 積分器

　　V_S: 改善工作週期用

設

$$V_o = V_Z + V_D$$

$$\beta = \frac{R_2}{R_1 + R_2}$$

1.當 $V_1 < V_R$ 時:

$$V_o = - V_o$$

此時 $I = \dfrac{V_o + V_S}{R} > 0$

因為 $V(t)$ 正比於 $\left(\dfrac{V_o + V_S}{RC}\right)t$，所以 $V(t)$ 與 V_1 都是漸增的
情況。

$$V_1 = - V_o\left(\frac{R_2}{R_1 + R_2}\right) + V(t)\left(\frac{R_1}{R_1 + R_2}\right)$$

當 $V(t) = V_{max}$

$$V_{max} = V_o\Big(\frac{R_2}{R_1}\Big) + V_R\Big(1 + \frac{R_2}{R_1}\Big)$$

2.當 $V_1 > V_R$ 時

$$V_o = + V_o$$

此時 $I = \dfrac{-(V_o - V_S)}{R} < 0$

所以 $V(t)$就正比於 $-\Big(\dfrac{V_o + V_S}{RC}\Big)t$，即顯示 $V(t)$ 與 V_1 都是屬於遞減狀態。

當 $V(t) = V_{min}$時　$V_1 = V_R$

$$V_{min} = -V_o\Big(\frac{R_2}{R_1}\Big) + V_R\Big(1 + \frac{R_2}{R_1}\Big)$$

$$V_{P-P} = V_{max} - V_{min} = 2V_o\Big(\frac{R_2}{R_1}\Big)$$

三角波之輸出圖形顯示於圖 16-9 中。

圖 16-9　三角波產生器之輸出波形

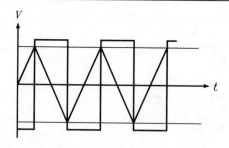

依上圖所示，我們可推導工作週期，

即

$$\frac{V_o + V_S}{RC} = \frac{V_{P-P}}{T_1} = \frac{2V_o\left(\frac{R_2}{R_1}\right)}{T_1}$$

$$T_1 = 2RC\left(\frac{R_2}{R_1}\right)\left[\frac{1}{1 + \frac{V_S}{V_o}}\right]$$

$$\left|-\left(\frac{V_o - V_S}{RC}\right)\right| = \frac{V_{P-P}}{T_2} = \frac{2V_o\left(\frac{R_2}{R_1}\right)}{T_2}$$

所以

$$T_2 = 2R \cdot C\left(\frac{R_2}{R_1}\right)\left[\frac{1}{1 - \frac{V_S}{V_o}}\right]$$

$$\frac{T_2}{T_1} = \frac{1 - \frac{V_S}{V_o}}{1 + \frac{V_S}{V_o}}$$

即

$$\frac{T_1}{T} = \frac{1}{2}\left(1 - \frac{V_S}{V_o}\right)$$

$$f_0 = \frac{1}{T}$$

$$\delta = 50\% \cdot \left(1 - \frac{V_S}{V_o}\right)$$

如果需要不相等的掃描期間，即 $T_1 \neq T_2$，那麼可將圖 16－8 中

之 R 換成圖 $16-7$，使充放電路徑不相同，如此就可以把 T_1，T_2 加以調變。

16-3 脈波產生器 （Pulse Generator）

脈波產生器是我們所知道的單穩態多諧振盪器，其具有一個穩定狀態和一個半穩定狀態。電路開始時，接到一觸發電路，形成一暫態的情況，但經過一段時間 T 之延遲，就恢復穩定的狀況，如此即類似有一脈波發生，故我們常稱之為單擊電路，其等效電路及波形如圖 $16-10$ 所示。

設 $V_o = V_D + V_E$

$$\beta = \frac{R_2}{R_1 + R_2}$$

1.t_p

$$V_C(0^+) = +V_1, \quad V_C(\infty) = -V_o$$

$$V_C(t) = V_1 e^{\frac{-t}{RC}} - V_o(1 - e^{\frac{-t}{RC}})$$

$$V_C(t = t_p) = -\beta V_o = V_o + (V_1 - V_o)e^{\frac{-t}{RC}}$$

得

$$t_p = RC\ln\left[\frac{1 + \frac{V_1}{V_o}}{1 - \beta}\right]$$

圖 16 − 10　等效電路及波形

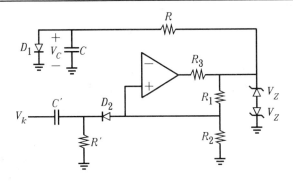

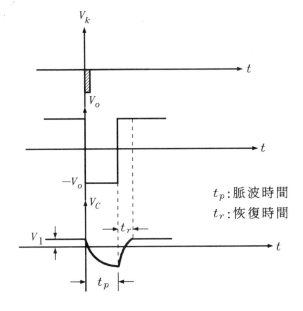

t_p：脈波時間
t_r：恢復時間

2. t_r

$$V_C(0^+) = -\beta V_o, \quad V_C(\infty) = +V_o$$

$$V_C(t) = -\beta V_o e^{\frac{-t}{RC}} + V_o(1 - e^{\frac{-t}{RC}})$$

$$= V_o - (1 + \beta) V_o e^{\frac{-t}{RC}}$$

$$V_C(t = t_r) = V_1 = V_o - (1 + \beta) V_o e^{\frac{-t}{RC}}$$

得

$$t_r = RC\ln\left[\frac{1 + \beta}{1 - \dfrac{V_1}{V_o}}\right]$$

上述之圖形中，觸發脈波寬度遠小於產生的脈波之持續時間 T。另二極體 D_2 雖可有可無，但如果在觸發線上產生任何正雜訊時，可以用來避免錯誤動作的發生，因單擊電路可以在某一定時間的瞬間突然動作，產生一長方形的波形，此即可用來作一系統其他部份的開關（又稱之為閘電路），另因為在輸入觸發之某一預定時間 T 後，它才會產生響應，所以又稱之為時間延遲電路。

討論圖 16-11 之組態，在靜態時，JFET 受其閘源極反向偏壓 $-V'$ 而截止，電容器就藉 V_{CC} 而充電，此刻反相輸入端之電壓為 V_{CC}，所以其比較器之輸出為低準位，$V_o = -V_o$。

設 $t = 0$ 時，加一觸發脈波上去，於是 JFET 有一大定值電流通過，造成 C 快速放電，而當 C 之電壓下降到某一程度時便停住，並

圖 16-11　再生觸發式的單穩多諧振盪器

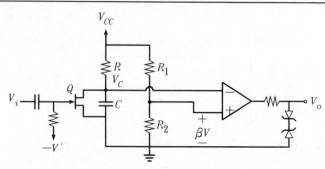

改變準位，我們稱此電路爲再生式單穩多諧振盪器。

16－4　階梯波產生器

如圖 16－12(a)所示，用一個負時基脈波加諸於一運算放大器組成之積分器，則積分器的輸出呈現階梯狀的情況，若觸發脈波遠小於整個週期，則波形較趨近於理想狀態。計數器與 S 開關無交互作用，它們只是在所需要的步級數有了以後，預置 V 爲零。此 V 是脈波大小，掃描速率爲$\frac{V}{RC}$，且每個階梯波之大小爲

$$V' = \frac{VT}{RC}$$

其中 T 爲觸發波之大小。

積分器具有加成作用，所以每一個輸出疊加。例如，若已經計數

圖 16－12　(a)階梯波產生器，(b)波形

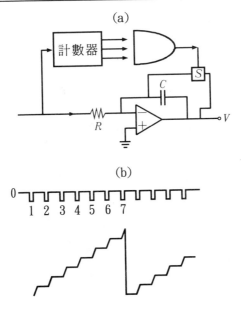

滿七個才又重新開始，則須用一個 3 級計數器，因為

$$2^n \geq 7$$

而在計數器每一級輸出各加一個 AND 閘，第七個脈波以後同樣之行為使 AND 閘之輸出電壓變高，且在第八個脈波來之前保持同樣的高度，如圖 16 - 12(b)所示。

從圖 16 - 12 中可知各步級間之變化的時間為 T_p，當發生一個非常突變的上昇時，我們亦可以利用貯存計數器得到，其電路圖另繪於圖 16 - 13。

假設電容 C_1 未受電壓 V 充電，而 C_2 受電壓 V 充電，則一輸入脈波將經二極體 D_1 使 C_1 充電，C_1 充電之時間常數遠小於脈波持續時間，且 C_1 將完全充電至此值 $V_1 = V$，在 C_1 充電時間內，二極體 D_2 不導通且 C_2 的電壓仍然保持為 V。在輸入脈波的終端處，電容器 C_1 電壓 $V_1 = V$ 而跨於二極體 D_1 上，由於這電壓之極性使 D_1 截止，C_1 將開始放電，設運算放大器之輸入端的假想接地無電流，因此留在 C_1 上之電荷量 C_1V 必定移轉至 C_2，所以 C_2 之電壓為

$$V' = \frac{C_1 V}{C_2}$$

且 C_1 的電壓減少至零。又下一脈波再度於 T_p 之內充電 C_1 至電壓 V，且在脈波之終端迅速地把電荷量 C_1V 轉換為 C_2，因此可使得同一步驟照樣進行。

圖 16 - 13　階梯產生器之貯存計數器

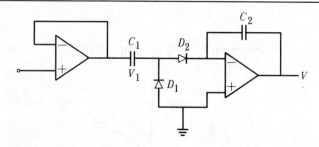

16－5　哈特萊與柯匹茲振盪器

　　振盪器基本原理乃主要利用一正回授迴路(Positive-feedback loop)來設計一正弦波產生器，且在此迴路中包含一頻率選擇網路（Frequency-selective network）。我們通常設計此迴路使得由頻率選擇網路所決定的某一頻率上具有單一增益（Unity gain），這種型式的振盪器被稱之爲線性振盪器（Linear oscillator）。在這種振盪器當中，基本上是藉由共振現象來產生正弦波形的。

　　一正弦振盪器之基本結構包括了一個放大器和一個以正回授迴路連接的頻率選擇網路，如圖 16－14 所示。以下我們解釋一般操作原理。

圖 16－14　振盪器基本結構

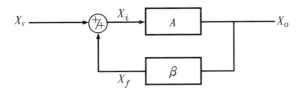

　　注意這圖形中有一點須注意且不太相同的，就是此回授路徑是加入正輸入信號的，因此在此處增益就變爲：

$$A_f = \frac{A}{1 - \beta A}$$

其中分母之負號，需要稍爲注意，在這邊的方程式，大家不妨與回授放大器裡的方程式加以比較，就不難了解其差異性。

　　由圖 16－15 中，我們可以清楚明瞭振盪器所訴求的目的在何處。一般放大器要輸入信號經過放大電路，才能得到我們想要的信號，若用了振盪器就不相同了，如果在振盪電路上設計得當可減少許多步

圖 16-15　振盪電路功用

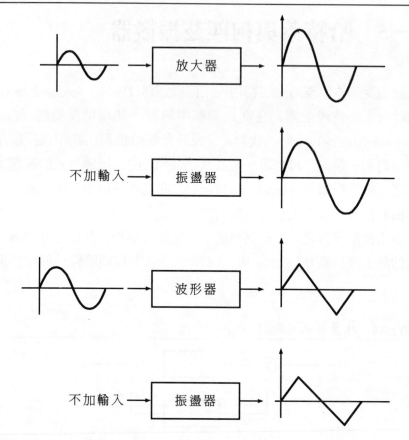

　　驟，也達到我們的目標。

　　在圖 16-14 中之迴路增益爲 $-\beta A$，但在分析之時可把負號去掉，於是我們重新定義電路之迴路增益 L 爲

$$L \equiv \beta A$$

因此特徵方程式就變成了

$$1 - L = 0$$

　　若在電路設計之下，我們可得到一個特別的頻率 f_0，而此頻率剛好可使我們之特徵方程式爲零，如此一來其 A_f 就會變成無窮大了，這也說明了在這個頻率之下，此電路對於零輸入信號而言具有一個輸

出，而這樣的電路即被定義爲振盪器，使得 X_f 完全等於外加輸入信號 X_i，這並表示 X_f 與 X_i 的瞬時值在所有時間下都是完全相等的，亦說明了迴路增益必須等於 1。

$$|\beta A| = 1$$

對於一弦式波形而言，$X_f = X_i$ 這個方程式代表其幅度、相角、頻率必須相同的條件，因此得到下述重要定理。

正弦振盪器之操作頻率爲：在該頻率下，信號由輸入端經放大器及回授再返回至輸入端時，所產生的相角等於零。更簡單而言，即決定正弦振盪器之條件爲迴路之總相位差等於零。

當放大器之轉移增益與回授網路因數大小（即迴路增益之大小）之乘積小於 1，則即使在振盪頻率之下，亦不會發生振盪。

單位迴路增益 $-\beta A = 1$ 即指：

$$|\beta A| = 1$$

且 $-\beta A$ 之相位等於零，或者 βA 之相角等於 180°。這亦說明了 $-\beta A = 1$ 則 $A_f \rightarrow \infty$。

前面所考慮之振盪條件，是以數學型式保證其持續性的振盪。但是大家都熟悉，任何實體系統在任何時候均不可能沒有誤差，所以不可能在一段時間之內保持一定的水平，所以說，當在 $f = f_0$ 時，可令 $\beta A = 1$，然後由於系統內環境因素迫使其小於 1，於是振盪就終止，反之 βA 超過 1，則將產生振幅漸增的振盪。因此我們需要一個裝置儘量使我們系統的 βA 值保持在 1 以上，此可藉由一非線性電路來控制。

基本上，增益控制機構的作用如下：首先要產生振盪，βA 值要略爲大於 1，所以這就如同討論穩定度而言，其極點是屬於 $S-$ 平面之右半平面，因爲要振盪的關係，因此當電源送上去的時候，將產生漸增式的振盪，當振幅達到預定的準位時，此非線性電路開始作用且使迴路增益精確降到 1，換句話說極點被拉回至 $j\omega$ 軸上，將使此電路持續振盪，反之，若被降至 1 之下，正弦波振幅減小，此時非線性電路動作，可將增益迅速恢復到 1。

圖 16－16　共振電路振盪器之基本組態

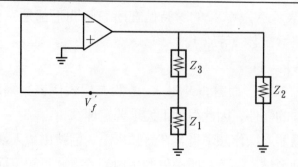

圖 16－17　線性等效之共振電路振盪器

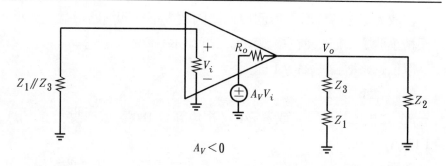

接著我們綜合討論高頻振盪電路之工作情形。圖 16－16 是一共振電路振盪器之基本組態，其無回授電路如圖 16－17 所示。

首先在圖 16－17 中之等效電路裏

$$Z_L = (Z_1 + Z_3) \,//\, Z_2 = \frac{(Z_1 + Z_3)Z_2}{Z_1 + Z_2 + Z_3}$$

$$A \equiv \frac{V_o}{V_i} = \frac{A_V Z_L}{Z_L + R_o} = \frac{A_V Z_2(Z_1 + Z_3)}{(Z_1 + Z_2 + Z_3)R_o + (Z_1 + Z_3)Z_2}$$

$$-\beta \equiv \frac{V_f'}{V_o} = \frac{Z_1}{Z_1 + Z_3}$$

故迴路增益為

$$-\beta A = \frac{A_V Z_1 \cdot Z_2}{(Z_1 + Z_2 + Z_3)R_o + (Z_1 + Z_3)Z_2}$$

如設 Z_1、Z_2、Z_3 均為純電抗（即純電感或純電容），即

$$Z_1 = jX_1, \ Z_2 = jX_2 \ \text{且} \ Z_3 = jX_3$$

其中 $X = \begin{cases} \omega L，對電感器而言 \\ \dfrac{-1}{\omega C}，對電容器而言 \end{cases}$

則迴路增益為

$$-\beta A = \frac{-A_V X_1 X_2}{jR_o(X_1 + X_2 + X_3) - X_2(X_1 + X_3)}$$

振盪條件是令虛部等於零，即

$$X_1 + X_2 + X_3 = 0$$

即

$$-\beta A = \frac{-A_V X_1 X_2}{-X_2(X_1 + X_3)} = \frac{A_V X_1}{X_1 + X_3} = -\frac{A_V X_1}{X_2}$$

欲振盪的話，我們須令 $-\beta A \geq 1$。所以我們分析出來的條件可分為二種情況，即

$\begin{cases} 1. X_1 \text{與} X_2 \text{須同號或} X_1 \text{與} X_3 \text{須同號，在這裏的同號的意思即} \\ \quad \text{表示元件特性相同，同為電感器或同為電容器} \\ 2. X_1 + X_2 + X_3 = 0 \end{cases}$

接著我們介紹一常用之振盪器，即哈特萊振盪器：

設 X_1 與 X_2 同為電感，而 X_3 為電容，圖 16－18(a)、(b)、(c)，分別代表電晶體、FET 及運算放大器之振盪器型式。

其中在圖 16－18(a)中

R_1，R_2：直流偏壓電阻

R_E：射極穩定電阻

R_C：負載電阻

C_B，C_B'：耦合電容

C_E：旁路電容

L_1，L_2，C：LC 回授電路

而在圖 16－18(b)中

R_G, R_S：直流偏壓電阻

R_D：負載電阻

C_B, $C_B{}'$：耦合電容

C_S：旁路電容

L_1, L_2, C：LC 回授電路

而在圖 16－18(c)中

R_1, R_f：增益電阻

C_B：耦合電容

L_1, L_2, C：LC 回授電路

同時在哈特萊振盪器電路中，其振盪頻率 f_o 爲

$$f_o = \frac{1}{2\pi \sqrt{L_{eq} C_{eq}}}$$

其中 $C_{eq} = C$

且 $L_{eq} = \begin{cases} L_1 + L_2 + 2M & \text{（有互感時，一般爲加極性的）} \\ L_1 + L_2 & \text{（無互感時）} \end{cases}$

令反授組態電路如下

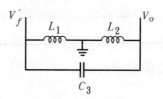

若 $L_1 = L_2$

則

$$-\beta = \frac{-\omega^2 L_1 C_3}{1 - \omega^2 L_1 C_3}$$

另當振盪頻率 f 等於共振頻率 f_o 時，即

$$\beta = \frac{L_1}{L_2},$$

圖 16-18 (a)電晶體, (b)FET, (c)OPA 型式之哈特萊振盪器

(a)

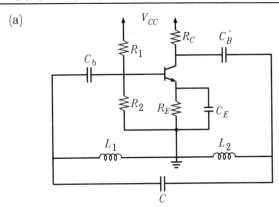

(b)

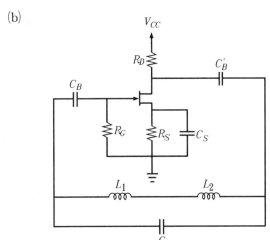

(c)

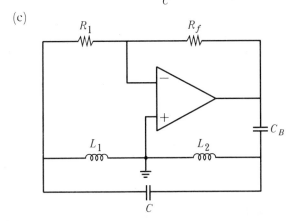

$$|A|_{min} = \frac{L_2}{L_1}$$

接著我們繼續介紹另一常用之振盪器，即柯匹茲振盪器，圖16－19(a)表示電晶體型態之柯匹茲振盪器，(b)及(c)分別表示 FET 及運算放大器之柯匹茲振盪電路。

由圖16－19中，我們就可很明顯的發現到一件事，即柯匹茲振盪電路與哈特萊電路非常相似，只不過其回授電路部份，將電感器部份換成電容器，而電容器部份換成電感器，然而其共振頻率卻已截然不同。

首先電路分析可得

$$-\frac{1}{\omega_0 C_1} - \frac{1}{\omega_0 C_2} + \omega_0 L = 0$$

即

$$\omega_0 = \frac{1}{\sqrt{L_{eq}C_{eq}}} \quad 或 \quad f_0 = \frac{1}{2\pi \sqrt{L_{eq}C_{eq}}}$$

其中 $L_{eq} = L$

且

$$C_{eq} = \frac{C_1 C_2}{C_1 + C_2}$$

如此我們就可順利推出電路之各重要參數，以下圖回授電路為例：

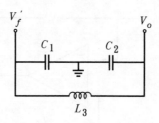

若 $C_1 = C_2$

則

$$-\beta = \frac{1}{1 - \omega^2 C_3 C_1}$$

圖 16-19 柯匹茲振盪電路

(a)

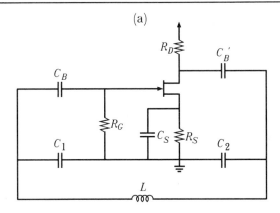

(b)FET 振盪電路

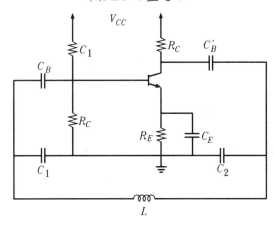

(c)OP 振盪電路

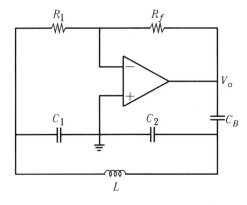

另當 $f = f_o$ 時

$$\beta = \frac{C_1}{C_2} \quad (\text{此時 } \beta \text{ 爲電流增益})$$

$$|A|_{\min} = \frac{C_1}{C_2}$$

16-6　移相振盪器

首先說明其 RC 電路，因移相振盪器主要是講到低頻振盪電路中之 RC 振盪電路，不像上一節之高頻振盪電路。

RC 移相振盪電路

通常將輸出端經 RC 網路作 180°的移相作用，而與輸入端同相，使電路成爲正回授而產生振盪，而一階 RC 電路基本上能移相略小於 90°的相位，所以一般在 RC 相移電路中，都用三組的一階 RC 電路組合一起，再送到晶體，如此可確保移相 180°的角度。

移相電路一般可分爲四型，在這裏我們先以其中之一型——高通型先行討論，因爲此型是較原始的一型，所以做電路分析以後，也才能了解此節所敍述之重點所在。以圖 16-20 顯示其回授電路，其中先以電晶組態的模型來加以討論。

圖 16-20　電晶體之 RC 振盪電路

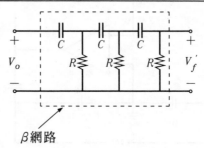

β 網路

電路分析：

第一步驟，首先必須找出電路之轉移函數。

由 KVL 可得

圖 16-21　回授網路之分析

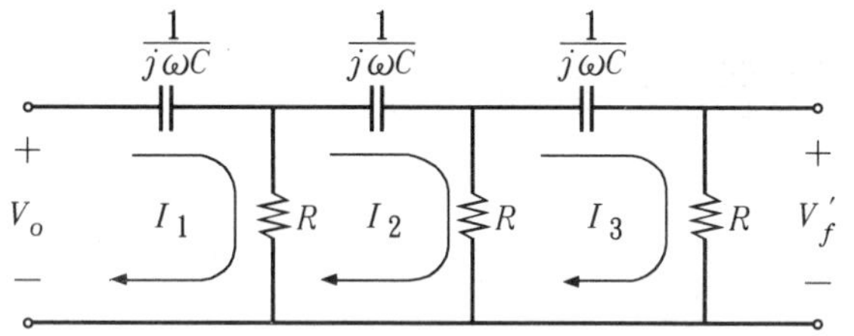

$$\begin{bmatrix} R + \dfrac{1}{j\omega C} & -R & 0 \\[2mm] -R & 2R + \dfrac{1}{j\omega C} & -R \\[2mm] 0 & -R & 2R + \dfrac{1}{j\omega C} \end{bmatrix} \begin{bmatrix} I_1 \\ I_2 \\ I_3 \end{bmatrix} = \begin{bmatrix} V_o \\ 0 \\ 0 \end{bmatrix}$$

再由克拉碼法則（Cramer's Rule）可解得：

$$I_3 = \frac{\begin{vmatrix} R + \dfrac{1}{j\omega C} & -R & V_o \\[2mm] -R & 2R + \dfrac{1}{j\omega C} & 0 \\[2mm] 0 & -R & 0 \end{vmatrix}}{\begin{vmatrix} R + \dfrac{1}{j\omega C} & -R & 0 \\[2mm] -R & 2R + \dfrac{1}{j\omega C} & -R \\[2mm] 0 & -R & 2R + \dfrac{1}{j\omega C} \end{vmatrix}}$$

$$= \frac{V_o}{R[1 - 5\alpha^2 + j(\alpha^3 - 6\alpha)]}$$

其中 $\alpha \equiv \dfrac{1}{\omega CR}$

故

$$-\beta = \frac{V_f'}{V_o} = \frac{I_3 R}{V_o} = \frac{1}{1 - 5\alpha^2 + j(\alpha^3 - 6\alpha)}$$

因此若要移相180°，必需令虛部為零，即

$$\alpha^3 - 6\alpha = 0 \ 或 \ \alpha = \sqrt{6} = \frac{1}{\omega CR}$$

即

$$\omega_0 = \frac{1}{\sqrt{6}RC} \ 或 \ f_0 = \frac{1}{2\pi\sqrt{6}RC}$$

而在此時

$$-\beta = \frac{1}{1 - 5\alpha^2} = -\frac{1}{29}$$

$$\beta = \frac{1}{29}$$

同時欲滿足振盪準則$|-\beta A| \geq 1$

即

$$|A| \geq 29$$

至於互補型的相移振盪器，以串並聯類型為例，圖 16-22 顯示其電路型態。

圖 16-22　串並聯 RC 電路型態

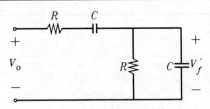

設 $X = \frac{1}{\omega C}$

則

$$-\beta \equiv \frac{V_f'}{V_o} = \frac{\dfrac{R(-jX)}{R + (-jX)}}{R + (-jX) + \dfrac{R(-jX)}{R + (-jX)}} = \frac{1}{3 + j\left(\dfrac{R^2 - X^2}{RX}\right)}$$

所以欲相移 180°的相角，需 $R^2 - X^2 = 0$ 或 $R = X = \dfrac{1}{\omega C}$，即

$$\omega_0 = \frac{1}{RC}$$

$$f_o = \frac{1}{2\pi RC}$$

$$|A| \geq 3$$

　　上述我們討論了二種類型的相移振盪器之 RC 電路部份，茲將全部的類型整理於圖 16－23 中，以便相互比較了解相移振盪器。

圖 16－23　各類型之 RC 電路

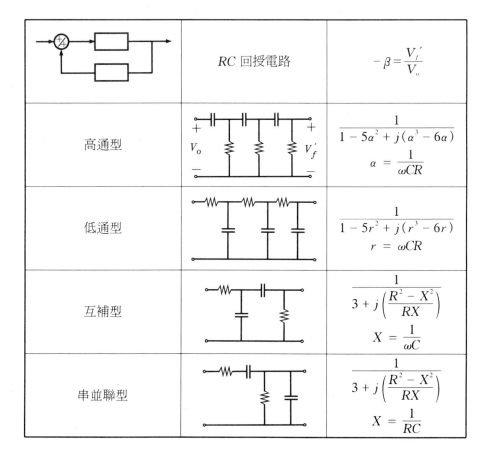

	RC 回授電路	$-\beta = \dfrac{V_f'}{V_o}$
高通型		$\dfrac{1}{1 - 5\alpha^2 + j(\alpha^3 - 6\alpha)}$ $\alpha = \dfrac{1}{\omega CR}$
低通型		$\dfrac{1}{1 - 5r^2 + j(r^3 - 6r)}$ $r = \omega CR$
互補型		$\dfrac{1}{3 + j\left(\dfrac{R^2 - X^2}{RX}\right)}$ $X = \dfrac{1}{\omega C}$
串並聯型		$\dfrac{1}{3 + j\left(\dfrac{R^2 - X^2}{RX}\right)}$ $X = \dfrac{1}{RC}$

　　由圖 16–23 中, 可以得到各類型之 RC 電路與其各電路之求解轉移函數後之結果。

　　一般 RC 相移振盪器, 都是指高通型或低通型, 而另後二型就是我們熟悉的電橋振盪器。以下我們就對一般相移振盪器再作簡單說明, 以圖 16–24 表示之。

圖 16–24 相移振盪器

(a)以運算放大器 (OPA) 表示之 RC 相移振盪器

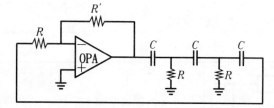

(b)以 FET 表示之相移振盪器

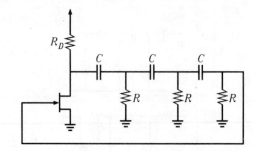

(c)以 BJT 所表示之相移振盪器

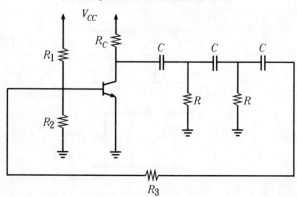

以圖 16 – 24(a)之電路而言，其主要為以運算放大器形成之振盪電路，而在(b)圖，是用 FET 所構成之振盪電路，基本上因為其 FET 之電壓放大因數 A_V 必須小於零，電路才會振盪，所以其接在汲極（D）端，而不接於源極（S）端，這點是我們在解題及設計電路應有的體認，而在這裏要提供一個解題觀念，一般要產生屬於有振盪的情形時，其虛部都假定為零，然後再去求解分析電路，這樣能夠很快幫助我們了解電路。而在 FET 中因為

$$A_V = - G_m(r_d \mathbin{/\mkern-5mu/} R_D)$$

所以我們剛才提到的 A_V 是小於零的。

而最後(c)圖是本節之討論重點，它有異於其他二者，以下我們就再加以分析此電路，在圖 16 – 25 表示其電晶體移相振盪器之小信號電路，以下就對此電路進行分析。

圖 16 – 25 電晶體移相振盪器之小信號電路

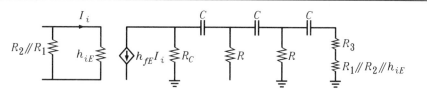

設 $R_1 \mathbin{/\mkern-5mu/} R_2 \mathbin{/\mkern-5mu/} h_{iE} \doteqdot h_{iE}$

且

$$R_3 + h_{iE} \doteqdot R$$

令 $X = \dfrac{1}{\omega C}$

經戴維寧等效電路，KVL 得

$$\begin{bmatrix} RC + R - jX & -R & 0 \\ -R & 2R - jX & -R \\ 0 & -R & 2R - jX \end{bmatrix} \begin{bmatrix} I_1 \\ I_2 \\ I_3 \end{bmatrix} = \begin{bmatrix} -h_{fE} I_B R_C \end{bmatrix}$$

且再令 $\alpha = \dfrac{X}{R}$ 且 $K = \dfrac{R_L}{R}$

由克拉瑪法則可得：電流迴路增益（其中 $A \equiv \dfrac{I_o}{I_B}$， $-\beta \equiv \dfrac{I_3}{I_o}$）為

$$\frac{-X_f}{X_i} = \frac{I_3}{I_B} = \frac{-h_{fE}K}{1 + 3K - (5 + K)\alpha^2 - j[(6 + 4K)\alpha - \alpha^3]}$$

所以欲相移 $180°$，需把虛部令為零，也就是：

$$(6 + 4K)\alpha - \alpha^3 = 0$$

即

$$\alpha^2 = 6 + 4K$$

或

$$f_o = \frac{1}{2\pi RC} \frac{1}{\sqrt{6 + 4K}}$$

此時

$$\frac{I_3}{I_B} = \frac{-h_{fE}K}{1 + 3K - (5 + K)(6 + 4K)} = \frac{h_{fE}K}{4K^2 + 23K + 29}$$

欲產生振盪，需 $\dfrac{I_3}{I_B} \geq 1$，即

$$h_{fE} \geq 4K + 23 + \frac{29}{K}$$

設

$$h_{fE(\min)} = 4K + 23 + \frac{29}{K}$$

則

$$\frac{dh_{fE}}{dK} = 4 - \frac{29}{K^2} \equiv 0$$

解得

$$K = \sqrt{\frac{29}{4}} \doteq 2.7$$

故

$$h_{fE(\text{min})} = 4K + 23\left.\frac{29}{K}\right|_{\text{令}K=2.7} \doteq 44.5$$

即若電晶體之 $h_{fE} < 44.5$，則不能振盪。

16-7　韋恩電橋振盪器

一平衡電橋用作回授網路的振盪器電路即如圖 16-26 所示的韋恩電橋振盪器（Wien bridge oscillator），這電橋電路之各臂如圖 16-27 所示，電橋之四臂分別為 Z_1、Z_2、R_1 和 R_2。一般電路以運算放大器來製作，其電橋的輸入為運算放大器之輸出 V_o，而電橋的輸出在節點 1 和 2 之間分別供應不同的輸入到運算放大器。

圖 16-26 韋恩電橋振盪器

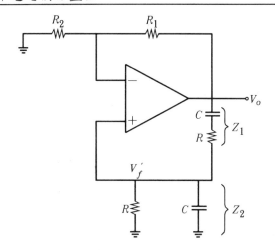

在圖 16-26 中有兩條回授路徑：正回授經過 Z_1 和 Z_2；Z_1 和 Z_2 的組件決定了振盪頻率，而負回授經過 R_1 和 R_2；R_1 和 R_2 的元件影響了這振盪的大小，迴路增益為 $-\beta A$，其中

$$-\beta = +\frac{V_f'}{V_o} = +\frac{Z_2}{Z_1 + Z_2} \text{ 和 } A = 1 + \frac{R_1}{R_2}$$

圖 16-27　章恩電橋各臂分佈

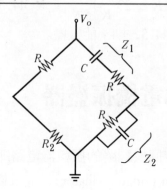

且

$$Z_1 = R_1 + \frac{1}{j\omega C} = \frac{j\omega RC + 1}{j\omega C} = \frac{j\alpha + 1}{j\omega C} \quad (\text{設 } \alpha = \omega RC)$$

$$Z_2 = \frac{1}{\dfrac{1}{R} + j\omega C} = \frac{R}{1 + j\omega RC} = \frac{R}{1 + j\alpha}$$

所以迴路增益爲

$$-\beta A = \frac{\alpha}{3\alpha - j(1 - \alpha^2)}\left(1 + \frac{R_1}{R_2}\right)$$

欲滿足振盪準則 $-\beta A = 1$，必需令 $\alpha = 1$

且 $\dfrac{1 + \dfrac{R_1}{R_2}}{3} = 1$

即

$$f_o = \frac{1}{2\pi RC}$$

所以 $R_1 = 2R_2$，此即振盪之必要條件。

　　所以在章恩電橋振盪器中，同時變更二個電容器，即可使頻率連續變化。將兩個相同的電阻器 R 換上不同的值，即可達到變換頻率的範圍。

　　振盪振幅可以利用一非線性控制網路來穩定，控制振幅的兩種不同方法分別顯示於圖 16-28 與圖 16-29 中，圖 16-28 的電路利用一對稱的回授限制器，此限制器是由二極體 D_1 和 D_2 以及電阻 R_3、R_5 和 R_6 所組成。此限制器的操作如下：在輸出電壓 V_o 的正尖峰處，位於節點 b 的電壓將超過電壓 V_1（V_1 約等於 $\frac{1}{3} V_o$），且二極體 D_2 導通。此時正尖峰將被定位至某一值，此值由 R_5、R_6 和負電源供應器所決定。在節點 b 處寫下一節點方程式，且忽略流經 D_2 的電流，即可計算出輸出正尖峰之值，同理，當 D_1 導通時，輸出正弦波的負尖峰亦將被定位至某一值。在節點 a 處寫下一節點方程式並且忽略流經 D_1 的電流，即可計算出輸出負尖峰之值。最後注意為了得到一對稱的輸出波形，R_3 必須等於 R_6，且 R_4 必須等於 R_5。

圖 16-28 一韋恩振盪器，其中具有一作為振幅控制的限制器

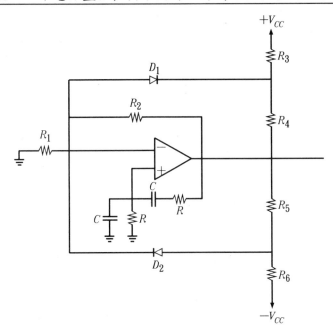

圖 16-29 的電路是利用增益控制的參數變化。分壓器 P 可被調整直到振盪剛開始成長為止，當振盪開始增加時，二極體開始導通，造成介於 a 和 b 之間的有效電阻下降。在某一造成迴路增益精確等

於 1 的輸出振幅時，平衡將達成。若調整分壓器 P 即可調整輸出的
振幅。

如圖 16－29 所示，輸出是在 b 取出，並不是在運算放大器的輸
出端取出，這是因為信號在 b 處的失真會比在 a 處小，但是點 b 為
一高阻抗節點，因此在連接一負載之前必須加上一緩衝器。

圖 16－29　穩定韋恩電橋振盪器振幅的另一種方法

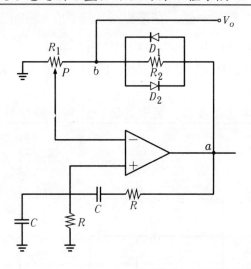

16－8　石英晶體振盪器

壓電晶體（Piezoelectric crystal）質材通常是石英（Quartz），如果
其具有一雙相對的電極，且兩電極之間有一電位，則晶體中的束縛電
荷就會受到力的作用，如果這裝置安排適當的話，晶體會發生形變，
當適當予以激發時，此電晶體會振盪。

諧振頻率決定於晶體之大小和表面對其軸的方位以及這裝置安排
情形。頻率的範圍從數千赫到數億赫，而品質因數 Q 的範圍從數千

到數十萬。這些超高值的 Q，及石英對時間和溫度非常穩定的特性，說明了石英振盪器頻率穩定性極高。

　　石英的等效電路如圖 16－30 所示。電感器 L、電容器 C 和電阻器恰類比於機械系統之質量、順性及黏滯阻尼係數。

圖 16－30　壓電晶體之符號、電路模型、諧振作用

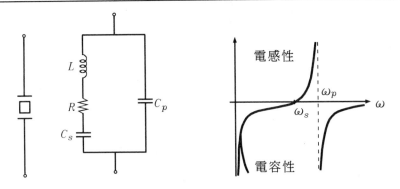

　　在圖 16－30 中若忽略電阻 R 不計，則晶體的阻抗為電抗 jX，其大小為

$$jX = -\frac{7}{\omega C_p}\frac{\omega^2 - \omega_s^2}{\omega^2 - \omega_p^2}$$

其中 $\omega_s^2 = \dfrac{1}{LC_s}$ 為串聯諧振頻率，$\omega_p^2 = \left(\dfrac{1}{LC_s}\right)\left(\dfrac{1}{C_p} + \dfrac{1}{C}\right)$ 為並聯諧振頻率。因為 $C_s \gg C$，所以 $\omega_p \doteqdot \omega_s$。對於上述之電晶體，並聯頻率僅僅比串聯頻率高千分之一。在 $\omega_s < \omega < \omega_p$ 時，電抗為電感性，而此範圍之外則為電容性。

　　接下來我們就依晶體振盪器之應用，簡單描述以下二種晶體應用的振盪器。

　　第一個是皮爾斯振盪器：是把電路中電感器用一個石英晶體代替之，其等效電路圖如圖 16－31 所示。

圖 16-31 皮爾斯振盪器

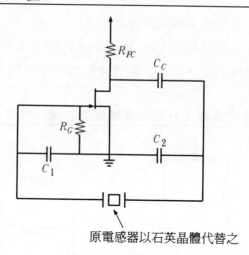

原電感器以石英晶體代替之

第二個介紹的是米勒振盪器：是利用晶體之電感特性，並利用 FET 之汲極與閘極間之電容及洩漏電容，如圖 16-32 所示。

圖 16-32 密勒振盪器

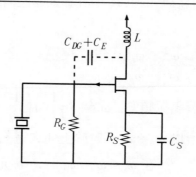

【自我評鑑】

1.試述維持正弦式振盪所需要的準則。

2.試定義工作週期（Duty cycle）？並以此區別方波，正脈波，及負脈波。

3.試繪出晶體振盪器之符號，模型及電抗函數。

4.試繪出高通型、低通型、互補型之回授網路。

5.描述振盪器（Oscillator）之正回授電路。⑴寫出 $A_f(s)$，⑵試問在什麼條件之下會振盪？

6.一兩級場效電晶體接上下圖之移相電路以組成一移相振盪器。試繪出此移相振盪器之電路圖。

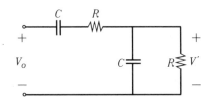

7.下圖為一韋恩電橋振盪器，試解出振盪器之振盪頻率 f_o、R_1 與 R_2 之關係。

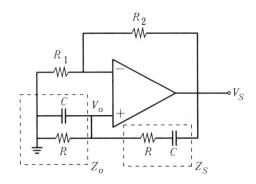

8.請敘述史密特觸發器之功能。

9.試定義史密特觸發器之磁滯電壓。

10.試繪製電晶體哈特萊振盪器電路。

11.試以 Z_1，Z_2，Z_3 之阻抗概念，繪一振盪器之圖。

12.振盪準則的條件為何？

13.如下圖所示，在穩定情況下（Steady-state）$V_i = 0$，但 V_o 爲持續之振盪，則 A 與 β 之關係爲何？

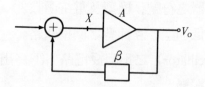

14.RC 相移振盪器爲何種類之放大器？

15.如下圖所示電路，相移角度最大範圍爲何？

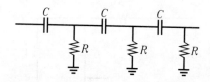

16.有一電路 $\beta A_V = \dfrac{1}{2 + j\left(\omega RC - \dfrac{1}{\omega RC}\right)}$，試問此電路會振盪嗎？

17.在電晶體振盪電路中，$h_{iE} = 1K\Omega$，$R_1 = 50K\Omega$，$R_2 = 100K\Omega$，$R = 10K\Omega$，則 R_3 該近似等於多少？

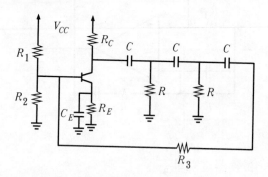

18.晶體振盪器是依何種特性引起振盪？

19.在所有介紹過之振盪器中，以何種振盪器穩定性最好？試討論之。

20.史密特觸發電路可用來產生應用於何種電路？

習　題

1. 某回授放大器，其迴路增益滿足

$$-\beta A = \frac{20}{20 + j\left(\dfrac{1}{5\omega} - 0.01\right)}$$

試求其振盪頻率。

2. 如下圖，試分別求下列三個移相電路之(1)振盪頻率 f_o，(2)β 值，(3) A 之值。

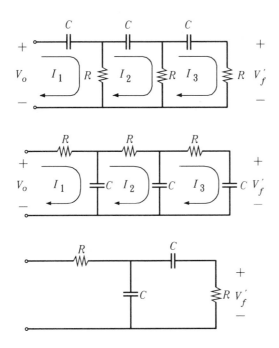

3. 如下圖所示，有一 RC 移相振盪器，圖中之方塊 B 代表一個電晶體放大器等效電路，A_V 為無負載之電壓增益，R_o 為輸出電阻，欲使振盪頻率能振盪，所需 A_V 值該為若干（算出 A_V 之最小值）？

振盪頻率爲何？已知 $R_o=5\mathrm{K}\Omega$，$R=50\mathrm{K}\Omega$，$C=0.01\mu\mathrm{F}$。

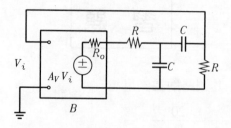

4.如下圖之電路，試求出(1)用 RC 之型式描述 f_o，(2)R_1 值

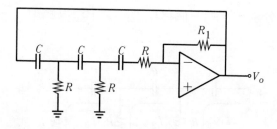

5.試求出下圖所示之振盪器振盪頻率及 R 之最小值。

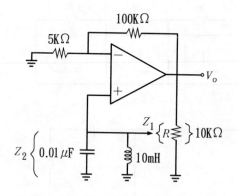

6.試求出下圖所示之振盪頻率 f_o 及 $\dfrac{R_1}{R_2}$ 之最小值。

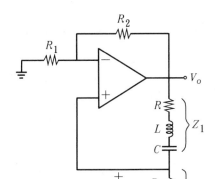

7.⑴在下圖之電路中，若放大器的輸出限制在 ± 10V，且 $R_2 = 2K\Omega$，

　$R_1 = 10\Omega$，試計算兩個臨限電壓，如果非反相輸入端再接一個電

　阻 R 到 + 10V，則當 $R = 10K\Omega$ 時，臨限電壓爲何？

　⑵若 $L_+ = -L_- = 10$ 伏特，$R_1 = 10$ 仟歐姆，$R_2 = 20$ 仟歐姆，試

　　求臨限電壓 V_{T1} 和 V_{T2}。

　⑶若 $L_+ = -L_- = 10$ 伏特，$R_1 = 1$ 仟歐姆，求 R_2 值，使其有 100

　　毫伏特的磁滯寬度。

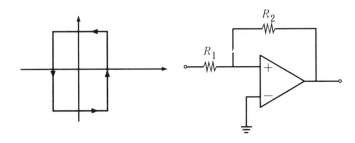

8.試求下圖方波產生器之週期 T。

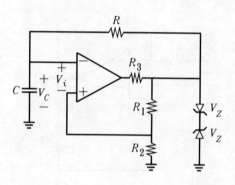

第十七章 積體電路

17－1　基本單石積體電路

單石積體電路（Monolithic integrated circuit）之 Monolithic 是由希臘字所拼出來，其意義是「單個」「石頭」，簡稱單石，起源是單一個結構體或單個晶片，就是把電路製造在晶片之上，而本節就是介紹其電路的製程，直至完成一個完整的元件，甚至一個電路系統。

在電路設計中，首先需要作的就是設計出符合規格的電路，然後電路要作規劃，為了確保有效地利用有限的空間，以期執行擴散程序時遇到的困難減低至最少，且讓晶體的面積利用率至最大。

製作高度精密半導體的技術為製造積體電路必要條件，此技術條件有三：材料、過程及設計原理。現今在大部份的半導體製造中，都要求必須具備低於十億個中僅有一個雜質（1 比 1000000000）的淨水標準。

晶片中絕大部分所扮演的角色，只是當作形成的積體電路的支撐結構，製作單石電路的步驟主要有下列幾個過程：㈠晶膜殖長，㈡隔離擴散，㈢基極擴散，㈣射極擴散，㈤鍍上鋁薄層。

㈠基體之晶膜殖長

將一小塊的矽放在一面板上，而在其下放入摻入了受體雜質的熔液矽的坩鍋中，如此就會相互作用混合之後，再慢慢地自熔化物抽出，就製成了 P 型晶體單基底，此基底上將構成所有積體式元件，然後再經過清潔處理（如磨光擦淨）以除去表面瑕疵。然後取 N 型晶膜層，殖長在 P 型基質上，此基片之電阻係數通常是 10 歐姆－厘米，相當於 $N_A = 1.4 \times 10^{15}$原子/厘米^3。在磨光和拭淨以後，整個薄片形成二氧化矽薄層（厚度約為 0.5 微米 = 5000 埃），如圖 17－1 所示。這層二氧化矽是將晶膜層加熱到約 1000℃，同時氧氣層內，二氧化矽的基本功用是能抵制雜質的透過，注意此層之二氧化矽，也是影響晶體製作成元件之特性參數之一。

圖 17-1　晶膜殖長

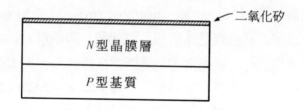

圖 17-2　隔離擴散

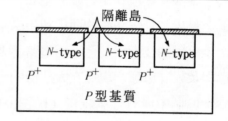

㈡隔離擴散

一般常用的方法，照相石版蝕刻法（Photolithographic etching process），在圖 17-2 中就是用此法而加以實施，其中剩下的二氧化矽就作爲受體雜質擴散的遮蓋體。這薄片要經過所謂的「隔離擴散」（Isolation diffusion），它是在要將 P 型雜質摻入 N 型晶膜層且到達 P 型基質所需的溫度及期間下進行。其中隔離島（Isolation island）就是在電路之四周用其反基質，加以注入使其在製作出來的時候，不會有電壓及電流之雜質進入，影響到其晶體的特性，而且能保持電之中性。至於用於各種電路上其隔離島之正偏或逆偏又有所不同，視其元件而在製程加以變化。而這些隔離部分要經過一個相當不小的障壁，這就是我們稱之爲過渡電容或寄生電容，但因爲過渡電容是在隔離過程中，其爲我們所不喜歡存在的。此電容有二部份，一個是從 N 型區底部到基質的電容，另一部份是從分離島的臨界邊緣到 P^+ 區域所產生的，所以一旦在電路加上壓降時，一個為正偏時所得，而另一個是逆偏時所得。大部份之電容總和大約在幾個微微法拉左右（10^{-12} F）。

㈢基極擴散

在此一過程中，在薄膜表面又加一層新的氧化物，然後再用照相蝕刻法把氧化物腐蝕掉。電晶體的基極、電阻、二極體的陽極，以及接面電容都是用此法作成的，但是有一點需注意，就是擴散的深度要控制得很好，才不會傷到基板。這基極層的電阻係數通常都比隔離島的電阻係數大很多，其電路圖顯示於圖 17－3。

圖 17－3　基極擴散

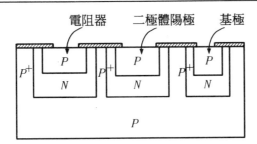

㈣射極擴散

就是在整個表面之上再讓晶片生成另一層氧化物，同時濾光及蝕刻過程又在 P 型區上開框口，如圖 17－4 所示。而 N 型雜質（金屬）就由這些缺口向下擴散形成電晶體的射極、二極體的陰極及接面電容器。

而在 N 型之上也開了幾個缺口，以使用鋁層作歐姆接觸來連接引線。另凡要與鋁層做成接觸的地方之濃度就要特別高（稱為 N^+）。因在矽中，鋁是一種 P^- 型雜質，所以要防止鋁作為歐姆接觸時形成 PN 接面的話，該處金屬之濃度就需提高。

圖 17-4　射極擴散

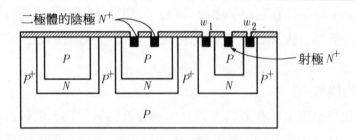

㈤鍍上鋁薄層

　　在上述幾個過程都已完成之後，其 PN 接面及電阻都已在前面做好了，現在就要開始電路部份，將積體電路的不同元件連接起來。首先在二氧化矽這一層上再開一組缺口，如圖 17-5 所示，即可清楚得知，其主要目的是在該處形成接觸點，而第一個步驟是用「真空沈積法」（Vacuum deposition）在整個薄膜片上再加一層非常均勻的鋁質薄膜層，然後我們再利用光電技術之「抗感光技術」（Photoresist technique）來腐蝕所有不要的鍍鋁區塊，也就是把我們想拉出接腳之部份（實際能參與電路操作部份），讓它突顯其外，而其他的部份就使其絕緣，其目的在於使晶體完全完成時，只留下一般電路上的接腳而已。

圖 17-5　鍍上鋁薄層

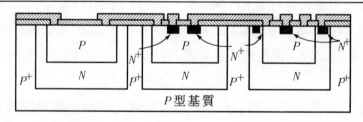

　　一般在製作過程當中，通常製造一塊晶圓，其內包含數百或數千個我們前述的晶體，而其晶體與晶體之間，都挖有隔離島，所以其兩

塊晶片之間，其物理特性是相互獨立，如此就不會互相干擾，同時在製程上是全部的晶片一起製作，等到最後一道手續（鍍鋁完成之後），再用金鋼刀把其切成單個小片，並把每一塊單晶片裝在陶瓷質的基盤座上，再加上封蓋。在這裏還另外提起一點，晶體到底是怎樣黏上去的，其實它不是黏上的，而是用化學動作加以在眞空環境中來完成的。接下來是晶片的包裝，它是把晶片之線接到陶質之外的動作。通常一般是用導電良好的金屬或金線代替。

　　由於最近十幾年來積體電路的技術突飛猛進，使得我們在製造單石基本電路上又有了一些改進，就是：在一般電路完成之後，加一道手續——光罩製作處理，它主要是在上述幾個步驟上加以改良，其隔離、基極、射極及連接與連線上使用了光罩去處理，如此運用光的效應之下使我們的電路更加精良，避免環境的因素，在功率、溫度上更加能發揮到極致。近代之大型積體電路、超大型的積體電路上的製作也都靠此方法，不但能更有效地設計其元件電路的各項參數，更使面積這方面獲得很充分的改良。更降低了在製程上所花費的成本，使我們現在的電子產品具有功能強、面積小的特性。

17－2　單石電路的電晶體

　　晶元（即所指的主基體）都準備好了之後，就在其上成長一層磊晶層，如圖 17－6(a)所示，這一層便是電晶體的集極區，接著把表面蓋上氧化層，主要是爲了隔絕晶體。

　　而爲達到此目的，必須在二氧化矽（SiO_2）上利用照相製版術及蝕刻法開三個缺口（如圖 17－6(b)），然後將 P^+ 型雜質擴散到曝露的磊晶區域裏面直到通抵基體爲止，這樣就可以在各個電晶體之間形成所謂之隔離島（Isolation island），即如圖 17－6(c)的上視圖所示。只需把基體接到電路中電壓最負之處，便可達成電性隔離的目標，也就是電中性的效應，也是因這個製程動作使各個基體與集極形成的 PN 接

圖 17-6　製造電晶體之步驟：(a)磊晶成長及氧化層生長的狀況，(b)製造隔離擴散的表面區，(c)隔離擴散後之上視圖，(d)基極擴散

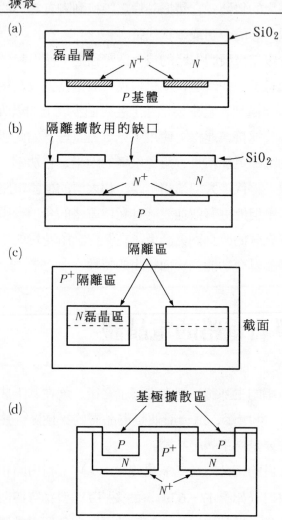

面，一定可以保證呈反向偏壓，如此可避免在晶體製造上雜電流及電壓之影響。

隔離擴散步驟完成之後，晶元的表面再覆蓋一層氧化層，然後接著利用光罩及蝕刻的手續把一部份需使用的 SiO_2 除去，作為射極擴散之用。而在這個地方需特別注意，即在此時也要在電晶體的集極區形成 N^+ 區，這是為了在鋁金屬與集極形成歐姆接觸，而在射極擴散完後，晶元表面上又生成一層 SiO_2。

最後一個步驟即是敷金屬，首先利用前述步驟之光罩上去除一些氧化層讓接觸的區域露出來，接著在晶元表面上全部鍍上一層鋁質，接下來再利用光罩及蝕刻去掉不必要的鋁區，留下需要做接觸的區域及連線。

此外，通常我們要製造設計特性相近似的晶體，只需在一塊晶元基體上同時製造，就可得到電氣特性完全相同之晶體，而要製造具有不同的電特性的電晶體時，一般只要改變一下元件的形狀，尺寸，截面積等等。例如想要提高射極電流（I_{ES}），即增大射極的面積，但如此整個元件的面積就跟著增大，經濟的效益也必須加以考量。當然，一般除了經濟效益外，還有很多在製程上必需考量因素，例如溫度、溼度等。

在製作商用積體電路時，射極通常利用離子佈殖法來做，如此接面可以做得很淺，而且可以較準確地控制接面深度，不像擴散需很高的溫度，且基極與射極往側向擴張的情形可減到最少。

在一般雙載子接面電晶體製造過程中，幾乎都加上一道手續，即在未做磊晶成長之前，先在 N 型磊晶層與 P 型基體之間各做一塊 N^+ 區，這個區域稱之為埋質層（Buried layer），其中 N^+ 所摻雜的濃度比普通的 N 型區要高。這種 N^+ 型區的作用有二：㈠可以幫助磊晶層的成長；㈡N^+ 型區內電子濃度很高，電阻係數小，可以降低集極接面與集極端子之間的串聯電阻。主要埋質層的作用，就是使我們所設計的電晶體能形成電中性的作用，使晶體的特性能達到最佳的狀態，而使晶體的壽命延長，不因製程的設計問題，導致元件的老化。

圖 17-7　顯示埋質層的積體電路式電晶體

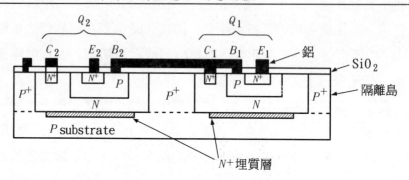

絕大部份的積體電路式雙載子電晶體都是 NPN 型，但是仍然有一些電路要用到 PNP 型，例如 CMOS 電路，還有利用 PNP 形成電阻，或電源等，以下我們就其用途來討論 PNP 電晶體在製程上所分類的種類。

如圖 17-8 所示爲側向電晶體的示意圖，從圖中可看出基極、集極、隔離區三者形成一寄生式 PNP 電晶體，而射、基、集三者呈水平排列就稱之爲側向。同樣的情況 NPN 電晶體的基極、集極以及 P 型基體三者形成一個寄生式直向 PNP 電晶體，如圖 17-9 所示。以上二種是雙載子型積體電路所用到的兩種 PNP 電晶體結構。

圖 17-8　側向 PNP 電晶體的截面圖

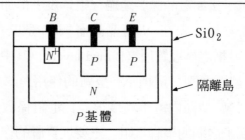

以側向 PNP 電晶體而言，此種電晶體的射極及集極兩個 P 型佈殖區和 NPN 電晶體的基極區是一起形成，同樣的，PNP 電晶體的 N^+ 基體接觸區與 NPN 電晶體的 N^+ 射極亦可以同一步驟完成，也就是說 NPN 和 PNP 兩種電晶體均依一樣順序做出來。另需注意的是，這種電晶體的 P 型射極發射電子到 N 型基極的效率較 NPN 電晶體由 N^+ 射極發射電子到 P 型基極的效率差。此外其基極面積較大，因此此種電晶體僅較適用於集極電流較小的電路。

圖 17－9　直向 PNP 電晶體截面圖

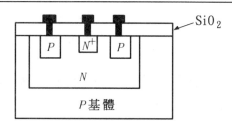

至於直向 PNP 電晶體就可適用於電流及功率較大的狀況，其基體必須接到電路電壓的最低電位處，因此直向 PNP 電晶體只能在集極電位為某個固定最低電位時才能使用，此種接法亦稱為射極隨耦器 (Emitter follower)。

在這裏我們再介紹多射極電晶體，此電晶體之第一要點即有效的利用晶片面積，使我們能在一塊微小的晶片上製造出多個射極的電晶體，因此可提高積體電路的零件密度。把電晶體「合併」，也就是說二個以上電晶體擁有共同的區域，這樣就可以節省晶片的面積。此種技術就是我們在數位邏輯電路上所經常使用的，例如 AND 閘、OR 閘、NOT 閘等皆是，而如大型積體電路 (LSI)，它的晶片包裝上需儘量節省晶體面積，就是利用此種技術。圖 17－10 所示為電晶體－電晶體邏輯 (Transistor-transistor logic)，簡稱為 TTL 或 T^2L 族的基本結構，如圖中所示，每一條射極都可當作各個電晶體的射極，這些電晶體共用同一個基極及同一個集極，其電路的等效表示符號圖另如圖 17－11 所示。以目前的技術而言，其射極的技術已可達數十個之多。

圖 17－10　多射極電晶體：(a)截面圖，(b)上視圖

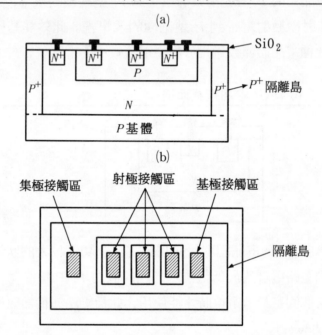

(a)

(b)

圖 17－11　多射極電晶體之等效電路：(a)三個電晶體等效組成電路，(b)合併成一個電晶體的等效電路

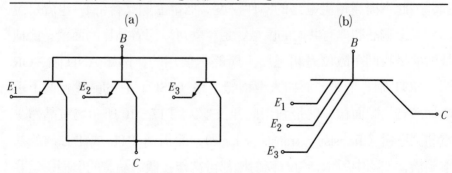

　　若要使電路的切換動作迅速，則電晶體就必須避免進入飽和區，而要使之動作快速就要工作在所謂的「深入飽和區」，其意義就是說未進入飽和區，可是只要再多一點載子，就可進入飽和區，也就是在臨界點上。此時其動作是非常快。至於要在此工作點上操作，則須在基極與集極之間接一個蕭特基二極體來達成，當基極電流增大時，集極的電位降低，在此時蕭特基二極體會導通，此蕭特基二極體之導通壓降約為 $0.3 \sim 0.4$ 伏特左右，電晶體之導通電壓（V_{BE}）約為 0.7 伏特左右，因為進入飽和區工作其 V_{CE} 之壓降約為 $0.2 \sim 0.3$ 伏特之間，所以當二極體導通，其基集電壓將被限制在 0.4 伏特左右，即集射極電壓最小只限制在 $0.3 \sim 0.4$ 伏特。所以電晶體頂多是工作在非常接近飽和區，而不是在飽和區工作，其所以稱之為「深入飽和區」，即為此因素所在。

　　圖 17-12 為蕭特基電晶體（Schottky transistor）之表示電路及其製程的結構圖與符號。在敷鋁層作為基極時，此金屬鋁層也橫跨了 N 型集極接觸區，這樣會使基極與集極之間形成一個二極體，此二極體就是前述之蕭特基二極體，這樣合成之元件就稱之為蕭特基電晶體。

　　在數位電路採用之蕭特基電晶體，可藉以提高切換速率，因為雙載子之電晶體主要是靠少數載子來推動，所以雙載子之電晶體又稱為少數載子元件。但是若飽和時，其晶體必須花費一些時間用來搬運載子上，所以其擔任開關時，切換由 ON（飽和）至 OFF（截止）會有一段延遲時間（載子時間）。如果在基極與集極之間接蕭特基二極體，電晶體就不會飽和，並可大量的省去儲存時間。

圖 17-12　(a)蕭特基電晶體之電路組成，(b)製造圖，(c)電路符號

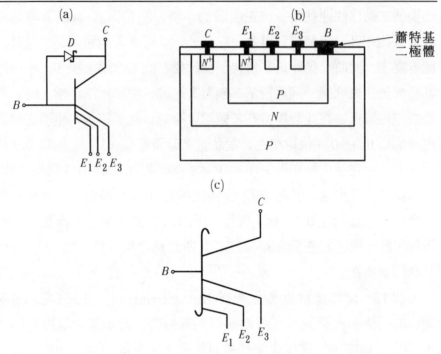

17-3　單石電路的二極體

　　要以單石電路之方法來設計二極體，基本上就是利用晶體的方法表示出來，其中是採用連線及製程之特殊組合來製成。

　　由圖 17-13 可知，在製程上分別利用電晶體三個端點的改變與設計而成之三種型態上之二極體，其結構分別為：第一種是將基極與集極短路，而基極端為陽極，射極端為陰極組合而成的；第二種為把集極端成開路狀態，也就是集極不用，而二極體之陽極由電晶體之基極端拉出，二極體陰極由電晶體射極拉出；最後第三種型式與第二種

之二極體類似，即把集極與射極的角色對調，二極體之陽極也由電晶體之基極來擔任，二極體之陰極由電晶體之集極拉出代替。以上在圖中所介紹之三種二極體的型式，是目前較為普遍使用的類型。至於何種型態之二極體動作性能較好，則要視使用者所需的電路條件而定。例如：整流用、耐壓用或當作濾波用。如集極之耐壓是較高（由電晶體之製程結構圖就可知），所以以集極與基極所組成之二極體是較適用於耐壓。由上述電路，亦可知三種二極體均工作在正偏作用區(Forward bias)，因為三種二極體之陽極都是在電晶體之基極，且從圖中可知每一個二極體都用 P^+ 來做隔離島的作用。另因為單石二極體是在同一材料所製作，且同一類型的二極體其特性應該會相當類似，由此製造出之二極體，其體積方面將能做到非常小，這也是為什麼要使用單石電路的方法來製造二極體。

圖 17-13　單石電路二極體：(a)基集短路而成之二極體，(b)集極開路而成之二極體，(c)射極開路而成之二極體

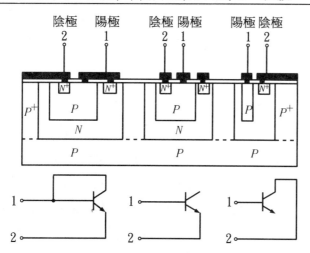

還有一種二極體的製造方法，為共陽極對的二極體製程方法或共

陰極二極體製造程序，其基本之電路結構圖與簡單的電路等效圖，如圖 17-14 所示：

圖 17-14 兩種二極體對：(a)共陰極對，(b)共陽極對

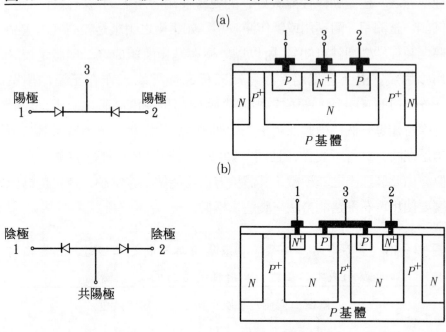

接下來我們就上面最初討論的三種型態之二極體對其電路之特性曲線做分析，其二極體順向伏特－安培特性曲線畫示於圖 17-15 中。由圖中之特性曲線可看出，在指定的順向電壓下，接成二極體的電晶體（即基射二極體）具有最高的導通率，其本身電流是由基極流向射極，且集極又短路到基極，由電晶體之特性就可得知。其所有加入之壓降所造成之少數載子完全流入射極，所以導通率是最好的，同理我們也不難發現其第三種之基集之二極體會有較好之崩潰電位，這一點由普通電晶體之製程結構圖就可發現。以上敘述之基射二極體有最短

之二極體反向恢復時間，基集二極體之反向恢復時間是三種之中最長
的。基射二極體之反向恢復時間大約是基集二極體的三分之一至四分
之一左右。

圖 17-15　三種二極體之特性曲線（$I-V$ 曲線）：(a)基射二極體，
　　　　　(b)基射（集極開路不接），(c)基集二極體（射極不接）

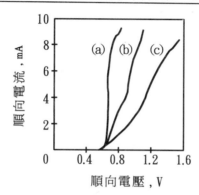

17-4　積體電阻器

　　單石積體電路的電阻器通常都是利用其中一個電晶體的本體電阻
係數來得到，最常用之方法是使用雙載子電晶體的擴散或佈殖的方
法。此外，磊晶層也可以拿來做電阻器，而 MOS 方面，則採用複晶
矽層來做電阻。在 CMOS 方面，有人用 P 通道電晶體的 N 型基體來
做電阻。至於，利用薄膜的技術來做積體電路的電阻，這又是另一種
方法。

　　用來做電阻的半導體層相當薄，因此習慣上稱為片阻值（Sheet
resistance）來測量 R_s。在圖 17-16 中，若寬度 w 等於長度 l 的話，
我們就可得到一塊 $l \times l$ 的材料，假設它的電阻係數是 ρ，而厚度為

r, 截面積 $A = l \cdot r$。這個導體每一單位之電路就爲

$$R_s = \frac{\rho l}{lr} = \frac{\rho}{r} \qquad (17-1)$$

所以由上之 $(17-1)$ 式即可知 R_s 與導體大小無關。

圖 17-16 片阻值圖形

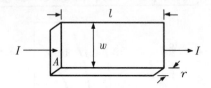

圖 17-17 P 型擴散式電阻: (a)截面圖與(b)上視圖, (c)增加電阻長度的一種方法

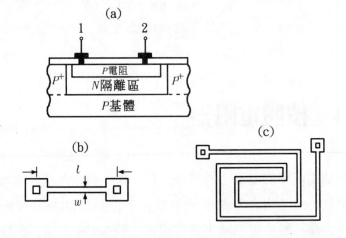

圖 17-17 是一個基極擴散電阻器的結構, 而(b)圖爲其上視圖, 其阻值即可表示成下式:

$$R = \frac{\rho l}{r \cdot w} = R_s \frac{l}{w} \qquad (17-2)$$

其中 l 和 w 如上視圖所示, 分別爲擴散區域的長和寬、例如, 20 微米寬、200 微米長的一塊基極擴散電阻條含有 10 個 (20 微米×20 微

米）方塊，假設 R_s 之電阻值為 200 歐姆，它的值就是 $10 \times 200 = 2000$ 歐姆。在實際計算 R 值時，還要把接觸端的經驗校正式加以考慮。

N^+ 型射極擴散式電阻器的結構和基極擴散式電阻器相似，在做雙載子接面電晶體的射極擴散的同時，把 N^+ 往 P 型基極層內部擴散，而其基極區則具有把此電阻與其他元件隔離的作用。

由於片阻值乃由製造程序所固定，因此電阻值的控制變數應只有電阻條的長度和寬度。但因阻值的變化誤差受製程的技術、工具、溫度等一些雜散條件影響，這些也是製作光罩或對準光罩之操作，只要稍有一點誤差，均可能會造成阻值之誤差，甚至能影響到其功率額數。此外，照相解析度上之誤差亦有些微影響，所以電阻條的寬度很少比 5 微米還細的。在圖 17 – 17(c)所示之增加電阻長度以提高電阻值的一種方法，乃把電阻條回摺，此不但增加長度，最重要的是可以節省晶體耗費面積，非常符合經濟。

擴散式電阻器所得出的電阻值的範圍，受到電阻製程所需的面積大小的限制。基極擴散式電阻器的實用電阻範圍是自 20 歐姆到 30 仟歐姆，射極擴散式電阻器則是自 10 歐姆至 1 仟歐姆。以寬度之變化比例量來說，由於雜質分佈曲線的變動以及表面幾何形狀的誤差所引起的偏差，常可以高達標準值的 $\pm 20\%$，而比例偏差則約為 $\pm 2\%$。就以寬度約為 50 微米的電阻為例，配對之電阻偏差為 0.2%，由於此一原因，因此單石電路之設計應儘可能採用電阻比值而不是絕對值。擴散式電阻器的值會隨溫度之升高而上升，其中，基極擴散式電阻器的這種變動量約為每攝氏一度約變化萬分之二（即每提高攝氏一度增加萬分之二，2000ppm/℃），而射極擴散型電阻器的典型變動量為 600ppm/℃。

圖 17 – 18 所示為擴散式電阻器 R 的等效電路，圖中顯示包括了基極與隔離島之間的寄生電容 C_1 及隔離島與基體間的接面寄生電容 C_2。另外，由圖中也可以看出有一個 PNP 寄生電晶體的存在，它的

集極是基體，基極是 N 型隔離島，射極是 P 型電阻材料區。因為 P 型基體通常是接電路的最負電壓，所以集極是反向偏壓。如果硬要使這個寄生電晶體截止的話，射極也要反向偏壓。我們只須把所有的電阻器做在同一個隔離島內，且將包圍這些電阻器的所有 N 型隔離島接到電路中最高的電壓上就能維持這條件。

圖 17－18 擴散式電阻器的等效電路

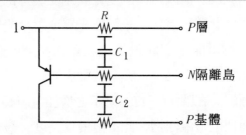

由於基極區及射極區通常亦可用離子佈殖的方法做成，因此這種程序也用來用做與前節之擴散式電阻製造相同結構的電阻。佈殖式 N 型電阻可以利用金氧半的製造程序來設計製造，其製造程序大致與空乏式 N 通道金氧半電晶體相似。以離子佈殖方式做出來的電阻值和利用基極擴散式做出來的大致上是很類似，其差異只在於偏差及溫度上的變化量要比基極擴散式的電阻值要小得多。離子佈殖式的電阻值可以控制在偏差不超越過 3％，溫度變化係數小於每攝氏一度改變百萬分之一百，對於電阻對的偏差也可以改進到只有擴散式電阻的 25％，另外用離子佈殖法所製造的電阻值，因可利用金氧半的技術製造，所以在許多電路實現是較方便的；因為金氧半的電晶體對於某些數位電路上使用很廣泛，所以在經濟及其他電路上之因素在製程及使用上顯得更加方便。

接下來，我們介紹磊晶的方法來製造電阻，集極磊晶層的片阻值大約是基極擴散區的六倍，因此可以用磊晶層做出較大的電阻值。這種電阻器的區域是由隔離島區域所包圍畫定的，當電阻值要維持相當程度的精確性時，做隔離擴散時就得格外細心控制。磊晶式電阻器的溫度變動率約為每攝氏一度改變百萬分之三千（3000ppm/°C），至於絕對電阻值及配對的電阻值之偏差則分別為 30％與 5％。

圖 17-19　擠縮式電阻器製程結構圖

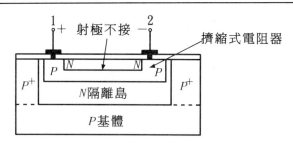

繼續再介紹下一個不同製造形式的電阻，考慮圖 17-19 所示的擠縮式電阻器，若加電流流入 1 點，則從 1 點流到 2 點的電流必以相反的方向流經第 2 接點處，因為在第 2 接點處是反向二極體（$N-P$），所以 N 型材料對傳導沒有貢獻。也就是說，有一極小的二極體反向飽和電流流經 N 型材料，當 P 型材料加以變化的時候（增加或減小其截面積），因為 P 型材質會減小（擠縮作用），傳導路徑之橫截面也就相對的減小，則它的電阻值必定變大。我們可以利用此方法獲得較大的電阻值（數仟歐姆以上）。但是有一缺點，就是其電阻值的精確數值無法準確控制（絕對偏差在 ±50％左右）。所以擠縮式的電阻器（Pinch resistor）是屬於非線性電阻，其電阻依外加壓降而決定，此情況與場效電晶體之通道電阻十分類似。我們亦可將基射反向崩潰電壓極限 BV_{EBO}，同樣引用到擠縮式電阻器上，因為它們在構造上與基射接面完全相同。

至於，利用磊晶擠縮電阻器（Epitaxial pinch resistor）亦可在微小面積中獲得較高電阻值，以適於較高電壓電路條件時使用。這種電阻的電路製程結構是在 N 型磊晶電阻器裏面做 P 型基極擴散或佈殖，P 型基極擠縮磊晶層的導電路徑，會使單位截面積變化更大，因此其電阻值更能提高。P 型基極與磊晶層之間所形成的接面幾乎相當於電晶體的集基接面，因此這種接面的反向崩潰電壓會比射基接面要高。

接下來介紹應用金氧半電路所製造出之電阻。一般在金氧半電路常採用上述之擴散式或離子佈殖式電阻器。除此之外，還可採用以下幾種電阻製造結構。第一種是複晶矽電阻器 (Polysilicon resistor)，它是在做金屬氧化半導體電晶體的閘極結構區部份時同步完成，此種電阻器的偏差與溫度係數和擴散式電阻器大致相同。

第二種稱之為井型電阻器(Well resistor)，它是利用互補式金氧半 (CMOS)技術製作 P 通道電晶體的基體(N 型擴散)時做成的，這也是在晶體製程時同時完成。互補式金氧半電晶體在數位邏輯閘應用廣泛，主因是其只在動作時才消耗能量，所以在製造數位電路燒製，可一併把電阻器用其特殊的方式做成，兼符經濟與時效，一舉兩得。

第三種電阻器是金氧半場效電晶體，當場效電晶體偏壓於線性區時，金氧半場效電晶體的作用就像個電阻（詳細有關金氧半場效電晶體之各工作區域操作情形，請參閱之前各章節），但此電阻是屬於非線性電阻，另加強式及空乏式金氧半場效電晶體偏壓於飽和區時，也都可以用來當作非線性電阻器使用。

由於近年來半導體的產品與日常生活越密不可分，所以再加入探討氣相沈積薄膜法做出之積體電路的電阻器。它首先在氧化層上鍍一層金屬（一般是鎳鉻合金，NiCr），其厚度不超過 1 微米，再利用光罩及蝕刻法製造出所要的形狀，接著用一層絕緣蓋住此金屬電阻器，然後在此絕緣層上面開小孔，此即為用來接觸用的小孔。一般鎳鉻薄膜電阻器的電阻值大約是數十歐姆至數百歐姆之間，所以由此法所做成的電阻值約大致在 50 千歐姆以下，而以溫度係數及偏差來看，鎳鉻薄膜電阻器與離子佈殖式的電阻器雷同。

　　還有其他半導體元素材質可以用來做薄膜電阻器，當然其做出之歐姆數，以及溫度特性、偏差是視材料之不同而各異。例如鉭就是其中之一種，它製作出來之片阻值可達 2 仟歐/方塊，溫度係數卻少到只有每度改變十萬分之一。

　　擴散式或離子佈殖式電阻器做成之後，無法改變，也不能調整，但是薄膜電阻器則可採用雷射修整法（Laser trimming）切掉電阻器的一部份，然後加以精確調整。但是此種雷射修整法之成本很高，只有當製造具高敏感度電路且確實想要精確的電阻值時才使用。至於此種電阻的使用通常在通訊設備上，如濾波器、數據機（Modem）等。

17-5　積體電容器

　　積體電路中的電容器，可利用反向偏壓 PN 接面的空乏區電容或金氧半電晶體之製程或薄膜沈積的方式做成。

　　如圖 17-20 所示為接面式電容器之截面圖，此電容器之形成是由反向偏壓的 J_2 接面所構成，J_2 是為分隔 N 型磊晶層及其上的 P 型擴散區的界線。N 型磊晶層與基體之間形成另一接面，而這個接面在反向偏壓時有寄生電容。圖 17-20(b)為接面式電容器之等效電路，其中 C_2 比反向偏壓之寄生電容大很多，C_2 之值是與接面的面積以及雜質的濃度有關，而這種接面的雜質濃度大致呈線性變化。串聯電阻 R 是代表 N 型磊晶層的電阻值。

　　而為了使 C_1 值最小，我們應把最低電壓接至 P 型基體，且要使 J_1 接面保持反向偏壓，而使接面電容 C_2 與其他零件保持隔離狀態。因為 PN 接面 J_2 必須一直保持反向偏壓，所以接面電容器 C_2 是有極性的。

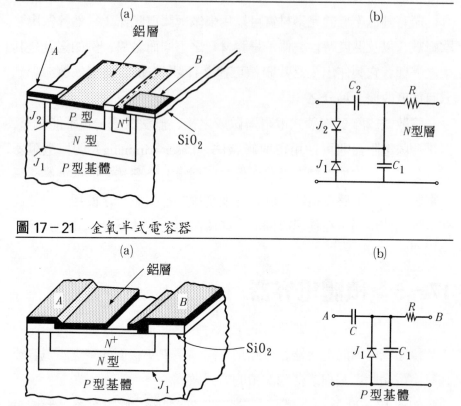

圖 17-20　(a)接面式積體電容器，(b)等效電路

圖 17-21　金氧半式電容器

　　接下來，介紹金氧半技術做成之電容器，如圖 17-21 所示為金氧半之電容器，這是一種以二氧化矽為介質的平行電極片電容器構造，其上之極片是以一層薄金屬鋁製成。它只是一層薄膜，底下極片是在製造雙載子電晶體的過程中做射極擴散之後，或是在製造金氧半場效電晶體的過程中做汲極與源極離子佈殖區之後所得到的高摻雜 N^+ 型區。圖(b)為金氧半式電容器的等效電路，圖中之 C_1 代表集極與 P 型基體間所形成之寄生電容，R 代表 N^+ 區域的串聯電阻，它的阻值大約在 $5\sim10\Omega$ 左右，而此圖中之上極片不一定要金屬，也可以用半導體層來代替。

　　有些金氧半電晶體製造程序是採用二層複晶矽，這樣在零件之間可以多了一層做為連接用。這兩層複晶矽之間加入一層非常薄的二氧化矽，因此可以形成一個電容器，這種電容稱為複晶－複晶式電容器（Poly-poly capacitor）。

　　薄膜式的電容器的構造類似於金氧半式電容器，唯一較不同的地方，是在二氧化矽上面鍍上一層很薄的導電膜，其二氧化矽是當作介電質，氧化層底下的高度摻雜 N^+ 區就是下極片。

　　金氧半式及接面式電容值都很小，通常約為 4×10^{-4} 微微法拉/微米^2，因此要做一個 40 微微法拉的電容器必須花掉 10^5 微米^2 的晶片的面積。大部份積體電路電容器的典型值都小於 100 微微法拉，所以一般想要製作一大容量的電容器常需要佔掉一大塊晶片面積。

17－6　簡單 IC 設計

　　在這裏先談談積體電路佈局的方法，以下分別對製作雙載子電路及金氧半電路的佈設予以討論。

　　在佈設電路方面要考慮的第一要點是側向擴散時，必須使隔離島區的邊界寬度等於磊層厚度的二倍。

　　第二，因為隔離作用區要佔用較大的晶片面積，所以為了經濟的效益上，隔離區的數目應儘量減少。

　　第三，要做電阻時，在晶片許可的限度內應儘可能寬一點，且電阻值之比例必需很相近，並儘可能靠在一起，如此可以使積體之面積減縮。

　　第四，將所有 P 型的電阻器放在同一個隔離區內，然後把這隔離區接回到電路中之電位最高點；而 N 型電阻器的隔離區則接到電路的最低電位。

第五，晶體之基體接到電路中之電壓最低處。

第六，集極必須要連接在一起的電晶體，可放在同一個隔離區中，若在電路內是較複雜的，那每一電晶體要放在一個分開的或獨立的隔離區中。

第七，在電路的需求中，根據元件的需求額定、電流、電壓的需求，把射極區、基極區等皆設計成最小尺寸，如此才能在同一晶片放入更多的電路。

第八，儘量使所有金屬引線短而粗。

第九，從電路性能的要求方面來決定零件及鋁區的幾何圖形。如果放大器輸出級要供應最大電流的話，那麼輸出級中的電晶體所佔的面積應當大於其他電晶體。

第十，標註電路的圖案，以簡化連續光罩的對齊工作，並儘可能減少交越的數目。務需妥善安排佈置圖，使我們所設計的晶方尺寸儘量縮小。

而在金氧半電路的設計方面，因為金氧半之設計上是無需隔離島的，因此可以大大的提高元件的裝配密度。在較大型積體電路方面尚有一個重要的因素，那就是必須根據所要的電流大小額定度，對於閘極長度儘可能用最小尺寸。此可利用複晶矽的技術來製作閘極，對元件之縮小很有幫助，因為複晶矽對於摻入雜質方面來說是具有阻擋效果，所以汲極與源極在做離子佈殖時是自行對齊，且光罩之對齊誤差可減到最低最小的程度。

在單石電路佈局時往往需要兩條導線相互交越（或交叉），但如此卻會使電路的部份有電的接觸（短路）。由於所有的電阻器都有一層 SiO_2，所以任何一個電阻恰可以用來當作一個交越區來使用。若鋁的導線層經過一個電阻器上面的話，電阻器與鋁金屬之間，將不會有電的接觸。但若電路的佈局十分複雜，則仍需要額外的交越區。

在做雙載子電路時，我們可用擴散結構並允許交越。其方法是在

製造射極的同時，用一條線往磊晶層內作 N^+ 擴散，並於線之兩端各
開一個接觸用缺口，這樣就可以形成一條擴散型導線。鋁是沿著垂直
於擴散線段的方向鍍在絕緣的二氧化矽上面，如此就做成電路需用到
的導線，上面這種擴散式導線稱爲埋入式交越線（Buried crossover）。
而在金氧半的電路時，亦可利用第二層複晶矽的技術，達到埋入式交
越的效果。

圖 17-22 兩層複晶矽構成金氧半式電容器

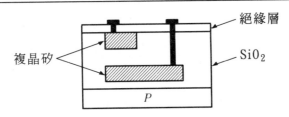

在所有的零件及其連線都做好了之後，基本製造步驟就算完成，
接下來是把晶圓切成晶方，這樣就可以得到一個個微電子的小基板，
接著把晶方黏在所要使用的包裝體裏面，並經由銲線的工作把晶方與
封裝體接腳相連。經由這些接腳，外部零件就可以和積體電路連接，
通常此接線的情形可由系統電路來決定。

以下再介紹積體電路的簡單特性：

1. 標準積體電路的價格不貴。

2. 積體電路的體積小。

3. 由於所有的零件，包括電阻器、電容器、電晶體等，都是在能
   控制的情況下同時製造，所以積體電路沒有銲接的缺點與錯
   誤，實際應用上非常可靠。

4. 高頻響應會受到電容之限制。

5. 電感器或變壓器較難以積體電路的方式製作。

6. 元件的各參數值對溫度變化的情形尚稱一致。

7.由於成本低的關係，所以可設計複雜的電路來改進工作性能。

8.在製造薄膜電阻器和電容器時需額外的步驟，因此薄膜元件只有在特別需要時才使用。雖然成本增加，但可降低不良品率。

17－7 大型積體電路 (LSI)

大型積體電路 (Large-Scale Integration，簡稱 LSI)，主要是討論一般我們所熟識使用的 IC 電路，這其中包括一些記憶器系統、邏輯陣列、微處理器等，但隨著積體電路之日益進步，大型積體已不敷使用，因此又發展了所謂的超大型積體電路 (Very-Large-Scale Integration，簡稱 VLSI)。至於大型積體系統與超大型積體系統之分別在於其晶片之邏輯動作閘之數目而定，當然後者之數目一定大於前者，其電路之複雜度與考慮之元件數也一樣是大於前者。超大型積體系統在本章之最後一節將作探討說明，本節先對大型積體電路詳細探索，並加以說明。

首先針對元件之零件個數加以分別，含有 1000 個零件以上的晶方暫稱之為大型積體系統，而含有 10000 個零件以上的晶方則稱為超大型積體系統，當然以目前一般而言，「超大型積體」亦可指至少含有 100000 個零件的系統而言。至於本節，主要是探討大型積體電路，而使用最為普遍的大型積體電路，在數位信號處理 (DSP)、控制方面、及計算機應用等均被廣泛採用。

記憶器的晶片是積體電路使用最多的一種，這其中包括金氧半型移位暫存器記憶器、靜態及動態隨機存取記憶器 (Random-Access Memory)，也就是常稱的 RAM。後二者又稱為讀寫記憶體 (Read-write memory)。

零件密度、動作速率、消耗功率是設計大型及超大型積體電路之三大因素。下一節我們將介紹可提高電路性能的二種製造技術，即電荷耦合元件（Charge-Coupled Device，簡稱 CCD）及積體注入邏輯（Integrated-injection logic，簡稱 I²L），前者屬於金氧半型技術，後者是屬於雙載子型技術。利用 MOS 及 CMOS 動態（即及時）邏輯電路可以提高零件密度或者降低消耗的功率，而超大型積體系統即常採用動態邏輯電路作為組成單元，並採用計時脈波產生器當作數位系統的計時標準。

　大型積體系統，最普遍用於單晶片系統——微處理器（Micro-processor），它已成為個人電腦（PC）、語音辨識及其他各類控制、儀表系統的基本單元。至於在一般的記憶單元，早期最常用的是用正反器來組成極長的移位暫存器（包括數百位元的），但卻會消耗太多的功率，且溫度散逸的問題仍然要解決，另有一點值得注意，即晶元製造上也會因而消耗太多的晶片面積，不合經濟實用。目前改善的方法是用兩個動態的 MOS（金氧半）型反閘來組成大型積體式的個別移位暫存器級。而另外一種是利用 MOSFET（金氧半場效體）閘極與基體間的寄生電容的充電作用，把每一個位元資料暫時儲存起來。先有動態的反閘電路，然後再擴展為 1 位元的動態儲存單元。

　圖 17－23 所示為動態的反閘，它需要一個計時脈波串才能正常地操作。假定使用 N 通道加強式 MOSFET 的正邏輯，這時 0 伏特是 0 態，$V_{DD}=5$ 伏特就是 1 態，（若使用負邏輯其轉態電位恰好相反，零伏特是 1 態，5 伏特是 0 態。）電容器 C 代表下一個 MOS 閘極與基體間的寄生電容（約 0.1 微微法拉）。

　當 $\theta=0$ 伏特時，Q_2 和 Q_3 的閘極都是 0 伏特，所以這兩個加強式 NMOS 均 OFF，電源不與電路相連，所以不輸送能量。當計時脈波為 5 伏特時，Q_2 與 Q_3 均為導通狀態，於是輸入 V_i 就被反相了，例如，$V_i=0$ 伏特時，Q_1 是截止的，電容 C 之路徑是經由 Q_2 與 Q_3 的串聯充電到 V_{DD}，（假設臨界電壓 V_T 比電源電壓 V_{DD} 小很多，同

時假定理想狀態 $V_{ON}=0$) 所以 $V_o=10$ 伏特。不過當 $V_i=10$ 伏特時，Q_1 爲 ON，電容 C 則經由 Q_3 和 Q_1 向地放電，所以 $V_o=0$ 伏特。注意 Q_3 是一個雙向開關：當 C 充電到電源電壓時第 2 端的作用類似源極，當 C 放電到地時，第 1 端變成源極。

圖 17−23　(a)動態 N 通道金氧半反閘，(b)計時波形 θ

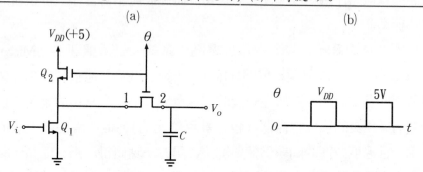

使用金氧半之反相器時具備了以下重要特點：

　1.金氧半是一種雙向開關。

　2.金氧半元件有極高的輸入電阻（從結構特性即可知道），所以允許暫時將信號儲存在閘極與基體間的小電容上。

　3.負載場效電晶體可藉計時脈波予以減少功率的消耗。

　以上所謂的反閘亦稱之爲比例反相器（Ratio inverter）。這名稱的來源如下：當輸入與計時均在高態時，電晶體 Q_1 與 Q_2 形成 V_{DD} 與地之間的分壓器，所以輸出電壓 V_o 要依 Q_1 的導通電阻與 Q_2 的實際電阻之比而定。

　繼續介紹動態閘串接起來的狀況，圖 17−24 所示即把圖 17−23 的動態反閘兩個相互串接起來。只要加一個與第一種波形不同的計時脈波，就能使儲存在第一個反閘的電容 C 上每個位元資料傳到下一個反閘上。圖 17−24(a)顯示另一種典型的金氧半動態移位暫存器，圖 17−24(b)則顯示兩個不同（Two-phase）之計時脈波。在圖中若 $t_3>$

t_2，則二相脈波是不重疊的（Nonoverlapping），但若 $t_3 < t_2$，則二相脈波是重疊的（Overlapping）。此一電路，可代表一級的暫存器，每一級暫存器一共需要六個金氧半場效電晶體。輸入 V_i 是 Q_1 閘極電容上的電壓，這是由前一級加入（若這是移位暫存器的第一級，V_i 就是輸入信號）。我們可以 N 通道金氧半元件爲例子，當 $t = t_1$ 時計時脈波 θ_1 變爲正，電晶體 Q_1 和 Q_2 形成一個反閘，同時雙向開關 Q_3 導通，所以 C_1 電壓準位的反相之值傳到給 C_2 去。當 θ_1 降到 0（在 $t = t^+$ 之瞬間）時，Q_2 和 Q_3 均爲 OFF，而且只要 Q_1 一直保持在 0 伏特，C_2 上就能保有它的電荷。但是在 $t = t_3^+$ 之瞬間時，$\theta_2 = V_{DD}$，於是 Q_4 和 Q_5 的作用就像一個反相器（反閘），同時雙向開關 Q_6 閉合，因此儲存在 C_2 上的信號就被反相，且存放在 C_3 上。傳到輸出 V_o 處的位元（0 或 1 的型態）與在輸入 V_i 處的位元完全一樣，只是在時間上延遲了一些，這段時間是由計時脈波所決定的。換句話說，圖 17－24(a)中之暫存器級可以視爲一個位元的「延時線」（Delay line）。Q_1、Q_2、Q_3 這一組可以稱爲主反閘（Master inverter），Q_4、Q_5、Q_6 則是僕選擇段（Slave section）。如果要使數據一直存在暫存器中的話，這信號在電路中傳送所配合的計時時間不得低於某一最小值，如果脈波間隔太長的話，寄生電容器上的電荷會因漏電而消失，結果將會失去所儲存的信號。

　　在圖 17－24(a)中的負載場效體本身是配合計時脈波的，因爲這閘可受計時波形所控制，也可採用不計時的設計（二個閘極都要接固定的電壓），但是如此一來，電路將會消耗較多的功率。

　　金氧半技術所製造之金氧半型移位暫存器的典型用途計有當作計算器、陰極射線管顯示器、或通信裝備上的順序記憶器，緩衝記憶器，及延時線來使用。當然若當成移位暫存式記憶器，就要控制其讀寫的脈波時間。若讀寫控制端 $\left(\dfrac{W}{R}\right)$ 是在 1 態，即表示寫入，則信號輸入端上的數位資料就會輸入到暫存器中，當計時時脈過一週期之後，每一位元都會向右移到了下一級去，當想要的位元數都依序進入了暫存器的時候，即可將 $\left(\dfrac{w}{R}\right)$ 改換爲 0 態即可使再循環（Recirculation）的動作方式開始。在這個方式下不許可再有數據進入暫存器中，儲存在記憶單元中的位元資料需配合計時脈波同步地輸出到暫存器的輸入端。

圖 17-24 (a)二相比例的動態 NMOS 移位暫存器級，(b)計時脈波 θ_1 及 θ_2

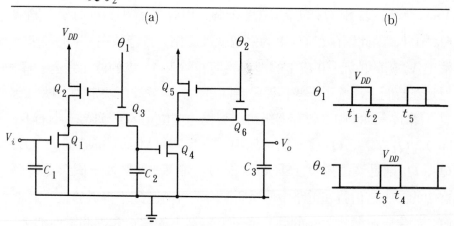

如果這暫存器含有 512 級的話，即此種再循環式記憶器可以儲存一個 512 位順序的字，可用四個這樣的系統 A_1、A_2、A_3、A_0，且都有獨立的輸入及輸出端，並用同一個系統脈波同步，這樣得到的組態是一種順序的記憶單元。它能夠儲存 512 個字，每個字包含 4 個位元，其最小位元由 A_0 所輸出，而最高位元由 A_3 所輸出。

若在圖 17-25 的記憶器中想要的用途已經由數據循環完成了，那麼可把 $\left(\dfrac{w}{R}\right)$ 這項輸入改到邏輯 1，這樣就會禁止從移位暫存器最後一級出來的位元進入第一級。所以記憶的內容就被抹除，同時新的資料就可獲准進入暫存器中了。

圖 17-25　再循環式的移位暫存器

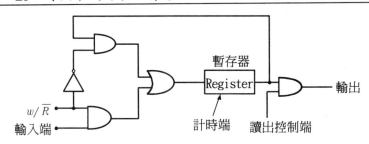

一個靜態的移位暫存器是屬於直流穩定的裝置，它能在沒有最小脈波條件限制下工作，也就是說，只要電源不停止對電路供電，信號就可以無限期地儲存下去，不過這種靜態單位佔的面積比動態的大，同時消耗的功率相對的也比較多。

在前面我們曾提到，在圖 17-24 中負載場效體 Q_2 的電阻必須比驅動器 Q_1 的高出很多，才能使低態電壓 V_{ON} 接近於零伏特，但在場效電晶體中電阻之長寬有比例關係，因此 Q_2 必須要比 Q_1 通道長度 l 長很多才可，且比 Q_1 之通道寬度 w 窄很多才行，所以這樣的反閘會佔去較多的面積。其改良方法可用圖 17-26 之動態無比型反閘，就可以避免以上的這些難題。需注意的是在這種反閘中不使用電源的電壓，由計時脈波 θ 其供應這電路所需的能量，因此功率的消耗是與計時時脈的頻率成正比的。

如考慮 $V_i = 0$ 的情形，時脈存在期間的情形，另畫於圖 17-26 (b)中。由於 Q_1 的閘極電壓為 0，同時 Q_2 的閘極電壓為 V_{DD}，所以（對 N 通道加強型金氧半元件而言）Q_1 為 OFF，Q_2 則為 ON，因此 C 可經由 Q_2 充電到 V_{DD}，在脈波結束處，θ 下降為 0，兩個金氧半場效體均保持為 OFF，所以當 $V_i = 0$（邏輯狀態的 0）時輸出 $V_o =$

V_{DD}，因這個作用即發生了反相。

圖 **17−26** (a)利用 N 通道金氧半的無比型動態反相器，(b)輸入＝邏輯上的 0，$\theta = V_{DD}$，(c)輸入＝邏輯上的 1，$\theta = V_{DD}$（脈波期間），(d)輸入保持在邏輯上的 1 處，$\theta = 0$（脈波結束）

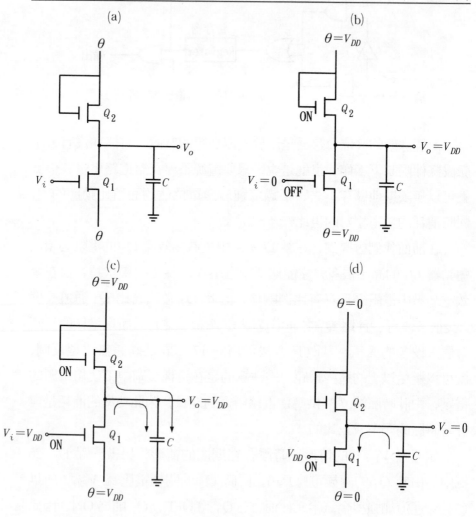

另考慮 $V_i = V_{DD}$，$\theta = V_{DD}$ 之情形，如圖 17−26(c)所示。此時兩個金氧半場效體都為 ON，同時電流將傳送到 C 上，C 很快充電到

V_{DD}，$V_o = V_i = V_{DD}$，且在脈波期間並未發生反相作用。但當脈波結束電壓回到 0 的時候，就可得到圖 17-28(d)的情形。這時 Q_2 的閘極 G_2 是在 0 處，所以 Q_2 OFF，Q_1 之閘極是在 V_{DD}，即 Q_1 是 ON 的，於是 C 能經由 Q_1 放電到 0 伏特。因此在脈波結束後之短期間內，$V_o = 0$ 而 $V_i = V_{DD}$，這亦表示發生了邏輯上的反相。

我們發現將雙向的傳輸閘插在兩個互補金氧半型靜態反閘之間，就可形成一個類似於圖 17-26 所示之動態移位暫存器。這種利用互補式金氧半的組態，如圖 17-27 中，其電路是利用 T_1、T_2 二個傳輸閘來達成圖 17-27 所示金氧半之開關功能。它由互補之計時脈波 θ_1 與 θ_2 來控制，當 $\theta_1 = V_{DD}$ 時，T_1 導通，同時 T_2 之作用似斷路。

圖 17-27　(a)二相 N 通道金氧半動態移位暫存級，(b)計時脈波 θ_1、θ_2

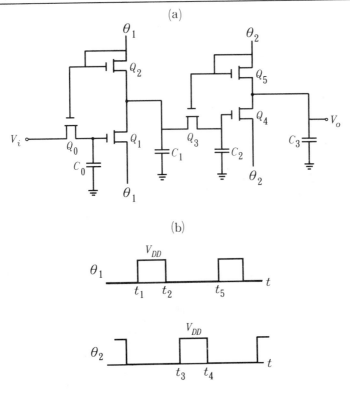

當 $\theta = V_{DD}$ 時（邏輯狀態 1），T_1 可以傳送，所以 V_i 出現在 C_0 上，由於 I_1 反閘作用，V_i 的補數就出現在 C_1 上（即 $V_1 = \overline{V_i}$）。在上半週時 $\theta = 0$，T_1 成斷路，C_0 之電壓為 V_i，而且 V_1 保持在 $\overline{V_i}$ 值；當 $\theta = 0$ 時，T_2 可以接通，將 C_2 並聯在 C_1 上，並使 I_2 跨於 C_3 上的電壓等於 C_2 上電壓的補數，因此在一個完整週期的末端時，$V_o = \overline{V_1} = V_i$，這作用即類似一個位元的延時線。

17-8 互補型金氧半（CMOS）之技術

互補式金氧半電路是把 N 通道及 P 通道兩種加強式金氧半場效電晶體做在一起，但如此就必須多加上兩道步驟，其製造結構圖與電路如圖 17-28 電路所示，其製程結構圖如圖 17-28(a)，而在圖中顯示 P 通道電晶體是做在離子佈植或擴散於 P 型基體裏面的 N 型區中，這個 N 型區相當於 P 通道電晶體的基體，以 B_2 表示。為了獲得這個區域，至少必須多一道光罩及蝕刻手續，另外還需多一道手續是以離子佈植 P 通道電晶體的 P 型源極區與汲極區位置。至於有關的氧化區、複晶矽閘極區、敷金屬層等步驟均與加強式 N 通道金氧半電晶體之作法是完全一樣。

通常電路的連接情形是由金屬層的光罩圖來決定的，D_1 與 D_2 要連接在一起，G_1 與 G_2 也要連接在一起。B_1 與 B_2 兩個基體是分開連接的，B_1 與 S_1 連在一起同時連接於電路的最低電位處，而 B_2 與 S_2 也連在一起同時接電路的最高電壓值 V_{DD}，因為 B_1 接 P 型基體，而 B_2 接 N 型井區，所以這個區域形成 PN 接面是反向偏壓，也就是說在 N 通道與 P 通道兩個金氧半電晶體之間就達到自動隔離的最主要目的。

有一點需注意，這亦是製造時的經驗，那就是 P 通道電晶體所

圖 17-28　互補式金氧半積體電路：(a)截面圖，(b)電路圖

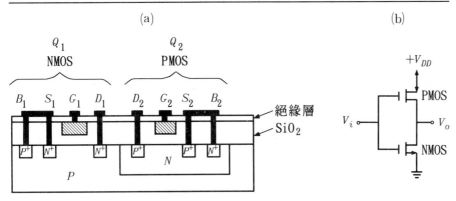

佔的晶片面積要比 N 通道元件大，其主要的原因是電洞之移動率比電子移動率要小得多，所以一般在設計之時其 P 通道電晶體的 $\frac{w}{l}$ 值就要比 N 通道大。

圖 17-29　(a)互補式金氧半開關，(b)N 通道電晶體導通時，電路理想開關表示法，(c)P 通道電晶體導通時，電路理想開關表示法

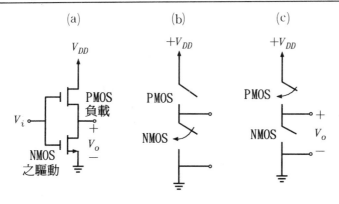

上圖 17-29 所示為互補式金氧半電路應用於數位電路方面，它是把一個 N 通道金氧半電晶體當作驅動電路，而把一個 P 通道金氧半電晶體當作驅動電路之負載，並且把兩個電晶體之閘極端子接在一

起。假設兩個電晶體的臨界電壓大小 V_T 相同，且都爲 $\frac{V_{DD}}{2}$。當輸入電壓 $V_i > V_T$ 時，N 通道的電晶體導通，而 P 通道的電晶體就截止了。(在這裏要特別注意一點，要 N 通道電晶體導通的話，閘極要接正電壓；至於 P 通道電晶體要導通，則應該接負電壓。)因爲兩個電晶體的汲極與源極是串聯起來，現在因爲 P 通道電晶體截止，所以 N 通道電晶體也不會有電流。因此，輸出電壓大致等於零。在圖中閉合的開關裝置代表 N 通道元件，切斷截止的開關代表 P 通道的元件。

同此方法，當輸入電壓爲負，或者爲零的時候，P 通道負載電晶體導通，N 通道驅動電晶體截止，開關的動作狀況如圖 17 – 29(c)所示，因爲其中有一個驅動的電晶體截止，所以沒有電流再度流過這個電路，輸出電壓爲高電位。

上述所討論者，皆是利用輸入電壓來控制開關的切換與閉合，當任何一個開關都沒有電流通過時，電晶體消耗的功率幾乎是等於零。(只有在 ON 與 OFF 切換期間，互補式金氧半元件才消耗功率。)由於消耗功率非常少，因此此種電路被廣泛採用。

17 – 9   電荷耦合裝置 (CCDS)

若一個電晶體具有順序記憶或移位暫存器的功能，即要有一條極長的通道和很多個非常接近的閘極排列於源極和汲極之間，其中每個閘體與基體之間會構成一電容器，可儲存電荷，這種組態即被稱爲電荷轉移元件 (Charge-Transfer Device，簡稱 CTD) 或電荷耦合元件 (Charge-Coupled Device，簡稱 CCD)。利用這種電荷耦合元件可以得到極高密度的移位暫存器或順序的記憶器，在影像及信號處理系統常被採用。

　　電荷耦合元件是不能用單個零件來做成的，因爲這種元件需一個長通道以供各電極下之耦合電容來耦合，因此各個閘極之間隔必須極小，大約 1 微米。圖 17-30 所示是一種三相 N 通道電荷耦合元件的複晶矽的結構，其電極是利用不同形狀的電極重疊而製成的，在一般製造上大都做成一列列並行，若各列之間隔又很小的話，則此種三電極式單位所需之面積就可減小。如爲平面型電極結構，則可用三相計時脈波，若電極非平面型可採用二時相的作法。

圖 17-30　三相 N 通道 CCD 的電極構造

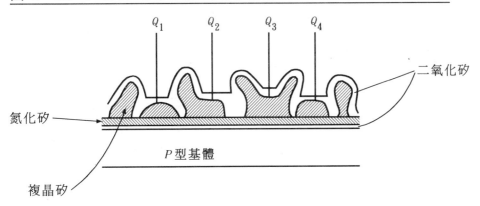

　　參考圖 17-31 所示，其工作原理，即假設有一層二氧化矽覆蓋在 P 型基體，二氧化矽層的上面沈積一列閘極。假定臨界電壓爲零，E_3 之電壓接 $+V$，其餘接地，而這 $+V$ 會推送基體下之電洞，使其往二氧化矽的方向，因此負離子就會形成一空乏區，這種情形會形成一位能障且電位會隨著平行於氧化層之方向變化，若有電子在這空乏區中，則電荷就能在電位障內自由移動，但不能穿越能障。因此負電荷不能夠逃脫，只能在此區活動。

　　電荷順著相當於二態位元的移位暫存器移動，在圖 17-32 中，$t = t_1$ 時，$\theta_1 = +V$，$\theta_2 = \theta_3 = 0$，在第 1、4、7、10 之各閘極形成電位

圖 17-31　電荷耦合元件之簡單構造

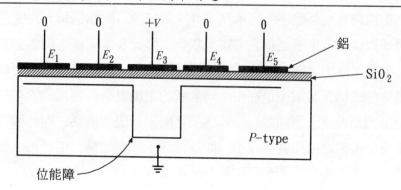

障，當 $t=t_2$ 時 $\theta_2 = +V$，θ_1 與 θ_3 不變，電位圖就變了，電子之行徑也隨之改變。

圖 17-32　CCD 中電荷轉移情形

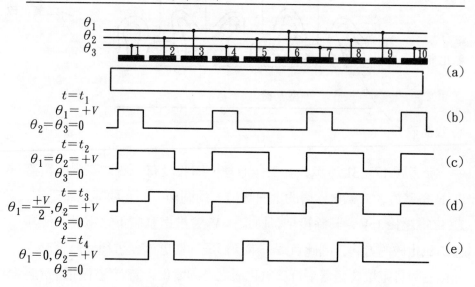

如 θ_1 開始降低，當 $t=t_3$ 時，$\theta_1 = \dfrac{+V}{2}$，θ_2 及 θ_3 不變，此區由 θ_1 與 θ_2 間電位差會造成「邊緣電場」（Fringing electric field）使電子移至位障深處，當 $t=t_4$ 時，$\theta_1 = 0$，$\theta_2 = +V$，$\theta_3 = 0$ 就完成了一電

極之移動。

從圖 17－32 中之(b)、(e)可以看出，如果一個邏輯位元被「鎖住」(Latched) 在一個電極下，則接下來之電極就不能在其下儲存資料了。因爲本例子中一個基本儲存體是由三個電極來構成的，而此基本之儲存體只能儲存 1 個位元，所以此類之 CCD，每一位元之電極數就等於 3，資料是在輸出處來讀取，而在下一位元能感測到之前共需移位三次，也就是在一週期內要發生三次轉移。

電荷耦合元件常因熱的反應，使載子陷落在空的能障中，且 CCD 只有電容充電時才消耗功率，所以不需使用穩態的電源，因此頻率之上限（Upper limit）可由最大許可的功率來決定。

由於 CCD 記憶器是順序操作的，所以存取時間較慢。CCD 記憶體的資料要先移到輸出級才能讀出它的值，因爲每一位元可能有潛伏時間，若每晶方上的位元數爲已知，則潛伏時間是隨晶方組織的情形而不同。最常用的二種爲蜿蜒式（Serpentine）及線狀定址隨機存取記憶體（Line-addressable random-access memory），前者爲一種同步組織，數據以漫長蛇行方式在一成串之單元移向另一單元。後者是用於存取時間較短時，它可把許多短的循環記憶體以並行方式操作，且利用解碼器來定出位址，因而有此名稱。

17－10　超大型積體系統（VLSI）

金氧半場效電晶體在一般大型以上之積體系統較常使用，其原因如下：

　　1.金氧半所佔的面積較小。

　　2.金氧半型之晶體消耗功率較低。

　　3.金氧半型電晶體不需浪費隔離島的面積。

4.金氧半型之邏輯閘不使用電阻器，所以不需浪費額外的晶片空
  間。

接著，我們首先介紹積體注入式邏輯（Integrated-injection logic），
簡稱 I^2L，這是一種超大型之積體技術，其融合了金氧半電路的高零
件密度與雙載子電路的高速轉換特性，但由於目前金氧半的技術日益
成長，使得晶體之尺寸一直縮小，如今已經很少人使用 I^2L，只是 I^2L
之一些產品，仍然有人使用。

要提高雙載子製造法之零件密度可從二方面著手；一是電阻製造
問題，二是隔離島的製造問題，一般在製造邏輯電路上大都採行的是
合併政策。在雙載子中若不做隔離島的話，即每個電晶體之集極會是
相同的 N 層，電位就相同，但在雙載子之反閘，電晶體之同電位的
是射極，也就是合併後的元件是把 N^+ 射極變成集極，把集極變成共
同射極，因邏輯電路是工作在反向作用區的，即此法就可行，圖 17
－33 所示就是電路的製程顯示圖，在圖中採 N^+ 基體是爲了提高電流
增益。

至於，若把一般偏壓電阻 R_c 拿掉的話，即可省去較多的面積。
在圖 17－33 之接法，其基極接地就可當作電流注入器（Current injec-
tor），其電流源可表示爲：

$$I_0 = \frac{V_{CC} - V_{BE}}{R_x}$$

若在 N 型磊晶層多佈殖一塊 P 型區就可做成 PNP 電晶體，由
上式所示，注入器之電流受 R_x 所影響，而在晶元製程時，常用長的
P 型擴散線，稱之爲注入軌（Injector rail），將會傳送電流到晶體去。
圖 17－34 是其邏輯（I^2L）晶方佈置圖，在每個積體注入邏輯中，集
極與基極引線的位置決定，是要能使各閘間的金屬連接，能夠滿足我
們想要的邏輯運算功能。

而在圖 17－35 中，Q_2 是反閘 Q_1 之負載，I_j 爲電晶體之偏壓，

圖 17-33 (a)多極電晶體之截面圖，(b)PNP 注入器之電路組織

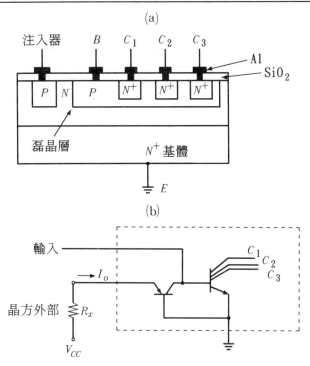

(a)

(b)

低準位時，$V_i \doteqdot 0$，Q_1 為 OFF，即 $I_{B1} = 0$、$I_{C1} = 0$，且 Q_2 為 ON，所以 $V_{BE2} \doteqdot V_{CE1}$，當輸入是高準位時，$V_i \doteqdot 0.7$ 伏特，基極電流 I_{B1} 可增大至大於 I_j，於是 Q_1 會進入飽和區，因此 V_{CE1} 會下降到低電位，而 Q_2 在此時即被截止，同時 $I_{C1} = I_j$，將 I_{B2} 減小到零，反閘的作用即由 Q_1 完成。此邏輯的擺幅大約是 V_{BE1} 之大小，它的準確值依 I_j 的大小而定。

當一個反閘轉態操作時，電晶體之各電容電壓必會改變，並將會造成時間上之延遲。而電容的充電放電之電流是由電流注入器所供給，若 I_j 的值愈大，則相對就可使延遲時間減小，但是這亦增加一些平均功率 P_{av} 之消耗。

積體注入式邏輯組態的優點，是能夠在較大的電流範圍下工作，且只須改變 R_x 此一電阻器，即可使注入之電流改變。

圖 17-34 積體注入式邏輯 (I²L) 之上視圖

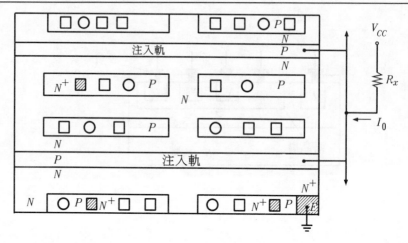

圖 17-35 I²L 型反閘

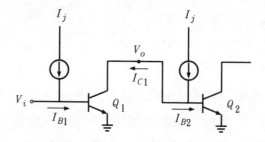

在實用上，一般順序電路大都以正反器為基礎，而計數器可很容易的用積體注入式邏輯來完成，像靜態 RAM、循序記憶體，及一些組合邏輯電路，基本上都可使用積體注入式邏輯來完成。

最後，我們來談談微處理機，微處理機（Microprocessor）是指在一塊單晶片內製成包括算術、邏輯、及控制等電路。現在之單晶片之微處理器也包括一些微量的記憶體，而其中央之組合系統就稱之為中央處理單元（Central Processing Unit，簡稱 CPU）。

目前市面上之處理器之字組長為 8、16、32 或 64 位元，而以最近的技術是 2 微米、複晶矽閘的金氧半程序，NMOS 及 CMOS 二種最常用。在微處理器本身需配合各種部份的運作（如讀寫記憶體、可規劃邏輯、數據執行電路……），所以本身亦可視為超大型之積體電路。當然，欲使中央處理單元能夠負擔計算器所有的工作，則必須另有額外的輔助工具，如記憶體、控制電路、輸入和輸出（I/O）單元，及一些界面的整合。

圖 17－36 所示為微處理器系統之簡圖，因系統之需求可採用各種之記憶體，如 ROM、PROM、EPROM、EEPROM 等。至於更大之資料，則可加採硬式磁碟或軟性磁碟。

若把計時電路、控制電路、記憶體、輸出入、週邊介面電路及中央處理單元（CPU）集合在一塊晶方上，就變成了單晶片型微計算機，其應用極為廣泛，如儀表方面、數據通信、導航、商業管理等等。

圖 17－36　微處理機之簡圖

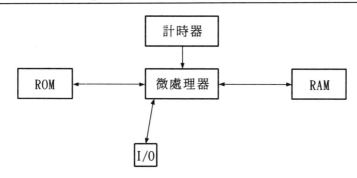

【自我評鑑】

1. 試述積體電路法比個別製成零件之優點為何？
2. 試述單石電路之製程步驟。
3. 試說明蕭特基電晶體之工作區、優點、形成及原理。

4.爲何金氧半場效體，較雙載子更常被採用？

5.爲何在互補式金氧半技術裏 P 通道之 $\frac{w}{l}$ 值要比 N 通道來得大？

6.試列舉積體電路電阻器之類別。

7.何謂埋植層作用？

8.試說明矽質材料在氧化時之特點。

習　題

1. 試繪出下圖的平面型積體電路的截面圖。

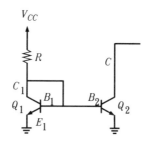

2. (1)設片阻值 $R_s = 300$ 歐姆/方塊，若要做一個 25 微米寬的 30 仟歐姆電阻，則其長度爲若干?

(2)若要做一個長爲 30 微米的 2 仟歐姆電阻，則其寬度爲何?

3. 試說明大型積體系統與超大型積體系統之分別，及超大型積體系統在設計時所考慮之要素。

4. 用金氧半製作動態之反閘具有何特徵。

5. 試繪出由六個金氧半所組成的記憶單元。

6. 試說明金氧半場效電晶體在大型積體系統中佔據較重要地位之原因。

7. 試把微處理機含記憶器、輸出入元件、計時電路用以方塊圖之方式繪出。

8. 試繪出多射極電晶體之截面圖及等效電路。

9. 試繪出積體電路式電晶體之截面圖。

10. 試說明積體式電容器之種類。

11. 試說明雙載子電路之佈局。

12. 試繪出單石二極體之共陰極對與共陽極對之結構圖。

自我評鑑解答

第十章

1.假定每一個耦合與旁路電容器均可視爲短路，則可成爲下圖：

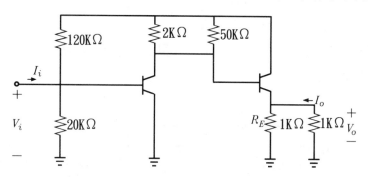

直流偏壓位準剔除，而以等效短路代替所有電晶體的重畫網路。

用近似等效電路($h_{iE} \doteq 0$) 代入得：

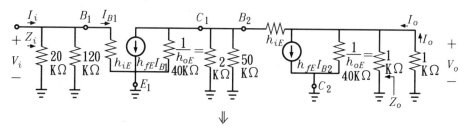

$$\Downarrow$$

$$Z_i = 17.1K\Omega \; / \! / \; 1K\Omega = 0.945K\Omega$$

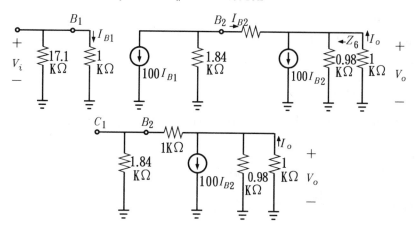

$$I_{B2} = \frac{-V_o}{1\text{K} + 1.84\text{K}} = \frac{-V_o}{2.84\text{K}} \Rightarrow V_o = -I_B \cdot 2.84(\text{K}\Omega)$$

另外 $I_1 = -(I_{B2} + 100I_{B2}) = -101I_{B2}$

以及 $Z_o' = \dfrac{V_o}{I_o} = \dfrac{-I_{B2} \cdot 2.84\text{K}}{-101I_{B2}} \doteqdot 28.1(\Omega)$

所以 $Z_o = Z_o'' \mathbin{/\mkern-5mu/} 1\text{K}\Omega \doteqdot 27.3(\Omega)$

(由此答案說明了放大器最後一級，應用射極耦合器組態有很大好處，即低輸出阻抗。)

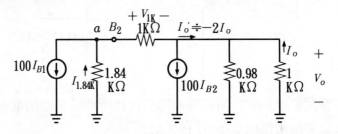

A_I：由上圖知

$$I_{B1} = \frac{17.1\text{K}(I_i)}{17.1\text{K} + 1\text{K}} = \frac{17.1}{18.1}I_i = 0.945I_i$$

大致說來，像這一類型網路妥善地運用克希荷夫電壓定理與電流定理就能得到欲求的答案。

在節點 a 利用克希荷夫電流定理

$$I_{1.84\text{K}} = 100I_{B1} + I_{B2}$$

再用克希荷夫電壓定理

$$V_{1.84\text{K}} = -(V_{1\text{K}} + V_o)$$

用 $V_{1.84\text{K}}$ 代入上式

$$(100I_{B1} + I_{B2})1.84\text{K}\Omega = -(I_{B2} \cdot 1\text{K}\Omega + 101I_{B2} \cdot 0.5\text{K}\Omega)$$

及 $\begin{cases} 184\text{K}I_{B1} + 1.84\text{K}I_{B2} = -1\text{K}I_{B2} - 50.5\text{K}I_{B2} \\ 184I_{B1} = -(1.84 + 1 + 50.5)I_{B2} \end{cases}$

因此 $I_{B2} = \dfrac{-184}{53.34}I_{B1} \doteqdot -3.45I_{B1}$

但是 $-2I_o = 101I_{B2}$

以及 $I_o = -50.5I_{B2} = -50.5(-3.45I_{B1}) \Rightarrow I_o \doteq 174I_{B1}$

所以 $A_I = \dfrac{I_o}{I_i} = \dfrac{I_o}{I_{B1}} \dfrac{I_{B1}}{I_i}$

以及 $A_I = (174)(0.946) = 164$

A_V：$A_V = \dfrac{V_o}{V_i} = \dfrac{-I_o Z_L}{I_i Z_i} = -A_I \dfrac{1\text{K}}{0.945\text{K}} = -164(1.06) = -174$

近似法：(Approximate technique)

Z_i：第一電晶體的輸入阻抗大約 $h_{iE} = 1\text{K}\Omega$。20 仟歐姆與 200 仟歐姆電阻與此輸入阻抗並聯，由於其比率超過 10:1，所以可以忽略不計。

因此 $Z_i \doteq 1\text{K}\Omega$(跟之前所得的 $0.945\text{K}\Omega$ 相比)

Z_o：當 $V_i = 0$ 時，第二級採用射極等效電路

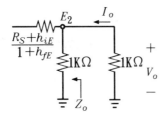

欲求 Z_o 只需求 R_S 即可。

當 $V_i = 0$ 時，第一個電晶體的集極至射極的阻抗為 $\doteq \infty$ 歐姆(如同開路)。結果 2K // 50K 電阻並聯總阻抗，等於將次級電晶體的基極接地。

因此 $R_S = 50\text{K} \mathbin{/\!/} 2\text{K} \doteq 2\text{K}(\Omega)$

代入 $Z_o = 1\text{K} \mathbin{/\!/} \dfrac{R_S + h_{iE}}{1 + h_{fE}} = \dfrac{1\text{K} \dfrac{2\text{K} + 1\text{K}}{101}}{1\text{K} + \dfrac{2\text{K} + 1\text{K}}{101}} = \dfrac{1\text{K} \dfrac{3\text{K}}{101}}{1\text{K} + \dfrac{3\text{K}}{101}} \doteq 29(\Omega)$

A_I: 因為 20KΩ // 20KΩ // 1KΩ ≒ 1KΩ，我們求得 $I_{B1} \doteqdot I_i$，以及 $I_{C1} \doteqdot h_{fE}I_{B1} \doteqdot h_{fE}I_i = 100I_i$，因為是射極耦合器級，其輸入阻抗為 $h_{fE}R_E$，欲求 I_{B2} 的大小即成為圖(a)的組態，根據分流定則

$$I_2 = \frac{2\text{K}(I_{C1})}{2\text{K} + 25\text{K}} = \frac{2}{27}(I_{C1}) \doteqdot 0.074I_{C1}$$

(a)

(b)

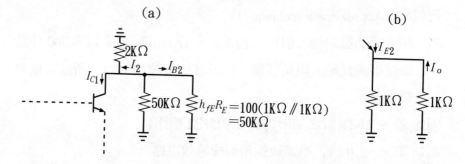

以及 I_{B2}

$$I_{B2} = -\frac{I_2}{2} = -\frac{0.074I_{C1}}{2} = -0.037(100I_i) = -3.7I_i$$

與 $I_{E2} \doteqdot I_{C2} \doteqdot h_{fE}I_{B2} = 100(-3.7I_i) = -370I_i$

始於 $I_o = -\dfrac{I_{E2}}{2}$ (如圖(b)) $= 185I_i$

所以 $A_I = \dfrac{I_o}{I_i} \doteqdot 185$

A_V: 對第一級(射極接地對變流的響應)

$$A_{V1} \doteqdot -\frac{-h_{fE} \cdot R_{L1}}{h_{iE}} = -\frac{100(2\text{K} // 50\text{K} // 50\text{K})}{1\text{K}} = \frac{-100(2\text{K})}{1\text{K}}$$
$$= -200$$

第二級，如果使 $V_{BE2} \doteqdot 0\text{V}$ (圖(c))，即為 $V_o = V_{E2} = V_{B2} = V_{o1}$，而全部增益為

$$A_V = \frac{V_o}{V_i} = \frac{V_{o1}}{V_i} \doteqdot -200$$

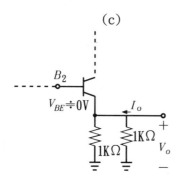

(c)

2.將小信號等效電路代入即成為圖(a)的組態。將並聯組件合併，而將
　對所求的電壓增益沒有影響的部份剔除，則成為圖(b)。

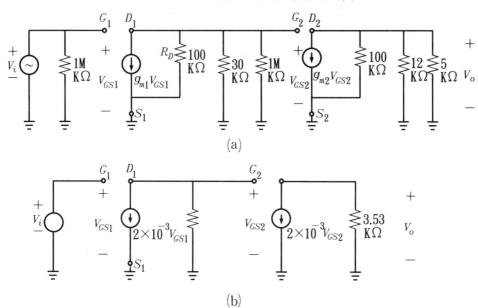

(a)

(b)

顯然 $V_{GS1} = V_i$

以及 $V_{GS2} = -(2 \times 10^{-3}V_{GS1})(23\text{K}\Omega)$

所以 $V_{GS2} = -46V_{GS1}$

負號表示跨於 23KΩ 電阻的極性，由於電流源與 V_{GS2} 的極性相反

所以 $V_o = -(2 \times 10^{-3}V_{GS2})(3.53\text{K}\Omega) = -7.06V_{GS2}$

即 $V_o = -7.06V_{GS2} = -7.06(-46V_{GS1}) = 324.8V_{GS1} = 324.8V_i$

$A_V = \dfrac{V_o}{V_i} = 32.48$

第十一章

1.(1)正邏輯：以高電壓當作 "1"，低電壓當作 "0"

　　負邏輯：與正邏輯之定義相反

(2)1Byte = 8bits

　　64KByte $= 64 \times 2^{10}$Byte $= 2^6 \times 2^{10} \times 8$bits $= 2^{19}$bits $= 524288$bits

2.

輸出／入 均爲正邏輯	輸入改爲 負邏輯	輸出改爲 負邏輯	輸出／入 改爲負邏輯
AND	NOR	NAND	OR
OR	NAND	NOR	AND
NAND	OR	AND	NOR
NOR	AND	OR	NAND

3.(1)$Q = A\bar{B}B + \bar{A}B = A + B$

(2)$Q = AB + BC + CA$

4.(1)$Y = \bar{A} = \overline{A + A}$

(2)$Y = AB = \overline{\overline{AB}} = \overline{\bar{A} + \bar{B}}$

(3)$Y = A + B = (\overline{\overline{A + B}})$

5.(1) $Y_1 = X_1 X_2$

$Y_2 = \overline{X_1} X_2 + X_1 \overline{X_2} + X_1 X_2 = X_1 - X_2$

$Y_3 = X_1 \overline{X_2} - X_1 X_2 = X_1$

(2)

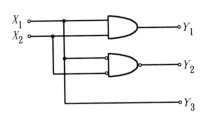

6.

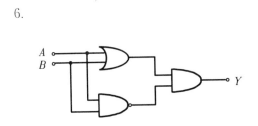

A	B	$A + B$	$\overline{AB}$	Y
0	0	0	1	0
0	1	1	1	1
1	0	1	1	1
1	1	1	0	0

7.數位電路閘可用以驅動相類似電路閘的個數稱之為扇出。但由於電晶體的電流額限乃以飽和態邏輯中 $h_{fE(\min)}$ 的限制，故扇出數為有限值。

8.(A)，(B)，(C)，皆為真。

9.

A	B	Q_1	Q_2	Q_3	Q_4	Q_5	Q_6	Y
0	0	ON	OFF	ON	OFF	ON	OFF	1
0	1	ON	OFF	OFF	ON	ON	OFF	1
1	0	OFF	ON	ON	OFF	ON	OFF	1
1	1	OFF	ON	OFF	ON	OFF	ON	0

$\Rightarrow Y = \overline{AB}$

10. $Z = \overline{(A + B)(C + D)}$

11.(1)優點：

    a. 電源電壓之容忍較大(約 3V ～ 15V)

    b. 低工作頻率時，功率散逸較小

    c. 雜訊免除力高

    d. 溫度變化幅度較大

    e. 扇出數較多

  (2)缺點： 交換速度甚慢。

第十二章

1.(1)時間常數 $\tau = R \times C = 1 \times 10^6 \times 1 \times 10^{-6} = 1(\text{sec})$

  (2)$t = 1$ 秒時，則

$$E_C = E\left(1 - e^{\frac{-t}{RC}}\right) = 100\left(1 - e^{\frac{-1}{1}}\right)$$

$$= 100(1 - e^{-1}) = 100 \times (1 - 0.368) = 63.2(\text{V})$$

$$E_R = E \times e^{\frac{-t}{RC}} = 100 \times e^{\frac{-1}{1}}$$

$$= 100 \times e^{-1} = 100 \times 0.368 = 36.8(\text{V})$$

  (3)$t = 3$ 秒時，則

$$E_C = E\left(1 - e^{\frac{-t}{RC}}\right) = 100 \times \left(1 - e^{\frac{-3}{1}}\right)$$

$$= 100 \times (1 - e^{-3}) = 100 \times (1 - 0.05) = 95(\text{V})$$

$$E_R = E \times e^{\frac{-t}{RC}} = 100 \times e^{-3} = 100 \times 0.05 = 5(\text{V})$$

  (4)$t = 10$ 秒，因 RC 電路在五倍時間常數後，電容器已充電到滿額電壓，而電阻器兩端電壓已降到零。即 $t = 5 \times RC = 5$ 秒，則

$$E_C = E\left(1 - e^{\frac{-t}{RC}}\right) = E\left(1 - e^{\frac{-5}{1}}\right)$$

$$= 100 \times (1 - 0.007) = 99.3(\text{V}) \doteqdot 100(\text{V})$$

$$E_R = E \times e^{\frac{-t}{RC}} = E \times e^{\frac{-5}{1}} = 100 \times 0.007 = 0.7(\text{V}) \doteqdot 0(\text{V})$$

2.(1)$f_c = \dfrac{1}{2\pi R_i C_1} = \dfrac{1}{2\pi(500)(2 \times 10^{-6})} = 159(\text{Hz})$

　(2)在低頻臨界頻率時的增益

　　　$A_V = 0.707 A_{V(\text{mid})} = 0.707 \times 120 = 84.84$

3.基極端的戴維寧電阻

　$R_{\text{TH}} = R_S \mathbin{/\mkern-5mu/} R_1 \mathbin{/\mkern-5mu/} R_2 = 1.2\text{K} \mathbin{/\mkern-5mu/} 30\text{K} \mathbin{/\mkern-5mu/} 10\text{K} = 1.034\text{K} \doteqdot 1\text{K}\Omega$

　求 R_e 值：

　$V_B = \dfrac{R_2}{R_1 + R_2} \times V_{CC} = \dfrac{10\text{K}}{30\text{K} + 10\text{K}} \times 10\text{V} = 2.5(\text{V})$

　而 $I_E = \dfrac{V_E}{R_E} = \dfrac{2.5\text{V} - 0.7\text{V}}{1\text{K}\Omega} = 1.8(\text{mA})$

　$\therefore R_e = \dfrac{25\text{mV}}{1.8\text{mA}} = 13.89(\Omega)$

　射極的視在電阻為

　$R_{\text{out}} = \dfrac{R_{\text{TH}}}{\beta} + R_e = \dfrac{1\text{K}\Omega}{120} + 13.89\Omega = 8.33 + 13.89 = 22.22(\Omega)$

　等效 RC 網路的電阻為

　$R_{\text{out}} \mathbin{/\mkern-5mu/} R_E = 22.22(\Omega) \mathbin{/\mkern-5mu/} 1000(\Omega) \doteqdot 22.22(\Omega)$

　所以臨界頻率為

　$f_c = \dfrac{1}{2\pi[R_{\text{out}} \mathbin{/\mkern-5mu/} R_E]C_E} = \dfrac{1}{2\pi(22.22\Omega)(10\mu\text{F})} = 716.26(\text{Hz})$

4.先求 R_e 值：

　$V_B = \dfrac{R_2}{R_1 + R_2} \cdot V_{CC} = \dfrac{10}{30 + 10} \times 12 = 3(\text{V})$

　而 $I_E = \dfrac{V_E}{R_E} = \dfrac{3\text{V} - 0.7\text{V}}{2\text{K}} = \dfrac{2.3\text{V}}{2\text{K}} = 1.15(\text{mA})$

　$\therefore R_e = \dfrac{25\text{mV}}{1.15\text{mA}} = 21.74(\Omega)$

　再求每一個 RC 網路個別的臨界頻率：

　輸入 RC 網路：

　$R_{\text{in(base)}} = \beta R_e = 120 \times 21.74 \doteqdot 2.6(\text{K}\Omega)$

$$R_i = R_1 \mathbin{/\mkern-5mu/} R_2 \mathbin{/\mkern-5mu/} \beta R_e = 30\text{K} \mathbin{/\mkern-5mu/} 10\text{K} \mathbin{/\mkern-5mu/} 2.6\text{K} = 1.93(\text{K}\Omega)$$

$$\therefore f_{c(\text{input})} = \frac{1}{2\pi(R_S + R_i)C_1}$$

$$= \frac{1}{2\pi(1.2\text{K} + 1.93\text{K})0.1\mu\text{F}} = 508.74(\text{Hz})$$

RC 旁路網路：

$$R_{\text{TH}} = R_1 \mathbin{/\mkern-5mu/} R_2 \mathbin{/\mkern-5mu/} R_S = 30\text{K} \mathbin{/\mkern-5mu/} 10\text{K} \mathbin{/\mkern-5mu/} 1.2\text{K} \fallingdotseq 1(\text{K}\Omega)$$

$$R_{\text{out}} = \frac{R_{\text{TH}}}{\beta} + R_e = \frac{1\text{K}\Omega}{120} + 21.74 = 30(\Omega)$$

$$\therefore f_{c(\text{bypass})} = \frac{1}{2\pi(R_{\text{out}} \mathbin{/\mkern-5mu/} R_E)\cdot C_E} = \frac{1}{(6.28)(30\Omega \mathbin{/\mkern-5mu/} 2\text{K}\Omega)(20\mu\text{F})}$$

$$= \frac{1}{(6.28)(29.55\Omega)(20\mu\text{F})} = 269.37(\text{Hz})$$

輸出 RC 網路：

$$f_{c(\text{output})} = \frac{1}{2\pi(R_C + R_L)C_2} = \frac{1}{2\pi(6.28)(1.2\text{K} + 5\text{K})(0.1\mu\text{F})}$$

$$= \frac{1}{(6.28)(6.2\text{K}\Omega)(0.1\mu\text{F})} = 256.83(\text{Hz})$$

以上所分析爲輸入網路產生的主要低臨界頻率。

放大器的中頻段增益爲：

$$A_{V(\text{mid})} = \frac{R_C \mathbin{/\mkern-5mu/} R_L}{R_e} = \frac{1.2\text{K} \mathbin{/\mkern-5mu/} 5\text{K}}{21.74\Omega} = 44.51$$

$$A_{V(\text{mid})}\Big|_{\text{dB}} = 20\log(44.51) = 32.97(\text{dB})$$

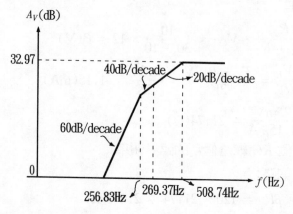

5.(1)首先求得 $R_{\text{in(Gate)}} = \left| \dfrac{V_{GS}}{I_{GSS}} \right| = \left| \dfrac{-10V}{25nA} \right| = 400(M\Omega)$

$$f_c = \frac{1}{2\pi(R_G \, /\!/ \, R_{\text{in(Gate)}})C_1} = \frac{1}{(6.28)(66.66M\Omega \, /\!/ \, 400M\Omega)(0.002\mu F)}$$

$$= \frac{1}{(6.28)(66.66M\Omega)(0.002 \times 10^{-6})} = 1.19(Hz)$$

FET 的輸入 RC 網路的臨界頻率甚低；主要是因為 FET 的輸入阻抗非常高之故。

(2)$f_c = \dfrac{1}{2\pi(R_D + R_L)C_2} = \dfrac{1}{(6.28)(1.5K + 5K)(0.001\mu F)} = \dfrac{10^3}{0.0408}$

$\qquad = 24.49(KHz)$

6.$R_{\text{in(Gate)}} = \left| \dfrac{V_{GS}}{I_{GSS}} \right| = \dfrac{10V}{10nA} = 100(M\Omega)$

$R_{\text{in}} = R_G \, /\!/ \, R_{\text{in(Gate)}} = 120M\Omega \, /\!/ \, 100M\Omega = 54.55(M\Omega)$

則輸入 RC 網路的臨界頻率：

$$f_{c(\text{input})} = \frac{1}{2\pi(R_D + R_L)C_2} = \frac{1}{2\pi(54.55M\Omega)(0.001\mu F)} = 2.92(Hz)$$

7.首先求出 R_e 值：

$$V_B = \frac{10K}{30K + 10K} \times 12V = 3(V)$$

$$V_E = V_B - V_{BE} = 3V - 0.7V = 2.3(V)$$

$$I_E = \frac{V_E}{R_E} = \frac{2.3V}{1K\Omega} = 2.3(mA)$$

$$\therefore R_e = \frac{25mV}{2.3mA} = 10.87(\Omega)$$

輸入 RC 網路的電阻：

$$R_S \, /\!/ \, R_1 \, /\!/ \, R_2 \, /\!/ \, \beta R_e = 600\Omega \, /\!/ \, 30K \, /\!/ \, 10K \, /\!/ \, 100 \times (10.87\Omega)$$

$$= 367.65(\Omega)$$

中頻段的電壓增益為：

$$A_{V(\text{mid})} = \frac{r_L}{R_e} = \frac{R_C /\!/ R_L}{R_e} = \frac{2\text{K} /\!/ 5\text{K}}{10.87\Omega} \doteqdot 131.42$$

利用米勒定理可求出

$$C_{\text{in}(\text{米勒})} = C_{BC}(1 + A_V) = (3\text{pF})(131.42 + 1) = 397.26(\text{pF})$$

總輸入電容爲 $C_{\text{in}(\text{米勒})}$ 和 C_{BE} 並聯:

$$C_t = C_{\text{in}(\text{米勒})} + C_{BE} = 397.26(\text{pF}) + 20(\text{pF}) = 417.26(\text{pF})$$

因此高頻輸入 RC 網路可表示如圖

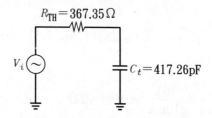

臨界頻率 f_{cH} 爲:

$$f_{cH} = \frac{1}{2\pi R_{\text{TH}}C_t} = \frac{1}{(6.28)(367.65\Omega)(417.26\text{pF})} = 1.038(\text{MHz})$$

8. $C_{GD} = C_{rss} = 5(\text{pF})$

$$C_{GS} = C_{iss} - C_{rss} = 12\text{pF} - 5\text{pF} = 7(\text{pF})$$

輸入 RC 網路:

中頻段增益: $A_V = g_m R_D = (6500\mu\text{s})(2\text{K}\Omega) = 13$

$$C_{\text{in}(\text{米勒})} = C_{GD}(1 + A_V) = (5\text{pF})(13 + 1) = 70(\text{pF})$$

總輸入電容:

$$C_t = C_{GS} + C_{\text{in}(\text{米勒})} = 7\text{pF} + 70\text{pF} = 77(\text{pF})$$

臨界頻率:

$$f_{cH} = \frac{1}{2\pi R_S C_t} = \frac{1}{(6.28)(60\Omega)(77\text{pF})} = 34.47(\text{MHz})$$

9.(1)低頻響應:

$$R_{\text{in}(\text{Gate})} = \left| \frac{V_{GS}}{I_{GSS}} \right| = \frac{9\text{V}}{30\text{nA}} = 300(\text{M}\Omega)$$

$$R_i = R_G \mathbin{/\!/} R_{\text{in(Gate)}} = 80(\text{M}\Omega) \mathbin{/\!/} 300(\text{M}\Omega) = 63.16(\text{M}\Omega)$$

輸入 RC 網路的臨界頻率：

$$f_{cL(\text{input})} = \frac{1}{2\pi R_i C_1} = \frac{1}{(6.28)(63.16\text{M}\Omega)(0.002\text{pF})} = 1.26(\text{Hz})$$

輸出 RC 網路的臨界頻率：

$$f_{cL(\text{output})} = \frac{1}{2\pi (R_D + R_L) C_2} = \frac{1}{(6.28)(2\text{K} + 10\text{K})(0.002\mu\text{F})}$$
$$\doteqdot 6.63(\text{KHz})$$

(2)高頻響應：

$$C_{GD} = C_{rss} = 5(\text{pF})$$

$$C_{GS} = C_{iss} - C_{rss} = 10\text{pF} - 5\text{pF} = 5(\text{pF})$$

$$A_V = g_m R_d = (5000\mu\text{s})(2\text{K}\Omega \mathbin{/\!/} 10\text{K}\Omega)$$
$$= (5000\mu\text{s})(1.667\Omega) = 8.33$$

$$C_{\text{in}(\text{米勒})} = C_{GD}(1 + A_V) = (5\text{pF})(1 + 8.33) = 46.65(\text{pF})$$

輸入 RC 網路的臨界頻率：

$$R_d = R_D \mathbin{/\!/} R_L = 2\text{K}\Omega \mathbin{/\!/} 10\text{K}\Omega = 1.667(\text{K}\Omega)$$

$$f_{\text{out}(\text{米勒})} = C_{GD}\left(1 + \frac{1}{A_V}\right) = (5\text{pF})\left(1 + \frac{1}{8.33}\right) = 5.6(\text{pF})$$

$$f_{cH(\text{output})} = \frac{1}{2\pi R_d C_{\text{out}(\text{米勒})}} = \frac{1}{(6.28)(1.667\text{K}\Omega)(5.6\text{pF})}$$
$$\doteqdot 17.06(\text{MHz})$$

(3)低頻響應的主要臨界頻率：

$$f_{cL} = 6.63(\text{KHz})$$

(4) 高頻響應的主要臨界頻率：

$$f_{cH} = 10.27(\text{KHz})$$

(5)放大器的頻帶寬度為：

$$BW = 10.27\text{MHz} - 6.63\text{KHz} = 10.26(\text{MHz})$$

(6)增益頻寬乘積為

$$f_T = A_V \cdot BW = 8.33 \times 10263.37\text{KHz} = 85.49(\text{MHz})$$

第十三章

1. $A_V = 100,\ \beta = 15\%$

$$\therefore A_{Vf} = \frac{A_V}{1 + \beta A_V} = \frac{100}{1 + 0.15 \times 100} = 6.25$$

2. $A = 50,\ \dfrac{dA}{A} = 8\%,\ \beta = 5\% = 0.05$

$$\therefore dA = A \times 8\% = 50 \times 0.08 = 4$$

閉環增益變率 $\dfrac{dA_f}{A_f} = \dfrac{1}{1 + \beta(A + dA)} \times \dfrac{dA}{A}$

$$= \frac{1}{1 + (0.05)(50 + 4)} \times 0.08 = 2.16\%$$

3. 加上回授後網路的電壓增益

$$A_{Vf} = \frac{A_V}{1 + \beta A_V} = \frac{50}{1 + 0.01 \times 50} = 33.3$$

頻帶寬度將爲:

$$BW_f = (1 + \beta A_V) \times BW = (1 + 0.01 \times 50) \times 20\text{KHz} = 30(\text{KHz})$$

故可知頻帶寬度爲: $30 - 20 = 10(\text{KHz})$

4. (1) $N_{\text{dB}} = 20\log\left|\dfrac{1}{1 + \beta A}\right| = -40(\text{dB})$, 得 $|1 + \beta A| = 100$

因此 $|A_f| = \left|\dfrac{A}{1 + \beta A}\right| = \dfrac{1000}{100} = 10$

$$\because V_o = 10(\text{V}),\ 則\ V_S = \frac{V_o}{A_f} = \frac{10\text{V}}{10} = 1(\text{V})$$

(2) 反饋時放大器的諧波失眞降低爲:

$$D_{2f} = \frac{D_2}{1 + \beta A} = \frac{10\%}{100} = 0.1\%$$

5. $A_{Vf} = \dfrac{A_V}{1 + \beta A_V}$ $\therefore 1 + \beta A_V = \dfrac{A_V}{A_{Vf}} = \dfrac{200}{20} = 10$

$$R_{if} = R_i(1 + \beta A_V) = 1.1\text{K}\Omega \times 10 = 11(\text{K}\Omega)$$

$$R_{of} = \frac{R_o}{1 + \beta A_V} = \frac{40\text{K}\Omega}{10} = 4(\text{K}\Omega)$$

6. $1 + \beta A_V = 1 + 0.1 \times 100 = 11$

$$\therefore R_{if} = \frac{R_i}{1 + \beta A_V} = \frac{2\text{K}\Omega}{11} = 0.18(\text{K}\Omega)$$

7. 無負反饋網路時：

$$A_V = \frac{h_{fE} \cdot R_E}{R_S + h_{iE}} = \frac{50 \times 1.5}{0.5 + 2} = 30$$

$$R_i = R_S + h_{iE} = 0.5 + 2 = 2.5(\text{K}\Omega)$$

$$R_o = \frac{1}{h_{oE}} = 100(\text{K}\Omega)$$

加負反饋網路：

$$A_{Vf} = \frac{h_{fE} \cdot R_E}{R_S + h_{iE} + h_{fE}R_E} = \frac{50 \times 1.5}{0.5 + 2 + 50 \times 1.5} = \frac{75}{77.5} = 0.97$$

$$R_{if} = R_S + h_{iE} + h_{fE}R_E = 0.5 + 2 + 50 \times 1.5 = 77.5(\text{K}\Omega)$$

$$R_{of} \doteqdot \frac{R_S + h_{iE}}{h_{fE}} = \frac{0.5 + 2}{50} = 0.05(\text{K}\Omega)$$

8. 無反饋：$R_L = R_D \mathbin{/\mkern-5mu/} R_o \mathbin{/\mkern-5mu/} (R_1 + R_2)$

$$= 10\text{K}\Omega \mathbin{/\mkern-5mu/} 10\text{K}\Omega \mathbin{/\mkern-5mu/} (20 + 80)\text{K}\Omega = 4.8(\text{K}\Omega)$$

$$\therefore A_V = -G_m R_L = -(4000 \times 10^{-6})(4.8\text{K}\Omega) = -19.2$$

有反饋：$\beta = -\dfrac{20\text{K}\Omega}{20\text{K}\Omega + 80\text{K}\Omega} = -0.2$

$$A_{Vf} = \frac{A_V}{1 + \beta A_V} = \frac{-19.2}{1 + (-0.2)(-19.2)} = -3.97$$

9. (1)無反饋時：

Q_1 的基極輸入電阻 $R_{i1} \doteqdot h_{iE} = 1.2\text{K}\Omega$，而射極電阻 $R_E = 4.7\text{K}\Omega$，由於被電容器 C_3 所旁路，故可忽略不計，因此整個電路的輸入電阻為

$$R_i = 150\text{K} \mathbin{/\!/} 47\text{K} \mathbin{/\!/} 1.2\text{K} = 35.79\text{K} \mathbin{/\!/} 1.2\text{K} \fallingdotseq 1.16(\text{K}\Omega)$$

從輸出端向 Q_2 看進去的輸出電阻為

$$R_o = \frac{1}{h_{oE}} \mathbin{/\!/} 4.7\text{K} \mathbin{/\!/} (100 + 4.7\text{K}) = \infty \mathbin{/\!/} 4.7\text{K} \mathbin{/\!/} 4.8\text{K}$$

$$= 2.37(\text{K}\Omega)$$

各級的電壓增益為(包括第二級對第一級的負載作用在內)：各級的等效負載電阻為：

$$R_{L1} = 10\text{K} \mathbin{/\!/} 47\text{K} \mathbin{/\!/} 33\text{K} \mathbin{/\!/} h_{iE} = 10\text{K} \mathbin{/\!/} 47\text{K} \mathbin{/\!/} 33\text{K} \mathbin{/\!/} 1.2\text{K}$$

$$= 1.02(\text{K}\Omega)$$

$$R_{L2} = 4.7\text{K} \mathbin{/\!/} (4.7\text{K} + 100) = 2.37(\text{K}\Omega)$$

各級電壓增益(只考慮大小) 則為：

$$A_{V1} \fallingdotseq \frac{h_{fE} \cdot R_{L1}}{h_{iE}} = \frac{(100)(1.02\text{K})}{1.2\text{K}} = 85$$

$$A_{V2} \fallingdotseq \frac{h_{fE} \cdot R_{L2}}{h_{iE}} = \frac{(100)(2.37\text{K})}{1.2\text{K}} = 197.5$$

不考慮反饋時總串級放大器增益為：

$$A_{VT} = A_{V1} \cdot A_{V2} = (85)(197.5) = 16787.5$$

⑵有反饋時：

$$反饋因數 \ \beta = \frac{R_1}{R_1 + R_2} = \frac{0.1}{0.1 + 4.7} \fallingdotseq 0.02$$

$$R_{if} = R_i(1 + \beta A_{VT}) = (1.16\text{K}\Omega)(1 + 0.02 \times 16787.5)$$

$$\fallingdotseq 390.63(\text{K}\Omega)$$

$$R_{of} = \frac{R_o}{1 + \beta A_{VT}} = \frac{2.37\text{K}\Omega}{1 + 0.02 \times 16787.5} \fallingdotseq 7.04(\Omega)$$

$$A_{Vf} \fallingdotseq \frac{1}{\beta} = \frac{0.1 + 4.7}{0.1} = 48$$

10.(1)$\because G_{Mf} = \dfrac{G_M}{D} = \dfrac{G_M}{50} = -1\text{mA/V} \quad \therefore G_M = -50\text{mA/V}$

$\because \beta = -R_E \quad \therefore D = 1 + \beta G_M = 1 + (-R_E)(-50\text{mA/V}) = 50$

$\therefore R_E = 0.98\text{K}\Omega \doteqdot 1(\text{K}\Omega)$

(2)$\because A_{Vf} = G_{Mf} \cdot R_L$　$\therefore R_L = \dfrac{A_{Vf}}{G_{Mf}} = \dfrac{-4}{-1} = 4(\text{K}\Omega)$

(3)$\because G_M = \dfrac{-h_{fE}}{R_S + h_{iE} + R_E} = \dfrac{-150}{1 + h_{iE} + 1} = -50(\text{mA/V})$

$\therefore h_{iE} = 1(\text{K}\Omega)$

$R_i = R_S = h_{iE} + R_E = 1 + 1 + 1 = 3(\text{K}\Omega)$

$R_{if} = R_i \cdot D = 3\text{K}\Omega \times 50 = 150(\text{K}\Omega)$

(4)$\because h_{iE} \doteqdot R_{BB}{}' + R_{BE}{}' \doteqdot R_{BE}{}' \doteqdot \dfrac{h_{fE}V_T}{I_C}$

或 $I_C = \dfrac{h_{fE}V_T}{h_{iE}} = \dfrac{150 \times 0.026\text{V}}{1\text{K}\Omega} = 3.9(\text{mA})$

11.(1)因 $R = R_S \mathbin{/\mkern-5mu/} (R_f + R_{E2}) = 1.2\text{K} \mathbin{/\mkern-5mu/} (1.2\text{K} + 0.05\text{K})$

$= 0.612\,(\text{K}\Omega)$

$R_E = R_f \mathbin{/\mkern-5mu/} R_{E2} = 1.2\text{K} \mathbin{/\mkern-5mu/} 0.05\text{K} = 48(\Omega)$

$\beta \equiv \dfrac{R_{E2}}{R_f + R_{E2}} = \dfrac{50}{1200 + 50} = 0.04$

$A_I = \dfrac{(h_{fE})^2 R_{C1} \cdot R}{(R + h_{iE})[R_{C1} + h_{iE} + (1 + h_{fE})R_E]}$

$= \dfrac{(50)^2 (3)(0.612)}{(0.612 + 1.1)[3 + 1.1 + (51)(0.048)]} = 409$

而 $D \equiv 1 + \beta A_I = 1 + (0.04)(409) = 17.36$

$A_{If} \equiv \dfrac{I_o}{I_S} = \dfrac{A_I}{D} = \dfrac{409}{17.36} = 23.6$ 或 $A_{If} \doteqdot \dfrac{1}{\beta} = \dfrac{1}{0.04} = 25$

(2)$A_{Vf} \equiv \dfrac{V_o}{V_S} = A_{If} \cdot \dfrac{R_{C2}}{R_S} = (23.6)\left(\dfrac{0.5}{1.2}\right) = 9.83$ 或

$A_{Vf} \doteqdot \dfrac{R_{C2}}{\beta R_S} = (25)\left(\dfrac{0.5}{1.2}\right) = 10.4$

(3)$R_i = R \mathbin{/\mkern-5mu/} R_{i1} = 0.612\text{K} \mathbin{/\mkern-5mu/} h_{iE} = 0.612\text{K} \mathbin{/\mkern-5mu/} 1.1\text{K} = 0.393(\text{K}\Omega)$

$R_{if} = R_i / D = \dfrac{0.393\text{K}}{17.36} = 22.7(\Omega)$

$(4) R_{if} = \dfrac{R_{if}{}' \cdot R_S}{R_{if}{}' + R_S}$ 即 $R_{if}{}' = \dfrac{R_S \cdot R_{if}}{R_S - R_{if}} = \dfrac{(1200)(22.7)}{1200 - 22.7} = 23.2(\Omega)$

因此由電壓源 V_S 看的有反饋電阻 $R_{if}{}''$ 爲

$R_{if}{}'' = R_S + R_{if}{}' = 1200 + 23.3 = 1223.2(\Omega)$

(5)若 R_{C2} 視爲外在負載時，R_o 就是朝 Q_2 集極看入的電阻。由於

$h_{oE} = 0$，所以 $R_o \to \infty$，又 $R_{of} = R_o(1 + \beta A_i) \to \infty$

因 $R_L = R_{C2}$，$A_i = \lim\limits_{R_{C2} \to 0} A_I = A_I$

$\because R_o{}' = R_o \,/\!/\, R_{C2} = \infty \,/\!/\, R_{C2} = R_{C2}$

$\therefore R_{of}{}' = R_o{}' \dfrac{1 + \beta A_i}{1 + \beta A_I} = R_o{}' = R_{C2} = 500(\Omega)$

12.$(1) R \equiv R_S \,/\!/\, R_f = \dfrac{10 \times 40}{10 + 40} = 8(\text{K}\Omega)$

$R_C{}' = R_f \,/\!/\, R_C = \dfrac{40 \times 4}{40 + 4} = \dfrac{160}{44} \doteqdot 3.64(\text{K}\Omega)$

$R_M = \dfrac{- h_{fE} R_C{}' \cdot R}{R + h_{iE}} = \dfrac{(-50)(3.64)(8)}{8 + 1.1} = -160(\text{K}\Omega)$

反饋因數 $\beta = -\dfrac{1}{R_f} = -\dfrac{1}{40\text{K}\Omega} = -0.025(\text{mA/V})$

$D \equiv 1 + \beta R_M = 1 + (0.025)(160) = 5$

$R_{Mf} = \dfrac{R_M}{D} = \dfrac{-160\text{K}\Omega}{5} = -32(\text{K}\Omega)$

$A_{Vf} = \dfrac{R_{Mf}}{R_S} = \dfrac{-32\text{K}\Omega}{10\text{K}\Omega} = -3.2$

$(2) R_i = R \,/\!/\, h_{iE} = \dfrac{8.8 \times 1.1}{8.8 + 1.1} = 967(\Omega)$

所以 $R_{if} = \dfrac{R_i}{D} = \dfrac{967\Omega}{5} = 193.4(\Omega)$

(3)如果由 R_S 右側看入的輸入電阻是 $R_{if}{}'$，

$R_{if} = R_S \,/\!/\, R_{if}{}' \Rightarrow 193.4 = \dfrac{(10\text{K})(R_{if}{}')}{10\text{K} + R_{if}{}'}$

$R_{if}{}' = \dfrac{1934}{9.8066} = 197.2(\Omega)$

所以，由 V_S 處所見的電阻 R_{if}'' 是：

$$R_{if}'' = R_S + R_{if}' = 10K + 0.197K \doteqdot 10.2(K\Omega)$$

(4) $R_o' = R_C /\!/ R_f = R_C' = 4K\Omega /\!/ 40K\Omega = 3.64(K\Omega)$

$$\therefore R_{of}' = \frac{R_o'}{D} = \frac{3.64K\Omega}{5} = 728(\Omega)$$

13.(1)

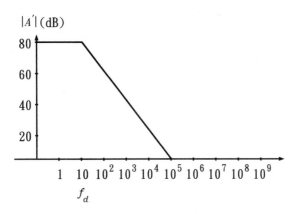

$|A'|$(dB)

主極點頻率為 $f_d = 10Hz$

(2) $20\log\left(1 + \dfrac{R_2}{R_1}\right) = 30dB,\ \ \therefore 1 + \dfrac{R_2}{R_1} = 31.62$

由上圖可知，經補償後的 OP 的 f_t 值為 10^5Hz

而非反相放大器的頻帶寬為

$$f_{3dB} = \frac{f_t}{1 + \dfrac{R_2}{R_1}} = \frac{10^5Hz}{31.62} = 3.16KHz < 5KHz$$

故不可能設計出頻帶寬大於 5KHz 的放大器。

(3) 假設 n 個經過補償後的 OP 串接而成，則

$$20\log\left(1 + \frac{R_2}{R_1}\right)^n = 40(dB),\ \ \therefore \left(1 + \frac{R_2}{R_1}\right)^n = 10^2$$

$$\left[\frac{f_t}{1 + \dfrac{R_2}{R_1}}\right]\sqrt{2^{\frac{1}{2}} - 1} \geq 4KHz$$

當 $n = 2$ 時, $1 + \dfrac{R_2}{R_1} = 10$

頻帶寬為 $\left(\dfrac{10^5}{10}\right) \sqrt{2^{\frac{1}{2}} - 1} = 6.44\text{KHz} > 4\text{KHz}$

故 $n = 2$ 時, 符合題目要求, 放大器可設計如下:

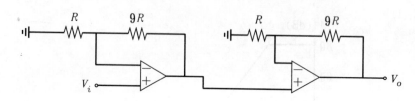

第十四章

1.

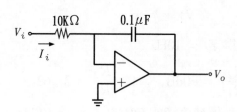

$V_o\Big|_{t=0} = 0$

$I_i\Big|_{t=0^+} = \dfrac{1\text{V}}{10\text{K}} = 100\mu\text{A}$

該電流流進 C, 則 V_o 為一負的斜波而下降率為

$\dfrac{V}{T} = \dfrac{I}{C} = \dfrac{100 \times 10^{-6}}{0.1 \times 10^{-6}} = 1000\text{V/s}$

故到達 -10V 之時間 $\dfrac{10\text{V}}{1000\text{V/s}} = 10\text{ms}$

2. 增益 – 頻帶寬乘積 $= 10 \times 10^5 = 10^6$

且 $A_o = 10^3$, $f_b = \dfrac{10^6}{10^3} = 10^3(\text{Hz})$

$$f_t = \frac{10^6}{1} = 10^6 (\text{Hz})$$

3.因 $f_M = \dfrac{SR}{2\pi V_{o(\max)}}$

若為 $1V_p$, $f_M = \dfrac{10 \times 10^6}{2\pi \times 1} = 1.59(\text{MHz})$

若為 $10V_p$, $f_M = \dfrac{10 \times 10^6}{2\pi \times 10} = 0.159(\text{MHz})$

4. $V_f = V_o \dfrac{f_M}{f} = 12 \cdot \dfrac{50}{100} = 6$

5.$1\text{mV}\left(1 + \dfrac{100R_1}{R_1}\right) = 101(\text{mV})$

6.$SR = \dfrac{I_{\max}}{C} = \dfrac{19 \times 10^{-6}}{30 \times 10^{-12}} = 0.63(\text{V}/\mu\text{s})$

$$\boxed{\text{第十五章}}$$

1.$Z_{i(2)} = R_i + \dfrac{R_f}{A}$

$R_i \gg \left(\dfrac{R_f}{A}\right)$, 則 $Z_{i(2)} \doteqdot R_i = 4(\text{K}\Omega)$

$Z_{o(2)} \doteqdot Z_o = 50(\Omega)$

$A_2 = -\dfrac{R_f}{R_i} = -\dfrac{500\text{K}\Omega}{4\text{K}\Omega} = -125$

2.由圖可知: $R_f = 12\text{K}\Omega$, $R = 1.2\text{K}\Omega$

$\therefore V_o = -\dfrac{R_f}{R}(V_1 + V_2) = -\dfrac{12\text{K}\Omega}{1.2\text{K}\Omega}(0.3 + 0.6) = -10 \times (0.9\text{V}) = -9(\text{V})$

3.$V_o = -\dfrac{R_f}{R}(V_1 + V_2 + V_3 + V_4) = -\dfrac{25}{100}(6 + 5 + 4 + 1)$

$\qquad = -\dfrac{1}{4} \times (16\text{V}) = -4(\text{V})$

4. $V_o = \left(1 + \dfrac{R_f}{R_N}\right)\left[\dfrac{1}{n}(V_1 + V_2 + V_3)\right]$

$n = 3$, 則

$V_o = \left(1 + \dfrac{80K}{8K}\right)\left[\dfrac{1}{3}(6 + 4 + 2)\right] = 11 \times 4mV = 44(mV)$

5. $V_o = \left(\dfrac{R_3}{R_2 + R_3}\right)\left(\dfrac{R_1 + R_f}{R_1}\right) \cdot V_2 - \dfrac{R_f}{R_1} \cdot V_1$

$= \left(\dfrac{5K}{10K + 5K}\right)\left(\dfrac{5K + 10K}{5K}\right) \cdot 15mV - \dfrac{10K\Omega}{5K} \cdot 5mV = 5(mV)$

6. $V_o = \dfrac{10K\Omega}{10K\Omega}V_1 + \dfrac{10K\Omega}{10K\Omega}V_2 - \dfrac{10K\Omega}{5K\Omega}V_3$

$= V_1 + V_2 - 2V_3 = 10 + 20 - 2 \times 5 = 20(mV)$

7. $V_o = 2\pi f\,RCV_i = (6.28 \times 10^3)(1 \times 10^3)(0.1 \times 10^{-6})(1V) = 0.628(V)$

8. $f_{cH} = \dfrac{1}{2\pi\sqrt{R_1 R_2 C_1 C_2}}$

$= \dfrac{1}{2\pi\sqrt{10 \times 10^3 \times 10 \times 10^3 \times 0.1 \times 10^{-6} \times 0.1 \times 10^{-6}}}$

$= 159.155(Hz)$

9. $f_{cL} = \dfrac{1}{2\pi RC} = \dfrac{1}{(6.28)(10 \times 10^3)(0.01 \times 10^{-6})} \doteqdot 1592(Hz)$

10. $f_{cL} = \dfrac{1}{2\pi\sqrt{R_1 R_2 C_1 C_2}}$

$= \dfrac{1}{2\pi\sqrt{7.07 \times 10^3 \times 14.14 \times 10^3 \times 0.159 \times 10^{-6} \times 0.159 \times 10^{-6}}}$

$= 100(Hz)$

11. $V_i = R_1 I + R_2 I + V_o + R_4 I + R_3 I \cdots\cdots ①$

$V_i = R_1 I + R_3 I \cdots\cdots ②$

由 ① − ② 得 $0 = R_2 I + R_4 I + V_o \cdots\cdots ③$

③ 除以 ② 得 $A = \dfrac{V_o}{V_i} = -\dfrac{R_2 + R_4}{R_1 + R_3}$

12. $\dfrac{V_o}{V_i} = -\dfrac{Z_2}{Z_1} = -\dfrac{1}{R_1} - \dfrac{1}{\dfrac{1}{R_2} + sC_2} = \dfrac{-\dfrac{R_2}{R_1}}{1 + sC_2R_2}$

這是一個低通網路的轉移函數, 直流增益為 $\left(-\dfrac{R_2}{R_1}\right)$ 和一轉角頻率

$\omega_o = \dfrac{1}{C_2R_2}$。因此

直流增益 $= -\dfrac{100\text{K}\Omega}{10\text{K}\Omega} = -10$

3dB 頻率$(\omega_o) = \dfrac{1}{100 \times 10^{-12} \times 100 \times 10^3} = 10^5 \text{rad/s}$

13. $V_i = \dfrac{-V_o}{A} = \dfrac{-V_o}{\infty} = 0$

$I_1 = \dfrac{V_i - V_1}{R_1} = \dfrac{V_i - 0}{R_1} = \dfrac{V_i}{R_1}$

$I_2 = I_1 = \dfrac{V_i}{R_1}$

$V_x = 0 - I_2R_2 = 0 - \dfrac{V_i}{R_1}R_2 = -\dfrac{R_2}{R_1}V_i$

$I_3 = \dfrac{0 - V_x}{R_3} = \dfrac{R_2}{R_1R_3}V_i$

$I_4 = I_2 + I_3 = \dfrac{V_i}{R_1} + \dfrac{R_2}{R_1R_3}V_i$

$V_o = V_x - I_4R_4 = -\dfrac{R_2}{R_1}V_i - \left(\dfrac{V_2}{R_1} + \dfrac{R_2}{R_1R_3}V_2\right)R_4$

$\dfrac{V_o}{V_i} = -\left[\dfrac{R_4}{R_1}\left(1 + \dfrac{R_2}{R_3}\right)\right] - \dfrac{R_2}{R_1}$

代入數值後得 $\dfrac{V_o}{V_i} = -1020$

14. 當 $V_i = +10\text{V}$, 則電流 $I = \dfrac{10}{R}$

此時輸出電壓 V_o 將由 $+10\text{V}$ 至 -10V 作線性下降。因此在半週期

內 $\left(\dfrac{T}{2}\right)$ 電容上的電壓改變了 20V，由電荷平衡方程式

$$I\left(\frac{T}{2}\right) = C \times 20 \Rightarrow \frac{10}{R}\frac{T}{2} = 20C$$

$$CR = \frac{10T}{40} = \frac{1}{4} \times 1.0 \times 10^{-3} = 250(\mu s)$$

15. $V_o = \left(1 + \dfrac{2R}{R}\right)V = 3V$

$$I = \frac{V - V_o}{R} = \frac{V - 3V}{R} = \frac{-2V}{R} \Rightarrow \frac{V}{I} = -\frac{R}{2}$$

16.(1) 輸入電阻 $R_1 = R_5 = 100K\Omega$

(2) $\dfrac{R_4}{R_5} = 10 \Rightarrow R_4 = 1M\Omega$

(3) 取 $R_1 = R_2$, $R_3 = R_4 \Rightarrow R_2 = 100K\Omega$, $R_3 = 1M\Omega$

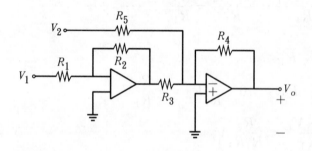

17. $\because C_1 = C_2$

$$f_r = \frac{1}{2\pi C \sqrt{R_1 R_2}} = \frac{1}{2\pi \times 0.01 \times 10^{-6} \sqrt{2 \times 10^3 \times 200 \times 10^3}}$$
$$= 400(Hz)$$

$$BW = \frac{1}{\pi R_2 C} = \frac{1}{\pi \times 200 \times 10^3 \times 0.01 \times 10^{-6}} = 159(Hz)$$

$$Q = 0.5\sqrt{\frac{R_2}{R_1}} = -5\sqrt{\frac{220 \times 10^3}{1.8 \times 10^3}} = 0.5\sqrt{122.22} = 0.5 \times 11.06 \doteqdot 5.5$$

18. 優點：

(1) 在 A/D 轉換器中轉換速度最快。

(2)電路結構簡單，轉換時不須時序脈波、計算器等。

缺點：

(1)若位元數增加，則比較器會依 2^{n-1} 而增加，而使電路變爲複雜。

(2)需用較精密電阻，參考電壓才能成比例衰減。

19.$\dfrac{dx(t)}{dt} = 30\cos 3t$，$\dfrac{d^2x(t)}{dt^2} = -90\sin 3t$

$x(0) = 0$，$\dfrac{dx(0)}{dt} = 30$

所以，所求的微分方程式必然是：

$$\frac{d^2x(t)}{dt^2} + 9x(t) = 0, \quad x(0) = 0, \quad \frac{dx(0)}{dt} = 30$$

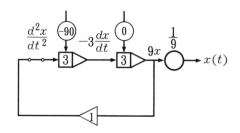

20.將精確半波整流器與低通濾波器串接起來，即可組成平均檢波器，如下圖所示。若輸入信號 V_i 爲一經調幅之載波，則低通濾波器可濾除其高頻載波成份。此時輸出電壓 V_o 與輸入信號(調制信號) 之平均值成正比。

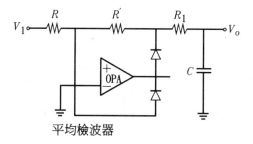

平均檢波器

第十六章

1. 準則為 $-\beta A = 1$(或 $\beta A = -1$) 即迴路增益 βA 之大小值為 1，相位相差 180°，但欲維持持續之振盪，則需 $-\beta A$ 略大於 1，以避免其值因某些因素(如溫度變化，元件老化或更新) 之改變而落於 1 以下，致令振盪終止。

2. 工作週期(Duty cycle)$\delta \equiv \dfrac{\text{脈衝時間 } t}{\text{週期時間 } T} \times 100\%$

(1)方波 $\delta = 50\%$

(2)正脈波 $\delta < 50\%$

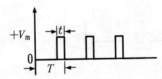

(3)負脈波 $\delta > 50\%$

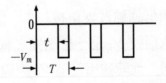

3.(a)符號　　(b)模型　　　　　　(c)電抗函數

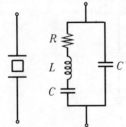

4.(1)高通型

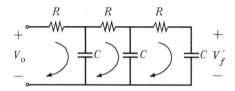

(2)低通型

(3)互補型

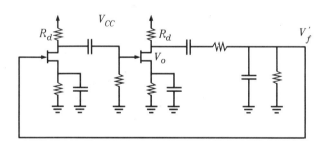

5.(a)$A_f(s) = \dfrac{V_o}{V_{in}} = \dfrac{A(s)}{1 - \beta(s)A(s)}$

(b)當迴路增益 $\beta(s)A(s) = 1$ 之時，即會振盪(理想狀態)

6.

7.迴路增益

$$L(s) = \left(1 + \dfrac{R_2}{R_1}\right)\dfrac{Z_o}{Z_o + Z_S} = \dfrac{1 + \dfrac{R_2}{R_1}}{3 + sRC + \dfrac{1}{sRC}}$$

$$L(j\omega) = \frac{1 + \dfrac{R_2}{R_1}}{3 + j\left(\omega RC - \dfrac{1}{\omega RC}\right)}$$

令虛部 $= 0$ 可得 $f_o = \dfrac{\omega_0}{2\pi} = \dfrac{1}{2\pi RC}$ and $L(j\omega_0) = \dfrac{1 + \dfrac{R_2}{R_1}}{3} = 1$

即 $\dfrac{R_2}{R_1} = 2 \Rightarrow R_2 = 2R_1$

8. 史密特觸發器之用途乃是將一個變動極慢之輸入電壓轉換成一個具有突變式波形的輸出。

9. $V_{1f} = V_1 - V_2 = \dfrac{2R_2}{R_1 + R_2}V_o$

其中 V_1 爲其上限電壓, V_2 爲其下限電壓

當信號 V_i 上升時, 超過 V_1 的時候, V_o 變態

當信號 V_i 下降時, 低於 V_2 的時候, V_o 變態

10.

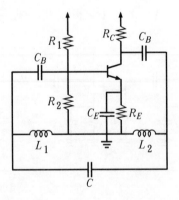

其中 R_1 與 R_2 爲偏壓電阻, R_E 爲穩定電阻, C_E 爲旁路電容, R_C 爲負載, C_B 爲耦合電容, 而 L_1、L_2 及 C 形成移相電路。

11. 振盪器電路如下

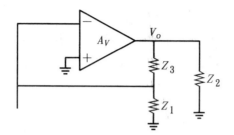

12.(1)$\beta A \geq 1$　　　　(2)$-\beta A \geq 1$

　　$\beta A \geq 1 \underline{/0°}$　　　　$\beta A \leq 1 \underline{/\pm 180°}$

13.$V_o = AX,\ 0 + \beta V_o = \beta AX = X \Rightarrow \beta A = 1$，則 $A = \dfrac{1}{\beta}$。

14.應該是甲類放大器。

15.因爲有 3 個電容器所以其相移角應爲 $0 < \theta < 270°$。

16.要解此電路，根據定義，

　　所以 $|\beta A_V| = \dfrac{1}{\sqrt{2^2 + \left(\omega RC - \dfrac{1}{\omega RC}\right)^2}} \leq \dfrac{1}{2}$

　　因爲要振盪至少 $\beta A \geq 1$ 才行，所以此電路不會振盪。

17.$R = R_3 + h_{iE}$，即 $R_3 \doteqdot 9\text{K}$

18.是依壓電效應，使電位變化而產生振盪。

19.石英晶體振盪器。

20.史密特觸發電路，是用來產生適合於數位電路應用的輸出。

第十七章

1.(1)成本低，因爲可大量生產。

　(2)尺寸小，面積小。

　(3)可靠性高。所有元件是一起製造，沒有銲接的問題。

　(4)性能提升，且可用較複雜的電路考慮更多的電路變數。

(5)元件特性匹配良好。由於所有電晶體是用相同之步驟同時製造出來，所以電晶體之特性、參數值、材料變數都大致相同。

2.(1)晶膜殖長，(2)隔離擴散，(3)基極擴散，(4)射極擴散，(5)鍍上金屬薄層。

3.蕭特基電晶體是一種多數載子元件，它可使電晶體工作在深入飽和區，但未進入飽和區。此區之晶體工作速率是相當快速，因為其不進入飽和區，所以其在晶體 ON 到 OFF 時，就不會浪費在載子之延遲時間。其結構主要是在基集間加入一蕭特基二極體電路如下：

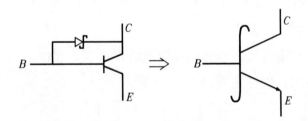

至於其不進入飽和最主要原因是因蕭特基二極體導通時會產生約在 0.3 ～ 0.4 伏特之壓降，所以晶體不進入飽和狀態。

其優點是第一，晶體不進入飽和區，少數載子之儲存時間幾近於零，第二，為工作相當快速。

4.製造金氧半場效體時，源極和本體是接在一起，因此源極－基體二極體是截止，汲極的電位對 N 通道金氧半元件來說是比源極要來得高，自然也比基體為高，因此汲極－基體之二極體也是呈截止狀態，所以由此可知金氧半電晶體不需要做隔離島，電流全部都局限在汲極(D) 與源極(S) 間的通道流動。但是對於雙載子接面電晶體而言，卻需要製造隔離島的步驟，而此一步驟就會佔去晶體極大的面積，所以金氧半型的電晶體，其晶體之包裝密度會比雙載子電晶體為高，一般而言，大約為 20 倍左右。

5.因為 P 通道電晶體，其電洞的移動率(μ_p) 要比電子的移動率(μ_n)

來得小，所以 P 通道電晶體所佔的晶片面積要比 N 通道元件要大，而在電晶體之製程參數 K 與移動率成正比，因此 P 通道電晶體的 $\frac{w}{l}$ 值就要比 N 通道大。

6.(1)擴散式電阻器，(2)離子佈植式電阻，(3)磊晶式電阻，(4)擠縮式電阻，(5)金氧半式電阻器，(6)薄膜式電阻器。

7.這是在製造雙載子接面電晶體才有的步驟，在 N 型磊晶層與 P 型基體之間長出一層高濃度的 N^+ 層，稱之為埋植層，其作用有二：(1)可以幫助磊晶成長，(2)可以降低集極接面與集極端子之間的電阻。

8.矽之優點在於矽之表面可以成長氧化層，而二氧化矽當作覆蓋層之特點有：

(1)可用氫氟酸（HF）去蝕刻，當碰到矽時就不能透過去了。

(2)用來摻入矽內的雜質不會穿過二氧化矽，因此與光罩配合使用，可做選擇性摻雜。

三民科學技術叢書（一）

書名	著作人	任職
統計學	王士華	成功大學
微積分	何典恭	淡水學院
圖學	梁炳光	成功大學
物理	陳龍英	交通大學
普通化學	王澄霞 陳朝棟 洪志明	師範大學 臺灣師範大學
普通化學	王澄霞 魏明通	師範大學
普通化學實驗	魏明通	師範大學
有機化學（上）、（下）	王澄霞 陳朝棟 洪志明	師範大學 臺灣師範大學
有機化學	王澄霞 魏明通	師範大學
有機化學實驗	王澄霞 魏明通	師範大學
分析化學	林洪志	成功大學
分析化學	鄭華生	清華大學
環工化學	黃紀賢 吳國生 何長春 卓俊伯 尤杰	成功大學 大仁藥專 崑山工專 高雄縣環保局
物理化學	卓靜哲 施良垣 黃守仁 蘇世剛 何瑞文	成功大學
物理化學	杜逸虹	臺灣大學
物理化學	李敏達	臺灣大學
物理化學實驗	李敏達	臺灣大學
化學工業概論	王振華	成功大學
化工熱力學	鄧禮堂	大同工學院
化工熱力學	黃定加	成功大學
化工材料	陳陵援	成功大學
化工材料	朱宗正	成功大學
化工計算	陳志勇	成功大學
實驗設計與分析	周澤川	成功大學
聚合體學（高分子化學）	杜逸虹	臺灣大學
塑膠配料	李繼強	臺北技術學院
塑膠概論	李繼強	臺北技術學院
機械概論（化工機械）	謝爾昌	成功大學
工業分析	吳振成	成功大學
儀器分析	陳陵援	成功大學
工業儀器	周澤川 徐展麒	成功大學

大學專校教材，各種考試用書。

三民科學技術叢書（二）

書　　　　　　　　　名	著　作　人	任　　　　　職
工　　業　　儀　　錶	周　澤　川	成　功　大　學
反　　應　　工　　程	徐　念　文	臺　灣　大　學
定　　量　　分　　析	陳　壽　南	成　功　大　學
定　　性　　分　　析	陳　壽　南	成　功　大　學
食　　品　　加　　工	蘇　茂　第	前臺灣大學教授
質　　能　　結　　算	呂　銘　坤	成　功　大　學
單　　元　　程　　序	李　敏　達	臺　灣　大　學
單　　元　　操　　作	陳　振　揚	臺北技術學院
單　元　操　作　題　解	陳　振　揚	臺北技術學院
單元操作（一）、（二）、（三）	葉　和　明	淡　江　大　學
單　元　操　作　演　習	葉　和　明	淡　江　大　學
程　　序　　控　　制	周　澤　川	成　功　大　學
自　動　程　序　控　制	周　澤　川	成　功　大　學
半　導　體　元　件　物　理	李嗣涔　管傑雄　孫台平	臺　灣　大　學
電　　　　子　　　　學	黃　世　杰	高　雄　工　學　院
電　　　　子　　　　學	李　　　浩	
電　　　　子　　　　學	余　家　聲	逢　甲　大　學
電　　　　子　　　　學	鄧知清　李晴庭	成功大學　中原大學
電　　　　子　　　　學	傅勝光　陳利福	高雄工學院　成功大學
電　　　　子　　　　學	王　永　和	成　功　大　學
電　　子　　實　　習	陳　龍　英	交　通　大　學
電　　子　　電　　路	高　正　治	中　山　大　學
電　子　電　路　（一）	陳　龍　英	交　通　大　學
電　　子　　材　　料	吳　　　朗	成　功　大　學
電　　子　　製　　圖	蔡　健　藏	臺北技術學院
組　　合　　邏　　輯	姚　靜　波	成　功　大　學
序　　向　　邏　　輯	姚　靜　波	成　功　大　學
數　　位　　邏　　輯	鄭　國　順	成　功　大　學
邏　輯　設　計　實　習	朱惠勇　康峻源	成功大學　省立新化高工
音　　響　　器　　材	黃　貴　周	聲　寶　公　司
音　　響　　工　　程	黃　貴　周	聲　寶　公　司
通　　訊　　系　　統	楊　明　興	成　功　大　學
印　刷　電　路　製　作	張　奇　昌	中山科學研究院
電　子　計　算　機　概　論	歐　文　雄	臺北技術學院
電　　子　　計　　算　　機	黃　本　源	成　功　大　學

大學專校教材，各種考試用書。

三民科學技術叢書（三）

書　　　　　　　　　　　名	著　作　人	任　　　　　職
計　　算　　機　　概　　論	朱惠勇　黃煌嘉	成　功　大　學　臺北市立南港高工
微　　算　　機　　應　　用	王　明　習	成　功　大　學
電　子　計　算　機　程　式	陳澤生　吳建臺	成　功　大　學
計　　算　　機　　程　　式	余　政　光	中　央　大　學
計　　算　　機　　程　　式	陳　　　敬	成　功　大　學
電　　　工　　　學	劉　濱　達	成　功　大　學
電　　　工　　　學	毛　齊　武	成　功　大　學
電　　　機　　　學	詹　益　樹	清　華　大　學
電　機　機　械　（上）、（下）	黃　慶　連	成　功　大　學
電　　機　　機　　械	林　料　總	成　功　大　學
電　機　機　械　實　習	高　文　進	華　夏　工　專
電　機　機　械　實　習	林　偉　成	成　功　大　學
電　　　磁　　　學	周　達　如	成　功　大　學
電　　　磁　　　學	黃　廣　志	中　山　大　學
電　　　磁　　　波	沈　在　崧	成　功　大　學
電　　波　　工　　程	黃　廣　志	中　山　大　學
電　　工　　原　　理	毛　齊　武	成　功　大　學
電　　工　　製　　圖	蔡　健　藏	臺　北　技　術　學　院
電　　工　　數　　學	高　正　治	中　山　大　學
電　　工　　數　　學	王　永　和	成　功　大　學
電　　工　　材　　料	周　達　如	成　功　大　學
電　　工　　儀　　錶	陳　　　聖	華　夏　工　專
電　　工　　儀　　表	毛　齊　武	成　功　大　學
儀　　　表　　　學	周　達　如	成　功　大　學
輸　　配　　電　　學	王　　　載	成　功　大　學
基　　本　　電　　學	黃　世　杰	高　雄　工　學　院
基　　本　　電　　學	毛　齊　武	成　功　大　學
電　路　學　（上）、（下）	王　　　醴	成　功　大　學
電　　　路　　　學	鄭　國　順	成　功　大　學
電　　　路　　　學	夏　少　非	成　功　大　學
電　　　路　　　學	蔡　有　龍	成　功　大　學
電　　廠　　設　　備	夏　少　非	成　功　大　學
電　器　保　護　與　安　全	蔡　健　藏	臺　北　技　術　學　院
網　　路　　分　　析	李祖添　杭學鳴	交　通　大　學

大學專校教材，各種考試用書。

三民科學技術叢書（四）

書　　　　　名	著作人	任　　職
自　動　控　制	孫育義	成　功　大　學
自　動　控　制	李祖添	交　通　大　學
自　動　控　制	楊維楨	臺　灣　大　學
自　動　控　制	李嘉猷	成　功　大　學
工　業　電　子	陳文良	清　華　大　學
工　業　電　子　實　習	高正治	中　山　大　學
工　程　材　料	林　立	中正理工學院
材料科學（工程材料）	王櫻茂	成　功　大　學
工　程　機　械	蔡攀鰲	成　功　大　學
工　程　地　質	蔡攀鰲	成　功　大　學
工　程　數　學	羅錦興	成　功　大　學
工　程　數　學	孫育義 高正治	成　功　大　學 中　山　大　學
工　程　數　學	吳　朗	成　功　大　學
工　程　數　學	蘇炎坤	成　功　大　學
熱　　力　　學	林大惠 侯順雄	成　功　大　學
熱　力　學　概　論	蔡旭容	臺北技術學院
熱　工　學	馬承九	成　功　大　學
熱　　處　　理	張天津	臺北技術學院
熱　　機　　學	蔡旭容	臺北技術學院
氣　壓　控　制　與　實　習	陳憲治	成　功　大　學
汽　車　原　理	邱澄彬	成　功　大　學
機　械　工　作　法	馬承九	成　功　大　學
機　械　加　工　法	張天津	臺北技術學院
機　械　工　程　實　驗	蔡旭容	臺北技術學院
機　　動　　學	朱越生	前成功大學教授
機　械　材　料	陳明豐	工業技術學院
機　械　設　計	林文晃	明　志　工　專
鑽　模　與　夾　具	于敦德	臺北技術學院
鑽　模　與　夾　具	張天津	臺北技術學院
工　具　機	馬承九	成　功　大　學
內　　燃　　機	王仰舒	樹　德　工　專
精　密　量　具　及　機　件　檢　驗	王仰舒	樹　德　工　專
鑄　　造　　學	唱際寬	成　功　大　學
鑄　造　用　模　型　製　作　法	于敦德	臺北技術學院
塑　性　加　工　學	林文樹	工業技術研究院

大學專校教材，各種考試用書。

三民科學技術叢書（五）

書　　　　　　　　　　　名	著作人	任　　　　　　職
塑　性　加　工　學	李榮顯	成　功　大　學
鋼　鐵　材　料	董基良	成　功　大　學
焊　接　學	董基良	成　功　大　學
電　銲　工　作　法	徐慶昌	中區職訓中心
氧乙炔銲接與切割 工作法及實習	徐慶昌	中區職訓中心
原　動　力　廠	李超北	臺北技術學院
流　體　機　械	王石安	海　洋　學　院
流體機械（含流體力學）	蔡旭容	臺北技術學院
流　體　機　械	蔡旭容	臺北技術學院
靜　力　學	陳　健	成　功　大　學
流　體　力　學	王叔厚	前成功大學教授
流　體　力　學　概　論	蔡旭容	臺北技術學院
應　用　力　學	陳元方	成　功　大　學
應　用　力　學	徐迺良	成　功　大　學
應　用　力　學	朱有功	臺北技術學院
應　用　力　學　習　題　解　答	朱有功	臺北技術學院
材　料　力　學	王叔厚 陳　健	成　功　大　學
材　料　力　學	陳　健	成　功　大　學
材　料　力　學	蔡旭容	臺北技術學院
基　礎　工　程	黃景川	成　功　大　學
基　礎　工　程　學	金永斌	成　功　大　學
土　木　工　程　概　論	常正之	成　功　大　學
土　木　製　圖	顏榮記	成　功　大　學
土　木　施　工　法	顏榮記	成　功　大　學
土　木　材　料	黃忠信	成　功　大　學
土　木　材　料	黃榮吾	成　功　大　學
土　木　材　料　試　驗	蔡攀鰲	成　功　大　學
土　壤　力　學	黃景川	成　功　大　學
土　壤　力　學　實　驗	蔡攀鰲	成　功　大　學
土　壤　試　驗	莊長賢	成　功　大　學
混　凝　土	王櫻茂	成　功　大　學
混　凝　土　施　工	常正之	成　功　大　學
瀝　青　混　凝　土	蔡攀鰲	成　功　大　學
鋼　筋　混　凝　土	蘇懇憲	成　功　大　學
混　凝　土　橋　設　計	彭耀南 徐永豐	交通大學 高雄工專

大學專校教材，各種考試用書。

三民科學技術叢書（六）

書　　　　　　　　名	著作人	任　　　　　　職
房　屋　結　構　設　計	彭　耀　南 徐　永　豐	交　通　大　學 高　雄　工　專
建　　築　　物　　理	江　哲　銘	成　功　大　學
鋼　結　構　設　計	彭　耀　南	交　通　大　學
結　　　構　　　學	左　利　時	逢　甲　大　學
結　　　構　　　學	徐　德　修	成　功　大　學
結　　構　　設　　計	劉　新　民	前成功大學教授
水　　利　　工　　程	姜　承　吾	前成功大學教授
給　　水　　工　　程	高　肇　藩	成　功　大　學
水　文　學　精　要	鄒　日　誠	榮　民　工　程　處
水　　質　　分　　析	江　漢　全	宜　蘭　農　專
空　氣　污　染　學	吳　義　林	成　功　大　學
固　體　廢　棄　物　處　理	張　乃　斌	成　功　大　學
施　　工　　管　　理	顏　榮　記	成　功　大　學
契　約　與　規　範	張　永　康	審　　計　　部
計　畫　管　制　實　習	張　益　三	成　功　大　學
工　　廠　　管　　理	劉　漢　容	成　功　大　學
工　　廠　　管　　理	魏　天　柱	臺　北　技　術　學　院
工　　業　　管　　理	廖　桂　華	成　功　大　學
危　害　分　析　與　風　險　評　估	黃　清　賢	嘉　南　藥　專
工　業　安　全　（工　程）	黃　清　賢	嘉　南　藥　專
工　業　安　全　與　管　理	黃　清　賢	嘉　南　藥　專
工　廠　佈　置　與　物　料　運　輸	陳　美　仁	成　功　大　學
工　廠　佈　置　與　物　料　搬　運	林　政　榮	東　海　大　學
生　產　計　劃　與　管　制	郭　照　坤	成　功　大　學
生　　產　　實　　務	劉　漢　容	成　功　大　學
甘　　蔗　　營　　養	夏　雨　人	新　埔　工　專

大學專校教材，各種考試用書。